"十二五"职业教育国家规划教材修订版

高等职业教育新形态一体化教材

ZHIWU ZUZHI PEIYANG

植物组织培养

（第三版）

主　编　陈世昌

高等教育出版社·北京

内容提要

本书是"十二五"职业教育国家规划教材修订版,高等职业教育新形态一体化教材。

本书按照职业岗位群对知识、技能和素质的要求,以培养技术应用能力为核心,按照植物组织培养的工作过程编写。

全书分十一个单元,主要内容有植物组织培养及其原理、植物组织培养的实验条件、植物组织培养基本技术、植物器官培养技术、植物组织培养快繁技术、植物脱毒技术、主要经济植物脱毒与快繁技术、植物组培苗工厂化生产与经营,以及植物组织培养在植物育种、次生代谢产物生产、种质资源离体保存和人工种子中的应用等。

本书可作为高职高专院校、应用型本科、继续教育、五年制高职、中职生物技术类、农业技术类、林业技术类等专业的教材,也可供从事植物组织培养的技术人员、研究人员和经营管理者参考。

本书配套开发有教学视频等数字化教学资源,可扫描书中二维码观看。教师可发送邮件至 gaojiaoshegaozhi@ 163.com,索取教学课件。

图书在版编目(CIP)数据

植物组织培养/陈世昌主编. --3 版. --北京:
高等教育出版社,2021.12
ISBN 978-7-04-056053-4

Ⅰ. ①植… Ⅱ. ①陈… Ⅲ. ①植物组织-组织培养-高等职业教育-教材 Ⅳ. ①Q943.1

中国版本图书馆 CIP 数据核字(2021)第 078286 号

策划编辑 张庆波	责任编辑 张庆波	封面设计 王 洋	版式设计 童 丹
插图绘制 邓 超	责任校对 窦丽娜	责任印制 赵 振	

出版发行	高等教育出版社	网 址	http://www.hep.edu.cn
社 址	北京市西城区德外大街 4 号		http://www.hep.com.cn
邮政编码	100120	网上订购	http://www.hepmall.com.cn
印 刷	廊坊一二〇六印刷厂		http://www.hepmall.com
开 本	787mm×1092mm 1/16		http://www.hepmall.cn
印 张	17	版 次	2011 年 4 月第 1 版
字 数	420 千字		2021 年 12 月第 3 版
购书热线	010-58581118	印 次	2021 年 12 月第 1 次印刷
咨询电话	400-810-0598	定 价	42.80 元

本书如有缺页、倒页、脱页等质量问题,请到所购图书销售部门联系调换
版权所有 侵权必究
物 料 号 56053-00

第三版前言

植物组织培养是植物生物技术的重要组成部分和基本研究手段,已渗透到植物生产类专业的各个领域,广泛应用于农业、林业、工业和医药业,在植物脱毒快繁、植物育种、种质资源保存、药用植物次生代谢产物生产等方面发挥了巨大的作用,产生了可观的经济效益和社会效益。为适应社会对植物组织培养人才的需求,许多高校生物技术类、农业技术类、林业技术类专业开设了该课程。

为深入贯彻落实《国家职业教育改革实施方案》,培养现代农业领域高素质劳动者和技术技能人才,高职高专院校部分从事植物组织培养教学的教师在继承前版教材突出优点基础上,积极吸纳植物组织培养技术研究、应用的最新成果,围绕高职教育高素质技术技能型人才培养目标,本着理论与实践相结合、科学性与实用性相结合、继承与锤炼精品相结合的原则编写了这本教材。本教材的特点有:

1. 内容选择上,注重实用性。分析职业岗位群对知识、能力和素质的要求,与职业标准对接,以培养高素质技术技能型专门人才为目标,以强化组织培养脱毒快繁技术应用能力为主线,注重实用性和针对性,体现职业性。

2. 内容编排上,突出实践性。为使教学内容有利于进行项目化教学,实现理论实践一体化,多数单元按照理论知识和技能训练两大模块编排。理论知识部分通过具体的生产实例,将基础知识掌握、基本理论理解融为一体。每项技能训练都明确了训练目标,以图表形式直观地展示操作规程及操作技术要点,单元后设有技能考核建议和考核方案。单元七编入了多种有代表性经济植物脱毒快繁的真实生产案例,各院校可根据当地需求、季节和产学研等具体情况灵活选择和安排。

3. 教材体例上,增强趣味性。为便于学生学习、理解和掌握,设置了"学习目标""想一想""查一查""测一测"等栏目,单元后的"学习回顾""思考与探究"帮助学生总结、巩固所学知识。"延伸阅读"可拓宽学生的视野,使学生了解组织培养生产中的新知识、新技术和新工艺。在提高学生学习兴趣的同时,使学习内容鲜活具体,不再枯燥。

4. 团队组成上,坚持多元化。为紧跟产业发展趋势和行业人才需求,深化产教融合,编写团队吸收组织培养行业企业技术人员和能工巧匠等,校企"双元"合作开发教材,及时将产业发展的新技术、新工艺、新规范和企业真实生产案例编入教材。

5. 配套资源上,实现立体化。教材不仅配有多媒体教学课件,团队成员还在智慧职教等平台上开设了植物组织培养网络课程。教材同时引用了国家职业教育专业教学资源库部分教学视频,扫描教材上的二维码即可共享网上资源,形成"纸质教材+立体化配套资源"。

本教材由陈世昌任主编,宋刚、张燕、申顺先任副主编。编写分工如下:单元一、单元三、单元四、单元七第一节由河南农业职业学院陈世昌编写,单元二、单元九由河南农业职业学院申顺先编写,单元五由信阳农林学院张燕编写,单元六、单元七第三节、单元八由江苏农林职业技术学院宋刚编写,单元七第二节由黑龙江生物科技职业学院张智策编写,单元七第四节和第五节、单元十一由辽宁职业学院宋扬编写,单元十由湖南生物机电职业技术学院姜放军编写。江阴沃土农业科技有限公司居玉玲、武汉兰多生物科技有限公司张方静参与各单元技能训练部分的编写工作。全书由陈世昌统稿、定稿。河南农业大学博士生导师范国强教授和河南省农业科学院张晓伟研究员审阅全稿。

在编写过程中,自始至终得到各参编院校的领导、学术同行及朋友们的大力支持和帮助,并广泛参阅和引用了众多专家及学者的著作、论文和网络资源。在此向有关专家、学者、本书前两版编写人员、国家职业教育种子生产与经营专业教学资源库"薯类种子种苗生产技术"课程组老师一并致谢。

由于编者水平有限,书中难免存在不足之处,敬请同行和广大读者批评指正,以便今后修改完善。

编　者
2021 年 2 月

第一版前言

植物组织培养是植物生物技术的重要组成部分和基本研究手段,广泛应用于农业、林业、工业和医药业,在植物脱毒快繁、植物育种、种质资源保存和药用植物工厂化生产等方面发挥了巨大的作用,产生了可观的经济效益和社会效益,在当代生物技术中非常有生命力。为适应社会对植物组织培养人才的需求,许多高校在生物技术类、农业技术类、林业技术类等专业开设了该课程。

根据教育部《关于加强高职高专教育人才培养工作的意见》和《教育部关于"十二五"职业教育教材建设的若干意见》(教职成〔2012〕9号)等文件精神,在教育部高等学校高职高专植物生产类专业教学指导委员会的指导下,高职高专院校部分从事植物组织培养教学的教师通过分析职业岗位群对知识、技能和素质的要求,以培养高素质技能型专门人才为目标,以强化组织培养快繁技术应用能力为主线,本着理论与实践相结合、科学性与实用性相结合的原则编写了这本教材。本教材的特点有:

1. 在内容选择上,注重实用性和针对性。根据目前高职高专院校学生的认知水平、学校教学条件和人才培养要求,重点突出植物脱毒快繁技术和组织培养育种技术。教材共分十一个单元,单元一至单元六为基本知识和基本操作技术,分别介绍了植物组织培养概述、基本条件、基本技术、器官培养技术、快繁技术和脱毒技术,单元七为脱毒与快繁技术综合技能训练,单元八介绍植物组织培养苗工厂化生产与经营,单元九是将胚培养、花药与花粉培养、原生质体培养、遗传转化等内容整合,通过实例介绍组织培养在植物育种中的应用。单元十、单元十一简要介绍了细胞培养在次生代谢产物生产和种质资源离体保存中的应用。

2. 在内容编排上,突出实践性。为使教学内容有利于进行项目化教学,实现理论实践一体化,除单元一、单元七、单元十一外,其余各单元按照理论知识和技能训练两大模块编排。理论知识部分通过具体的生产实例,将掌握基础知识、理解基本理论融为一体。每项技能训练都明确了训练目标,以图表形式直观地展示操作规程及操作技术要点,单元后设有技能考核建议和考核方案。单元七收编了多种有代表性经济植物的脱毒快繁技术,各院校可根据当地需求、季节和产学研等具体情况灵活选择和安排。

3. 在教材体例上,增强趣味性。为便于学生学习、理解和掌握,设置了"知识目标""想一想""测一测"等栏目,单元后的"学习回顾""思考与探究"帮助学生总结、巩固所学知识。"延伸阅读"可拓宽学生的视野,使学生了解组织培养生产中的新知识、新技术和新工艺。在提高学生学习兴趣的同时,使学习内容鲜活具体,不枯燥。

本教材编写分工如下:单元一、三、四和单元七第一、四节由河南农业职业学院陈世昌编写,单元二、十由河南农业职业学院李庆伟编写,单元五由信阳农林学院张燕编写,单元六和单元七第三节由江苏农林职业技术学院宋刚编写,单元八和单元七第二、五节由黑龙江生物科技职业学院张智策编写,单元九由黑龙江农业职业技术学院卞勇编写,单元十一由广西农业职业技术学院朱国兵编写。全书由陈世昌、张晓伟统稿、定稿。河南农业大学博士生导师范国强教授审阅全稿。

在编写过程中,自始至终得到各参编院校的领导、学术同行及朋友们的大力支持和帮助,并广泛参阅和引用了众多专家、学者的著作和论文,在此一并致谢。

由于编者水平有限,书中难免存在不足之处,敬请同行和广大读者批评指正,以便今后修改完善。

编　者

2011 年 1 月

目　　录

单元一　植物组织培养及其原理 ………… 1
第一节　植物组织培养的概念、类型及
　　　　特点 ………………………… 1
第二节　植物组织培养的基本原理 ……… 3
第三节　植物组织培养的发展 …………… 7
第四节　植物组织培养的应用 …………… 9
【学习回顾】 ……………………………… 12
【思考与探究】 …………………………… 13

单元二　植物组织培养的实验条件 ……… 14
第一节　植物组织培养实验室 …………… 14
第二节　植物组织培养的主要设备 ……… 19
第三节　植物组织培养实验室安全 ……… 29
技能训练 2-1　参观植物组织培养
　　　　　　　实验室 …………………… 32
技能训练 2-2　常用组培仪器设备的
　　　　　　　使用 ……………………… 33
技能训练 2-3　器皿、用具的洗涤 ……… 34
【单元技能考核建议】 …………………… 35
【学习回顾】 ……………………………… 36
【思考与探究】 …………………………… 37

单元三　植物组织培养基本技术 ………… 38
第一节　培养基及其配制 ………………… 38
第二节　外植体的选择与消毒 …………… 47
第三节　灭菌消毒技术 …………………… 48
第四节　接种与培养技术 ………………… 52
技能训练 3-1　配制 MS 培养基和植物
　　　　　　　生长调节剂母液 ………… 54
技能训练 3-2　配制 MS 固体培养基 …… 57
技能训练 3-3　灭菌技术 ………………… 58
技能训练 3-4　外植体的预处理与消毒
　　　　　　　技术 ……………………… 61
技能训练 3-5　无菌操作技术 …………… 63
【单元技能考核建议】 …………………… 65

【学习回顾】 ……………………………… 66
【思考与探究】 …………………………… 67

单元四　植物器官培养技术 ……………… 68
第一节　根的培养 ………………………… 68
第二节　茎尖和茎段培养 ………………… 71
第三节　叶的培养 ………………………… 73
第四节　花器和种子培养 ………………… 75
技能训练 4-1　离体根培养技术 ………… 76
技能训练 4-2　茎段培养技术 …………… 78
技能训练 4-3　叶片培养技术 …………… 79
技能训练 4-4　花器培养技术 …………… 80
技能训练 4-5　种子培养技术 …………… 81
【单元技能考核建议】 …………………… 82
【学习回顾】 ……………………………… 83
【思考与探究】 …………………………… 83

单元五　植物组织培养快繁技术 ………… 84
第一节　植物组织培养快繁流程 ………… 84
第二节　植物组织培养快繁实验方案的
　　　　设计与实施 ……………………… 91
第三节　植物组织培养快繁过程中的
　　　　异常现象及解决措施 …………… 94
第四节　植物无糖组织培养技术 ……… 102
第五节　植物试管开花 ………………… 104
技能训练 5-1　草莓的组培快繁技术 … 108
技能训练 5-2　组培苗的炼苗与移栽
　　　　　　　技术 …………………… 109
技能训练 5-3　设计一种植物的组培
　　　　　　　快繁方案 ……………… 110
技能训练 5-4　长寿花试管开花技术 … 111
【单元技能考核建议】 ………………… 112
【学习回顾】 …………………………… 113
【思考与探究】 ………………………… 114

单元六　植物脱毒技术 ………………… 115

第一节　植物脱毒的意义 ┄┄┄┄ 115

第二节　植物脱毒方法 ┄┄┄┄┄ 116

第三节　脱毒苗的鉴定 ┄┄┄┄ 122

第四节　脱毒苗的保存与繁殖 ┄┄┄ 126

第五节　植物脱毒与检测实例 ┄┄ 128

技能训练6-1　植物茎尖剥离与培养 ┄ 132

技能训练6-2　指示植物鉴定法鉴定

脱毒苗 ┄┄┄┄┄ 133

技能训练6-3　酶联免疫吸附法

鉴定病毒 ┄┄┄┄ 134

【单元技能考核建议】┄┄┄┄ 136

【学习回顾】┄┄┄┄┄┄┄ 137

【思考与探究】┄┄┄┄┄┄ 137

单元七　主要经济植物脱毒与快繁

技术 ┄┄┄┄┄┄┄┄ 138

第一节　果树脱毒与快繁技术 ┄┄ 138

第二节　蔬菜脱毒与快繁技术 ┄┄ 146

第三节　花卉组织培养快繁技术 ┄ 151

第四节　树木组织培养快繁技术 ┄ 164

第五节　药用植物组织培养快繁技术 ┄ 168

【单元技能考核建议】┄┄┄┄ 172

【学习回顾】┄┄┄┄┄┄┄ 173

【思考与探究】┄┄┄┄┄┄ 173

单元八　植物组织培养苗工厂化生产与

经营 ┄┄┄┄┄┄┄┄ 174

第一节　植物组织培养苗工厂化生产

技术 ┄┄┄┄┄┄ 174

第二节　生产计划的制订与实施 ┄ 180

第三节　组培苗成本核算与提高

效益的措施 ┄┄┄┄ 181

第四节　组培苗工厂化生产的管理与

经营 ┄┄┄┄┄┄ 183

技能训练8-1　植物组培苗生产工厂的

设计 ┄┄┄┄┄┄ 186

技能训练8-2　甘薯组培苗的浅层

液体培养 ┄┄┄┄ 187

技能训练8-3　马铃薯微型薯生产 ┄┄ 187

技能训练8-4　蝴蝶兰原球茎培养 ┄┄ 188

技能训练8-5　植物组培苗生产计划的

制订及效益分析 ┄ 189

【单元技能考核建议】┄┄┄┄┄ 190

【学习回顾】┄┄┄┄┄┄┄┄ 191

【思考与探究】┄┄┄┄┄┄┄ 191

单元九　植物组织培养与植物育种 ┄┄ 192

第一节　花药、花粉培养与单倍体

育种 ┄┄┄┄┄┄ 192

第二节　胚培养与离体受精 ┄┄ 201

第三节　体细胞无性系变异与

突变体筛选 ┄┄┄┄ 205

第四节　原生质体培养与体细胞

杂交 ┄┄┄┄┄┄ 207

第五节　植物遗传转化 ┄┄┄┄ 216

技能训练9-1　花粉分离与发育时期的

检测 ┄┄┄┄┄┄ 220

技能训练9-2　花药培养 ┄┄┄┄ 222

技能训练9-3　胚培养技术 ┄┄┄ 223

技能训练9-4　原生质体的分离与

培养 ┄┄┄┄┄┄ 223

【单元技能考核建议】┄┄┄┄┄ 225

【学习回顾】┄┄┄┄┄┄┄┄ 226

【思考与探究】┄┄┄┄┄┄┄ 227

单元十　植物细胞培养与次生代谢产物

生产 ┄┄┄┄┄┄┄┄ 228

第一节　单细胞培养 ┄┄┄┄┄ 228

第二节　细胞悬浮培养 ┄┄┄┄ 233

第三节　次生代谢产物生产 ┄┄┄ 240

技能训练10-1　单细胞分离与

培养 ┄┄┄┄┄┄ 244

技能训练10-2　细胞的悬浮培养 ┄┄ 245

【单元技能考核建议】┄┄┄┄┄ 246

【学习回顾】┄┄┄┄┄┄┄┄ 247

【思考与探究】┄┄┄┄┄┄┄ 247

单元十一　植物种质资源离体保存与
人工种子 ································ 248
　第一节　植物种质资源离体保存 ········ 248
　第二节　人工种子 ····················· 253
　【学习回顾】 ························· 256
　【思考与探究】 ······················ 256

附录 ·· 257
　附录 1　常见英文缩写与词义 ·········· 257
　附录 2　常用化学物质的分子量及
　　　　　质量浓度和浓度换算表 ········ 258
主要参考文献 ····························· 259

单元一　植物组织培养及其原理

第一节　植物组织培养的概念、类型及特点

一、植物组培的概念

植物组织培养(简称组培)是指在无菌和人工控制的环境条件下,将植物的胚胎、器官、组织、细胞或原生质体在人工培养基上培养,再生发育成完整植株的技术。由于培养的植物材料脱离了植物母体,所以又称为植物离体培养。

无菌是指物体或局部环境中无活的微生物存在,是进行组培的基本要求。在组培中,只有植物材料、培养基、培养器皿均处于无菌条件下,并人工控制适宜的温度、光照、湿度、气体等,才能使植物材料在离体条件下正常生长和发育。组织培养中,用于培养的植物胚胎、器官、组织、细胞以及原生质体统称为外植体。

二、植物组培的类型

按照不同标准,可将植物组培分为不同类型。

1. 根据培养材料分

(1) 植株培养　植株培养是对完整植株材料的离体培养。常用的植株培养材料是采用无菌播种技术诱导种子萌发产生的幼苗。

(2) 胚胎培养　胚胎培养是对植物胚胎的离体培养。常用的胚胎培养材料是从胚珠中分离出的成熟胚或未成熟胚。

(3) 器官培养　器官培养是对植物体的各种器官及器官原基的离体培养。常用的器官培养材料有根尖、根段、茎尖、茎段、叶原基、叶片、子叶、叶柄、叶鞘、花瓣、子房和果实等。

(4) 组织培养　组织培养是对植物体的各部位组织或愈伤组织的离体培养。常用的组织培养材料有分生组织、形成层、表皮组织、薄壁组织和木质部等,这是狭义的组织培养。

（5）细胞培养　　细胞培养是对植物的单个细胞或较小的细胞团的离体培养。常用的细胞培养材料有性细胞、叶肉细胞、根尖细胞和韧皮部细胞等。

（6）原生质体培养　　原生质体培养是对除去细胞壁的原生质体的离体培养。

2. 根据培养基的物理状态分

（1）固体培养　　固体培养是将培养物放在固体培养基上进行培养。固体培养基是在液体培养基中添加一定量凝固剂（如琼脂），使培养基在常温下固化。固体培养是最常用的组织培养方法。

（2）液体培养　　液体培养是将培养物放在液体培养基中进行培养。液体培养包括悬浮静止培养、振荡培养和纸桥培养等。

3. 根据培养过程分

（1）初代培养　　对外植体进行的第一次培养称为初代培养。其目的是建立无菌培养物，通常是诱导外植体产生愈伤组织、不定芽、原球茎，或直接诱导侧芽和顶芽萌发，这是植物组织培养中比较困难的阶段，也称为诱导培养。

（2）继代培养　　将培养一段时间后的外植体或产生的培养物转移到新鲜培养基中继续培养的过程称为继代培养。其目的是防止培养材料老化，或培养基养分耗尽而造成营养不良，以及代谢物过多积累而产生毒害的影响；使培养物能够得到大量繁殖，并顺利地生长、分化长成完整的植株。

另外，根据培养过程中是否需要光照，可分为光培养和暗培养。

三、植物组培的特点

植物组培是在人工控制的环境条件下，采用纯培养的方法离体培养植物的器官、组织、细胞和原生质体，既不受外界环境条件和其他生物的影响，也不受植物体其他部分的干扰。该技术具有以下特点。

1. 培养材料来源广泛，遗传性一致

在植物组培中，植物的单个细胞，小块组织，根、茎、叶、花、果实和种子各种器官，胚胎以及完整植株均可作为外植体。材料大小只需几毫米，有些甚至不到 1 mm。这些材料均来自遗传性一致的植株个体，培养获得的细胞、组织、器官或小植株等各种水平的无性系具有相同遗传背景，纯度高，可极大地提高实验的精度。

2. 培养条件可人为控制，材料可周年生长

植物组培中的培养材料完全是在人为提供的培养基和小气候环境下生长，摆脱了大自然中四季、昼夜气温变化及灾害性气候的不利影响，且生长条件均一。因此，培养材料可不受气候和季节的限制，实现周年生长。

3. 生长快，繁殖率高

植物组培可根据不同植物、不同外植体的要求提供不同的培养基和培养条件，营养和条件优越且一致。因而植物材料生长、分化快，往往 1~2 个月可完成一个生长周期，大大缩短了实验和生长周期，材料能以几何级数迅速繁殖。

4. 管理方便，利于自动化控制

组培是在无菌条件下进行的，不受自然界中病、虫、杂草等有害生物危害。生产微型化、精细化、高度集约化，重复性强，便于标准化管理和自动化控制，实现优质种苗的工厂化生产。与田间、栽培盆栽等相比，省去了中耕除草、施肥、灌溉、防治病虫害等一系列繁杂劳动，可大大节省人

力、物力及土地,也有利于自动化控制和工厂化生产。

延伸阅读:无性繁殖与克隆

无性繁殖是指不经过雌、雄两性生殖细胞的结合,只由一个生物体产生后代的生殖方式。许多微生物、植物可进行无性繁殖,如细菌的裂殖、酵母菌的出芽生殖、真菌的无性孢子生殖、植物的压条或扦插等都属于无性繁殖。克隆是"clone"或"cloning"的音译,是指生物体通过体细胞进行繁殖,其本质是一种人工诱导的无性繁殖方式,植物组培技术也称为"植物克隆"。在自然条件下,高等动物是不能进行无性繁殖的,但通过人工操作即克隆技术可实现动物的无性繁殖,如克隆羊、克隆牛等。

第二节 植物组织培养的基本原理

一、植物细胞的全能性

细胞是生物体结构和功能的基本单位,高等植物体由无数形态、结构与功能不同的细胞构成。植物体分生组织细胞具有持续性或周期性分裂能力,成熟组织细胞失去分裂能力,而执行其他功能。植物组培不仅能使处于分生状态的细胞继续保持分裂能力,同时也可使成熟组织中的细胞恢复分裂能力。这是因为植物每个具有完整细胞核的细胞都具有全能性,这是植物组培的理论基础。植物细胞全能性是指植物体每个具有完整细胞核的细胞,都拥有该物种的全部遗传信息,具有形成完整植株的潜在能力。

植物细胞全能性是一种潜在的能力。在自然状态下,由于细胞在植物体内所处位置及生理条件的不同,其细胞的分化受各方面的调控与限制,致使其所具有的遗传信息不能全部表达出来,只能形成某种特化细胞,构成植物体的一种组织或一种器官的一部分,表现出一定的形态及生理功能,但其全能性的潜力并没有丧失。

从理论上讲,任何一个生活的植物细胞,只要有完整的膜系统和有生命力的核,即使是已经高度成熟和分化的细胞,在适当的条件下,都具有向分生状态逆转的能力,从而表现出其全能性。但不同细胞全能性的表达难易程度有所不同,这主要取决于细胞所处的发育状态和生理状态。

想一想

动物细胞具有全能性吗?

植物细胞全能性的表达能力与细胞分化的程度呈负相关,从强到弱依次为:生长点细胞>形成层细胞>薄壁细胞>厚壁细胞(木质化细胞)>特化细胞(筛管、导管细胞)。这是因为越老的细胞基因表达受到越严格的制约,丧失功能或不表现功能的基因也会越多。

二、植物细胞全能性的实现

关于植物细胞全能性的实现可以用图 1-1 来表示。图中有 3 个循环,其中 A 循环表示生命周期,包括孢子体和配子体的世代交替;B 循环表示细胞周期,包括核质的互作、DNA 复制、转录 RNA 并翻译为蛋白质,使全能性形成和保持;C 循环表示组织培养周期,组织或细胞脱离植株体, 在无菌条件下,靠人工的营养及植物生长调节剂进行代谢。

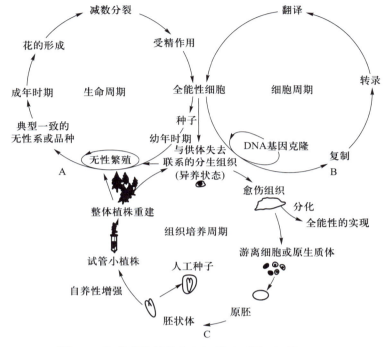

图 1-1　细胞全能性的实现与利用(利容千,等,2004)

要把植物细胞的全能性变为现实,必须要满足 3 个条件:一是细胞要与完整植株分离,二是给予适宜的培养条件,三是产生去分化(又称脱分化)与再分化。细胞脱离原来所在的器官或组织成为离体状态,不再受原植株的控制,在一定的营养、激素和外界条件的作用下,细胞的全能性才能得到充分表现。

成熟植物细胞在离体条件下,经过去分化、细胞分裂、再分化 3 个阶段才能形成完整植株(图 1-2)。但在某些情况下,再分化可以直接发生在去分化的分生细胞中,其间不需插入 1 个愈伤组织阶段,直接分化出芽或根,形成完整植株。

图 1-2　成熟细胞在离体条件下形成完整植株的过程

1. 细胞的分化、去分化和再分化

(1)细胞的分化　细胞的分化是指细胞的形态结构和功能发生永久性的适度变化的过程。植物成熟种子胚胎中的所有细胞几乎都保持着未分化的状态,具有旺盛的分裂能力,称为胚性细胞。这些胚性细胞之间无明显差异,其细胞质浓稠,细胞核较大。在适宜的条件下,种子开始萌发,胚性细胞不断分裂,数目迅速增加。随着时间的推移,细胞的发育方式发生不同变化,形态和功能也发生变化,有的形成根、茎、叶的细胞;有的仍保持分裂能力,形成分生组织;有的则失去分裂能力,形成成熟组织。细胞分化是组织分化和器官分化的基础,是离体培养再分化和植株再生得以实现的基础。

（2）去分化　去分化又称脱分化,是指已失去分裂能力的成熟细胞回复到分生状态,并进行分裂形成未分化的细胞团即愈伤组织的过程。去分化是在特定条件下(如体外培养基),处于分化成熟和分裂静止状态的细胞体内的溶酶体将失去功能的细胞组分降解,并产生新细胞组分,完成细胞器的重建。同时细胞内酶的种类与活性发生改变,细胞的代谢过程也发生改变,引起基因表达的改变,细胞的性质和状态发生扭转,恢复原有分裂能力,即细胞"返老还童"。如果条件合适,经过去分化的细胞可以长期保持旺盛的分裂状态而不发生分化。

细胞去分化的难易程度与植物种类和器官及其生理状况有很大关系。一般单子叶植物、裸子植物比双子叶植物难,成年细胞和组织比幼龄细胞和组织难,单倍体细胞比二倍体细胞难,茎、叶比花难。

（3）再分化　再分化是指由已经过去分化的细胞产生各种不同类型的分化细胞的过程。表现为由无结构和特定功能的细胞转变为具有一定结构、执行一定功能的组织和器官,从而构成一个完整的植物体或植物器官。

在去分化和再分化过程中,细胞的全能性得以表达。组织培养的主要工作是设计和筛选培养基,探讨和建立合适的培养条件,促使植物组织和细胞完成去分化和再分化。

想一想
人和其他动物的细胞能去分化和再分化吗?

2. 愈伤组织的形成

去分化在植物组织形态上的表现是细胞增殖形成无分化的愈伤组织。愈伤组织是植物细胞经去分化不断增殖,形成的一团不规则的、具有分生能力而无特定功能的薄壁组织。它可以在人工培养基上培养形成,也可在自然生长条件下,从机械损伤或微生物损伤、昆虫咬伤的伤口处产生。在人工培养基上,愈伤组织的形成是一个内、外环境因素相互作用的结果,可分为诱导期、分裂期和分化期。

（1）诱导期　诱导期是细胞准备进行分裂的时期,又称为启动期。在外源激素和其他刺激因素的作用下,外植体上已分化的活细胞内部发生一系列复杂的生理变化,如合成代谢加强,迅速合成蛋白质和核酸。但是细胞的大小仍然与外植体时的一样,没有多大改变。诱导期的长短因植物种类、外植体的生理状况及外部因素而异,如菊芋诱导只需 1 d,胡萝卜则需数天。

（2）分裂期　分裂期是细胞经过诱导后去分化,不断分裂而形成愈伤组织的时期。在分裂期,细胞数目迅速增加,细胞的核和核仁增至最大,培养组织中蛋白质和核酸的含量大大增加。处于分裂期的愈伤组织的共同特征是:细胞分裂快,结构疏松,缺少有组织的结构,颜色浅而透明。如果在原培养基上长期培养,细胞可发生再分化,产生新的结构;如果将其及时转移到新鲜培养基上,愈伤组织则可继续进行细胞分裂,保持其不分化的状态。生长旺盛的愈伤组织有光泽,一般呈乳黄色、白色或绿色;而老化的愈伤组织多转为黄色甚至褐色。

（3）分化期　分化期是停止分裂的细胞发生生理代谢变化而形成形态和功能各异的细胞的时期。此期细胞的体积不再减小,分裂部位和方向发生改变,形成分生组织瘤状结构和维管组织,出现薄壁细胞、分生细胞、导管、管胞、纤维细胞等各种类型的细胞。

尽管根据形态变化可将愈伤组织的形成分为 3 个时期,但实际上各阶段的区分并不是十分严格,特别是分裂期和分化期,往往可以同时在同一组织块出现。

3. 植物的形态建成

愈伤组织中的细胞常以无规则方式发生分裂,在后期虽然也发生了细胞分化,形成了不同类型的细胞,但并无器官发生。植物组织培养就是创造一个适宜的培养条件,促使愈伤组织发生再分化形成完整植株。愈伤组织再分化形成完整植株有器官发生和体细胞胚发生 2 种不同的发育途径。

(1)器官发生　器官发生即在诱导条件下,离体培养的组织、细胞经分裂和增殖再分化形成根和芽的过程。器官原基一般起始于 1 个细胞或一小团分化的细胞,经分裂后形成拟分生组织,然后进一步分化形成芽和根等器官原基。通过器官发生形成再生植株的方式有 3 种:① 先形成芽,后在芽基部长根,大多数植物为这种情况。② 先形成根,再从根的基部分化出芽,但芽的分化难度较大。③ 在愈伤组织不同部位分化形成芽和根,然后芽、根的维管组织连接起来形成完整植株。也有一些愈伤组织分化时仅形成根或芽,即无芽的根或无根的芽。

(2)体细胞胚发生　通常我们将在自然条件下,由高等植物的雌雄配子结合而成的合子发育成的胚称为合子胚;而将在植物组织培养中,由高等植物的体细胞经诱导形成的胚称为体细胞胚或胚状体。

体细胞胚具有双极性,即苗端和根端,其发育过程与合子胚的过程极其相似。在适宜的条件下,体细胞胚可先后经过原胚、球形胚、心形胚、鱼雷形胚和子叶胚 5 个时期,然后发育成再生植株。图 1-3 为胡萝卜体细胞胚的形成和分化过程。

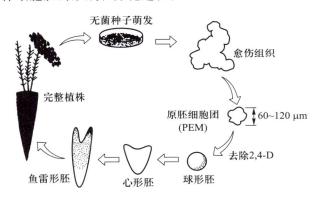

图 1-3　胡萝卜体细胞胚的形成和分化过程示意图

由愈伤组织经器官发生和由体细胞胚发生再分化形成的再生植株常常容易混淆,表 1-1 列出了这 2 种再生植株的区别。

表 1-1　器官发生再生植株与体细胞胚发生再生植株的区别

器官发生再生植株	体细胞胚发生再生植株
分化初期只有单极性,芽分化或根分化	分化初期具有两极性,有胚根和胚芽两极
不定芽和不定根与愈伤组织的维管组织相连	体细胞胚维管组织与外植体维管组织不相连
无胚胎形态,分生中心直接分化出器官	具有典型的胚胎形态发生过程
不定芽的苗无子叶	形成的幼苗具有子叶
先长芽后生根、先长根后形成芽或不同部位分化出芽和根	根芽齐全,不经历诱导生根阶段

第三节　植物组织培养的发展

对植物组培技术的研究始于 1902 年,从其诞生到现在,大体经历了探索、奠基和迅速发展 3 个阶段。

一、探索阶段

20 世纪 30 年代为植物组培理论探索和开创阶段。在这一阶段,细胞全能性的提出为植物组培技术的产生奠定了理论基础,人们开始对植物组培的各个方面进行大量的探索性研究。但由于对影响植物组织和细胞增殖及形态发生能力的因素尚未研究清楚,除了在胚和根的离体培养方面取得了一些结果外,没有其他大的进展。该阶段的重大事件见表 1-2。

表 1-2　植物组培探索阶段的重大事件

年　份	事 件 内 容
1902 年	Haberlandt 提出植物细胞全能性学说
1904 年	Hanning 在无机盐和蔗糖溶液中培养离体萝卜和辣根的胚获得成功
1922 年	Kotte 和 Robbins 离体培养根尖获得成功
1925 年	Laibach 培养亚麻种间杂交幼胚获得成功
1933 年	李继侗和沈同用加有银杏胚乳提取液的培养基成功培养银杏胚

延伸阅读:植物组培的开创者——Haberlandt

1902 年,德国植物生理学家 Haberlandt 提出高等植物的器官和组织可以不断分割,直至成单个细胞的观点。预言植物体细胞在适宜条件下,具有发育成完整植株的潜力,即植物细胞全能性的设想。为了证实这一观点,他在加入了蔗糖的 Knop 培养液中培养小野芝麻、凤眼兰的栅栏组织以及虎眼万年青属植物的表皮细胞。遗憾的是由于选择的实验材料高度分化和培养基过于简单,他只观察到细胞的生长、细胞壁的加厚,并没有观察到细胞分裂。然而他首次进行了离体细胞培养实验,对植物组织培养的发展起了先导作用,激励后人继续探索和追求。

二、奠基阶段

20 世纪 30 年代中期至 50 年代末期为植物组培的奠基阶段。这一阶段,通过对培养基成分和培养条件的广泛研究,特别是对 B 族维生素、生长素和细胞分裂素作用的研究,实现了对离体细胞生长和分化的控制,从而确立植物组培的技术体系,并首次用实验证实了细胞全能性,为以后的快速发展奠定了基础。该阶段的重大事件见表 1-3。

表 1-3　植物组培奠基阶段的重大事件

年　　份	事　件　内　容
1934 年	White 由番茄根建立了第一个活跃生长的无性繁殖系
1937 年	White 配制了第一个由已知化合物组成的综合培养基
1939 年	Gautherer 连续培养胡萝卜根形成层获得成功
1941 年	Overbeek 等用含椰子汁的培养基将曼陀罗的心形期幼胚培养成熟
1943 年	White 出版了《植物组织培养手册》
1948 年	Skoog 和崔澂发现腺嘌呤或腺苷可以解除吲哚乙酸（IAA）对芽形成的抑制
1952 年	Morel 和 Martin 首次通过茎尖培养获得大丽花的无病毒植株
1953 年	Tulecke 利用银杏花粉粒进行培养获得了单倍体愈伤组织
1954 年	Muir 进行单细胞培养获得初步成功
1956 年	Miller 等人发现激动素
1957 年	Skoog 和 Miller 提出植物激素控制器官形成的理论
1958 年	Steward 等以胡萝卜为材料，首次通过实验证实了植物细胞全能性

三、迅速发展阶段

当影响植物细胞分裂和器官形成的机制被揭示后，20 世纪 60 年代以后植物组培进入了迅速发展阶段，研究工作更加深入，从大量的物种诱导获得植物再生植株，形成了一套成熟的理论体系和技术方法，并开始大规模应用。该阶段的重大事件见表 1-4。

表 1-4　植物组培迅速发展阶段的重大事件

年　　份	事　件　内　容
1960 年	Cocking 等人用真菌纤维素酶分离植物原生质体获得成功
1960 年	Kanta 在植物试管授精研究中获得成功
1960 年	Morel 利用茎尖培养获得脱毒兰花，形成了"兰花产业"
1962 年	Murashige 和 Skoog 发表了 MS 培养基的成分
1964 年	Guha 等在曼陀罗上由花粉诱导得到单倍体植株
1967 年	Bourgin 等通过花药培养获得了烟草的单倍体植物
1970 年	Power 等首次成功实现原生质体融合
1970 年	Carlson 通过离体培养筛选得到了烟草生化突变体
1971 年	Takebe 等首次由烟草原生质体获得了再生植株
1972 年	Carlson 等通过原生质体融合首次获得了烟草种间体细胞杂种
1974 年	Kao 等建立原生质体的高 Ca^{2+}、高 pH 的 PEG 融合法
1978 年	Melchers 等将番茄与马铃薯进行体细胞杂交获得了第一个属间杂种

年　　份	事 件 内 容
1978 年	Murashige 提出"人工种子"的概念
1982 年	Zimmermann 开发了原生质体的电融合法
1983 年	Zambryski 等采用农杆菌介导法转化烟草,首次获得转基因植物
1984 年	Paskowski 等利用质粒转化烟草原生质体获得成功
1985 年	Horsch 等建立了农杆菌介导的叶盘法
1987 年	Sanford 发明了基因枪法用于单子叶植物的遗传转化
1983 年至今	相继获得水稻、棉花、玉米、小麦、大麦和番茄等转基因植株

第四节　植物组织培养的应用

植物组培已发展为生物科学的一个广阔领域,是生物技术的重要组成部分。植物组培既是植物细胞工程和基因工程的技术基础,又是植物快速繁殖和脱毒的重要技术,在农业、林业、工业、医药等行业中得到广泛的应用,创造了巨大的经济效益和社会效益。

一、快速繁殖植物种苗

快速繁殖技术(简称快繁技术)是植物组培在生产上应用广泛、产生较大经济效益的一项技术,其商业性应用始于 20 世纪 70 年代美国的兰花工业。通过离体快繁可在较短时期内迅速扩大植株的数量,在合适的条件下每年可繁殖出几万倍,乃至百万倍的幼苗。如 1 个草莓芽 1 年可繁殖 10^8 个芽,1 个兰花原球茎 1 年可繁殖 400 万个原球茎,1 株葡萄 1 年可繁殖 3 万株。快繁技术加快了植物新品种的推广,以前靠常规方法推广一个新品种要几年甚至十多年,而现在快的只要 1~2 年就可普及全世界。快速繁殖技术对繁殖系数低、不能用种子繁殖的"名、优、新、奇、特"植物品种的繁殖和推广更为重要。

全世界组培苗的年产量从 1985 年的 1.3 亿株猛增到 1991 年的 5.13 亿株,现在已超过 10 亿株。如美国的 Wyford 国际公司设有 4 个组培室,研究和培育出的新品种达 1 000 余个,年产观赏花卉、蔬菜、果树及林木等组培苗 3 000 万株;以色列的 Benzur 年产观赏组培苗 800 万株;印度 Harrisons Malayalam 有限公司年产观赏组培苗 400 万株。

植物组培快繁技术在我国也得到了广泛的应用,到目前为止已报道有上千种植物的快速繁殖获得成功,包括观赏植物、蔬菜、果树、大田作物及其他经济作物。其中,兰花、安祖花、非洲菊、马蹄莲、马铃薯、草莓、甘薯、甘蔗、桉树和香蕉等经济植物已开始工厂化生产。

二、培养植物脱毒苗木

植物在生长过程中几乎都要遭受到病毒不同程度的危害,尤其是靠无性繁殖的植物,如蒙受病毒危害后,代代相传,越染越重,严重地影响了产量和品质,给生产带来严重的损失。如草莓、马铃薯、甘薯、葡萄等植物感染病毒后会造成产量降低、品质变劣;兰花、菊花、百合、香石竹（别名康乃馨）等观赏植物受病毒危害后，造成产花少、花变小、色泽暗淡，大大影响其观赏价值。

自20世纪50年代发现采用茎尖培养方法可除去植物体内的病毒以来，脱毒培养就成为解决病毒危害的主要方法之一。由于植物生长点附近的病毒浓度很低甚至无病毒，切取一定大小的茎尖分生组织进行培养，再生植株就可能脱除病毒，从而获得脱毒苗。脱毒苗恢复了原有优良种性，生长势明显增强，整齐一致。如脱毒后的马铃薯、甘薯、甘蔗、香蕉等植物可大幅度提高产量，改善品质，最高可增产300%，平均增产也在30%以上；兰花、水仙、大丽花等观赏植物脱毒后植株生长势强，花朵变大、产花量上升，色泽鲜艳。目前利用组培脱除植物病毒的方法已广泛应用于花卉、果树、蔬菜等植物上，并建立无病毒苗的繁育体系。

三、培育植物新品种

植物组培技术为育种提供了更多手段和方法，使育种工作在新的条件下更有效地开展。

1. 单倍体育种

单倍体植株可通过花药或花粉离体培养获得，不仅可以在短时间内获得纯的品系，更便于对隐性突变的分离。与常规育种方法相比，单倍体育种大大地缩短了育种年限，加快育种进程，节约了人力物力。据不完全统计，自1974年我国科学家通过花药培养育成世界上第一个作物新品种——烟草单育1号，目前我国用花药或花粉培育出的植物已超过22科52属160个种，尤其在水稻、小麦、烟草、辣椒和大白菜等植物的育种中处于领先地位，并培育出水稻"中花1号"，小麦"京花1号""花培1号"，辣椒"海花1号"等著名品种。

2. 胚培养

胚培养是组培中最早获得成功的技术。在远缘杂交中，杂交后形成的胚珠往往在未成熟状态下就停止生长，不能形成有生活力的种子，导致杂交不孕，这使得植物的种间或种以上的远缘杂交常难以成功。采用胚、子房、胚珠培养和试管受精等手段，可以使自然条件下早夭的杂交胚正常发育，产生远缘杂交后代，从而育成新品种。如苹果和梨杂交种、大白菜与甘蓝杂交种等，目前胚培养已在50多个科属中获得成功。

利用胚乳培养可获得三倍体植株，再经过染色体加倍获得六倍体，进而育成植株生长旺盛、果实大的多倍体植株。此外通过胚状体的产生，可以进行人工种子繁育。

3. 体细胞杂交

体细胞杂交是打破物种间生殖隔离，实现其有益基因的种间交流，改良植物品种，创造新物种或优良品种的有效途径。通过这一途径，目前已成功育成了细胞质雄性不育烟草、水稻，马铃薯、甘薯、番茄栽培种与其野生种的杂种，甘蓝与白菜的杂种，柑橘类杂种等一批新品种（系）和育种新材料。

4. 筛选细胞突变体

离体培养的细胞处于不断分裂状态，易受培养条件和外界物理因素（紫外线、X射线、γ射线）和化学诱变剂的影响而发生变异，人们可从中筛选出有用的突变体，进而育成新品种。20世纪70年代以来，人们已诱变筛选出大量的植物抗病虫、抗盐、耐寒、耐盐、高赖氨酸、高蛋白和抗除草剂等突变体，有的已培育成新品种，并用于生产。

5. 植物遗传转化

植物遗传转化又称为植物基因工程,是利用重组 DNA 技术、细胞组织培养等技术,将外源基因导入植物细胞,使遗传物质定向重组,从而获得转基因植物的技术。该技术解决了植物育种中用常规杂交方法所不能解决的问题,克服了植物育种中的盲目性,提高了育种的预见性,已成功应用于植物抗病、抗虫、抗逆及品质改良等方面。植物遗传转化虽不直接属于植物组培的内容,但与组培关系密不可分,植物组培既是遗传转化的基础,又是遗传转化获得的植物种质新材料推广应用的桥梁;在基因表达及其调控的研究上也需要组织培养技术。

> **查一查**
> 我国大面积推广应用的转基因植物种类及种植面积。

四、生产次生代谢产物

利用发酵技术大规模培养植物组织或细胞,可以高效地生产出蛋白质、糖类、药物、香料、生物碱和色素等天然化合物。近年来这一领域已引起人们的广泛重视,如用单细胞培养生产蛋白质,将给饲料和食品工业提供广阔的原料生产前景;用组培方法生产不能用微生物及人工合成的药物或有效成分。

五、保存和交换植物种质资源

植物种质资源是农业生产的基础,一方面植物种质资源不断增加,另一方面一些珍稀植物资源又日趋枯竭。常规的植物种质资源保存方法耗资巨大,使得种质资源流失的情况时有发生。通过抑制生长或超低温储存的方法离体保存植物种质,可节约大量的人力、物力和土地,还可挽救那些濒危物种。如用一台容积为 280 L 的冰箱可存放 2 000 支试管苗,而容纳相同数量的苹果植株则需要近 6 hm^2 土地。离体保存还可避免病虫害侵染和外界不利气候及其栽培因素的影响,可长期保存,有利于种质资源的地区间及国际间的交换。

用人工种皮包被植物组培中得到的体细胞胚可得到人工种子。人工种子在自然条件下能够像天然种子一样正常萌发、生长,它可为某些稀有和珍贵物种的繁殖和保存提供新的手段。

六、促进植物遗传、生理、生化和植物病理的研究

植物组培推动了植物遗传、生理、生化和病理学的研究,已成为这些领域中的常规方法之一。如利用花药和花粉培养获得的单倍体和纯合二倍体植株是研究细胞遗传的理想材料,用单细胞培养研究植物的光合代谢,用单细胞或原生质体培养快速鉴定植物的抗病性、抗逆性等。

> **延伸阅读:组培苗新用途——观赏组培**
> 随着组培技术逐步普及和实用化,观赏组培作为一种组培新模式越来越受到市场的青睐。观赏组培是在透明的塑料瓶中培养长势慢、可观叶或观根的植物,有一些是能够开花的植物,如"手指玫瑰"。并将培养瓶做成卡通人物、动物形状等个性化十足的流行款式,使培养基着上鲜艳的颜色,更具观赏价值,可作室内装饰或手机、钥匙装饰物。观赏组培具有较好的市场前景,但技术要求更高,决不可盲目跟风,应对技术和市场充分掌握后再进行应用推广。

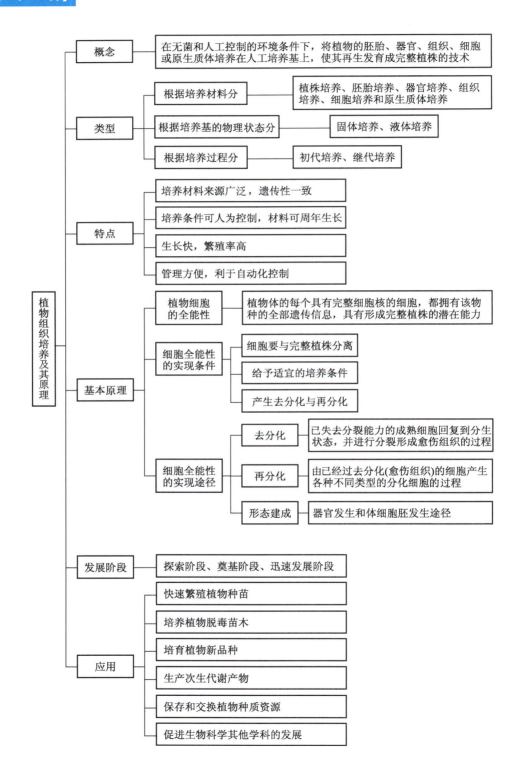

植物组织培养及其原理

概念 —— 在无菌和人工控制的环境条件下，将植物的胚胎、器官、组织、细胞或原生质体培养在人工培养基上，使其再生发育成完整植株的技术

类型
- 根据培养材料分 —— 植株培养、胚胎培养、器官培养、组织培养、细胞培养和原生质体培养
- 根据培养基的物理状态分 —— 固体培养、液体培养
- 根据培养过程分 —— 初代培养、继代培养

特点
- 培养材料来源广泛，遗传性一致
- 培养条件可人为控制，材料可周年生长
- 生长快，繁殖率高
- 管理方便，利于自动化控制

基本原理
- 植物细胞的全能性 —— 植物体的每个具有完整细胞核的细胞，都拥有该物种的全部遗传信息，具有形成完整植株的潜在能力
- 细胞全能性的实现条件
  - 细胞要与完整植株分离
  - 给予适宜的培养条件
  - 产生去分化与再分化
- 细胞全能性的实现途径
  - 去分化 —— 已失去分裂能力的成熟细胞回复到分生状态，并进行分裂形成愈伤组织的过程
  - 再分化 —— 由已经过去分化(愈伤组织)的细胞产生各种不同类型的分化细胞的过程
  - 形态建成 —— 器官发生和体细胞胚发生途径

发展阶段 —— 探索阶段、奠基阶段、迅速发展阶段

应用
- 快速繁殖植物种苗
- 培养植物脱毒苗木
- 培育植物新品种
- 生产次生代谢产物
- 保存和交换植物种质资源
- 促进生物科学其他学科的发展

1. 解释名词：植物组织培养(组培)　外植体　去分化　再分化　愈伤组织

　　　　　　　再生植株　植物细胞全能性　体细胞胚

2. 植物组培包括哪些类型,各有哪些特点?

3. 植物细胞如何才能实现其全能性? 实现途径有哪些?

4. 植物组培在生产上有哪些应用?

单元二　植物组织培养的实验条件

植物组培对环境条件和操作技术要求很严格。在进行植物组培前,要全面了解实验室的构成和基本的设备。

第一节　植物组织培养实验室

植物组培实验室是进行植物组培实验操作或组培苗工厂化生产的场所。植物组培实验室必须满足3个基本的需要,即实验准备、无菌操作和控制培养。在选址时,应选择相对清洁、安静、远离各种污染源和交通便利的地方,并按照工作的目的和规模决定实验室的设计。

根据工作目的和规模,植物组培实验室通常分为一般组培室、组培工厂和家庭组培室。

一、植物组培实验室的设计

(一)一般组培室的设计

一般组培室即一般植物组培实验室,是多数农林类院校和科研单位常备的实验室。组培室要根据科学、高效、经济和实用的设置原则,依据实验性质和实际需要科学规划相应的实验室面积和组成,按照组培的操作流程(母液配制→培养基制备→灭菌→无菌操作→材料培养→炼苗与移栽)来进行设计和布局(图2-1)。

(二)组培工厂的设计

组培工厂即商业性植物组培实验室,是进行组培苗工厂化生产的场所。组培工厂应根据规模来进行合理规划设计,厂址要求周边环境无污染源,排灌方便,水电充足,交通便利;各组成部分应按工作程序进行合理布局(图2-2),其面积大小与相对比例合理。各房间临过道面,可设计成双层玻璃结构,供学习参观。

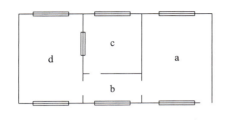

a. 准备室；b. 缓冲室；c. 接种室；d. 培养室。

图 2-1　一般组培室设计图

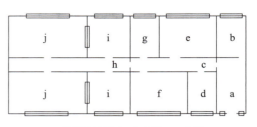

a. 产品展示厅；b. 办公室；c. 走廊；

d. 药品贮藏室/车间；e. 器皿洗涤室/车间；

f. 配剂室/培养基制作车间；g. 灭菌室/车间；

h. 缓冲走廊；i. 接种室/车间；j. 培养室/车间。

图 2-2　组培工厂设计图

（三）家庭组培室的设计

家庭组培室即家庭植物组织培养实验室，通常是植物组培爱好者在家庭条件的基础上，建立的进行植物快速繁殖的场所。利用现有基本条件进行家庭组培室改造设计时应注意：① 合理利用空间，对现有房间进行利用或改建；② 家庭组培室空间不用太大，但须保证接种和培养空间的环境清洁；③ 培养房间最好能充分利用自然光；④ 可以自制或选购物美价廉的设备和用具，以降低成本。

二、植物组培实验室基本组成

一般组培室和组培工厂，二者在面积和设备上不尽相同，但实验室的构成基本相同，都具有进行药品贮藏、器皿洗涤、培养基配制、高压灭菌、无菌操作、试管苗培养与观察及炼苗与移栽等房间或场所。具体的实验室组成如图 2-3 所示。

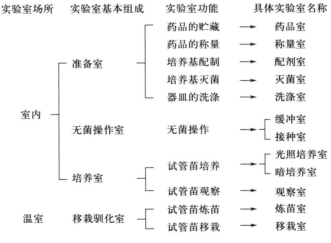

图 2-3　植物组培实验室的构成

（一）一般组培室的基本组成

1. 准备室

准备室也称为综合实验室或化学实验室，进行一切与实验有关的准备工作。可以一

植物组培实验室的基本结构

体式设计,实验操作的各个环节在同一个大的房间内按程序完成(图2-4)。也可以分体式设计,一般由药品室、称量室、配剂室、灭菌室和洗涤室等构成。在设计时可根据具体情况,合并部分实验室,如将药品室和称量室合并,将配剂室、灭菌室、洗涤室三者合并等均可。各室主要功能及基本要求见表2-1。

图 2-4　准备室

表 2-1　准备室的主要功能及基本要求

实验室名称	主 要 功 能	基 本 要 求
药品室	存放实验中所需要的各种化学药品	房间清洁、干燥、通风、避光。保证不同药品的分类存放应设有药品柜和冰箱。注意有毒及腐蚀性的药品应按规定存放,严格管理
称量室	称量药品	房间干燥、密闭、避光。至少配备精确度为 0.1 mg 的电子分析天平和 0.1 g 的普通天平。同时,还应配有与天平配套的电源插座及称量台
配剂室	各种溶液及培养基母液配制与储存、培养基配制	房间宽敞明亮,学校实验室应保证可多人同时进行操作,科研实验室房间面积不需过大,10~20 m² 即可。房间内设有实验台,配有冰箱、电炉(或电磁炉)、酸度计、普通天平、分装器、过滤装置和水浴锅等设备,进行母液、培养基或其他溶液配制时需要的各种烧杯、量筒、容量瓶、刻度移液器、移液枪和培养瓶等器具及贮存柜
灭菌室	培养基、操作器械、培养器皿等的灭菌	灭菌室面积不宜过大,一般 10 m²。房间配有动力电源插座,通气良好,墙壁耐湿。设有水源、水槽,高压蒸汽灭菌锅、烘箱等
洗涤室	器皿的洗涤、干燥与存放,实验材料的预处理与清洗	房间宽敞,有水槽、排水良好,地面防滑。配有各种规格毛刷、废物桶、周转筐、晾瓶架等工具和设备

2. 无菌操作室

无菌操作室又称为接种室,是进行无菌操作的场所(图2-5)。为防止杂菌进入或降低进入接种室的杂菌量,一般生产上在操作间外设置缓冲室。各室主要功能及基本要求见表2-2。

3. 培养室

培养室是对接种后的材料进行培养的场所。根据是否需要光照分为光照培养室(图2-6)和暗培养室,如果有条件,可建立和培养室相连的观察室。培养室的主要功能及基本要求见表2-3。

图 2-5　无菌操作室

表2-2　无菌操作室的主要功能及基本要求

实验室名称	主 要 功 能	基 本 要 求
缓冲室	防止带菌空气直接进入接种室、出入接种室更换工作服	墙壁光滑,设置平滑式推拉门,为便于观察和参观,最好用玻璃进行隔离。缓冲室门口装有风淋机,室内应安装紫外灯,放有消毒剂、工作服装、鞋、鞋架等
接种室	外植体的消毒、接种、培养材料的继代接种等	房间密闭、洁净,墙壁光滑平整,地面平坦无缝,为避免工作人员进入时空气不产生剧烈流动,应设置平滑式推拉门。接种室的房间面积大小随生产规模大小而定,小型接种室4~5 m²,大型接种室40~50 m²。接种室内应安装空调器和紫外灯,放置超净工作台、臭氧发生机、电子灭菌器、接种工具、小推车或周转箱等仪器设备

表2-3　培养室的主要功能及基本要求

实验室名称	主 要 功 能	基 本 要 求
培养室	材料的培养	房间要求干净,墙壁平整,地面平坦,能够通风。为达到对房间环境的温度、光照、湿度的调控和综合利用培养室空间,室内应安装空调器,配有多层培养架及日光灯、摇床、温度计、湿度计等
观察室	观察培养材料的生长发育与分化	房间干燥,清洁,明亮。应配备显微镜、解剖镜、电子天平,还要有和仪器配套的实验台与电源

4. 移栽驯化室

移栽驯化室是试管苗从室内走向田间进行适应和栽培的场所,多由日光温室(图2-7)、智能温室(图2-8)、网室(图2-9)等组成。移栽驯化室的主要功能及基本要求见表2-4。

图2-6　光照培养室

图2-7　日光温室

表2-4　移栽驯化室的主要功能及基本要求

实验室名称	主 要 功 能	基 本 要 求
移栽驯化室	试管苗的炼苗、移栽、管理	移栽驯化室的面积大小随生产规模而定,环境条件应可调控。配备有温湿度测定仪、喷雾装置、光照调节设备、各种移栽容器及基质等

图 2-8　智能温室

图 2-9　网室

（二）组培工厂的基本组成

组培工厂的基本组成如图 2-10 所示,有条件还可以建仓库、冷藏库、办公室、会议室和产品展示厅等附属用房。

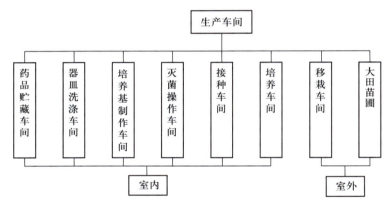

图 2-10　组培工厂生产车间

1. 室内部分

（1）药品贮藏车间　大规模生产时,需要药品较多,需要专门的房间来存放药品,配有药品柜、冰箱等。

（2）器皿洗涤车间　用于玻璃器皿的清洗、干燥和贮存。配有专用晾瓶架,有条件的可配自动洗瓶设备,如转盘式洗瓶机、自动淋瓶机、回转冲瓶机和蒸汽烘干机等。

（3）培养基制作车间　主要用于配制各种母液、制作培养基,有大型实验台,配备各类天平、冰箱、可调移液器、酸度计等。可配自动灌装机。

（4）灭菌操作车间　主要用于培养基以及器皿的消毒与灭菌。工厂化生产多采用大型高压蒸汽灭菌锅进行灭菌,用电负荷加大,应配备专门电源线路,并且有较好的通风散热条件。

（5）接种车间　本车间是进行无菌操作的场所,必须设置缓冲间,要求地面、墙壁及天花板光洁,易于清洗和消毒。室内配有超净工作台、无菌操作器具、培养瓶放置架和空调器等,各接种室内超净工作台数量不能太多,摆放要有一定间距,避免超净工作台间的气流相互干扰。

（6）培养车间　主要用于组培苗培养。培养车间要有保温隔热性能,并尽量利用自然光照、最大限度增加采光面积,除必要的承重墙结构外,全部安装落地式双层保温大玻璃窗。主要仪器设备有空调器、除湿机、温度湿度计、换气扇和培养架等。

2. 室外部分

（1）移栽车间　本车间主要进行组培苗炼苗、清洗、整理、移栽和培育，要求清洁，配有恒温恒湿控制装置、喷雾器、光照调节装置、通风口等，注意观察瓶苗驯化情况、试管苗移栽管理情况及做好有关记录等。

（2）大田苗圃　分为原种圃、品种栽培示范圃和繁殖圃 3 部分。原种圃主要是保存引进或选育的优良资源；品种栽培示范圃主要是展示本工厂生产的各种组培苗的成年植株，展示其优良性状和生产习性；繁殖圃主要繁殖不同规格的商品苗木，供应市场。

（三）家庭组培室的基本组成

家庭组培室一般面积不大，结构组成也比较简单，可以参考一般组培室的组成与功能设置，所用仪器设备可避繁就简，充分利用现有条件制作或购买一些简单的器具（表 2-5），甚至可以用接种箱代替接种室，培养箱代替培养室。

表 2-5　家庭组培室组成与所需器具

实验室名称	所需器具名称	器具作用	器具要求
准备室	天平	称量药品	精确度 0.1 g
	注射器、量筒	度量	注射器（0.1～50 mL）
	铝锅	煮制培养基	也可用不锈钢锅或电饭锅
	烧杯	定容、分装	500～1 000 mL
	玻璃瓶	培养容器	透明，100～500 mL
	封口膜	密封瓶口	也可用耐高压、高温的聚丙烯薄膜
	高压蒸汽灭菌锅	各种物品灭菌	手提式高压灭菌锅
接种室	接种箱	接种	密闭性好，便于消毒
	接种工具	材料接种	镊子、剪刀、解剖刀
	酒精灯	灼烧灭菌	玻璃酒精灯
培养室	培养架	材料培养	也可用培养箱

第二节　植物组织培养的主要设备

一、配制设备

培养基配制设备主要包括天平、量取器具、培养器皿、加热设备、分装设备和酸度计等。

1. 天平

天平是衡量物体质量的仪器，有托盘天平和电子天平。托盘天平、普通电子天平一般用于称量糖和琼脂（图 2-11）。千分之一（10^{-3}）电子分析天平，精确度为 1 mg，用于大量元素及其他一般化学元素的称量。万分之一（10^{-4}）电子分析天平（图 2-12），精确度为

培养基制备
仪器设备与
用具

0.1 mg,用于微量元素、有机物和生长调节物质的称量。

图 2-11　普通电子天平

图 2-12　电子分析天平

2. 量取器具

烧杯是常见的实验室器皿,常用于配制各种溶液,也用于粗略量取液体。烧杯材质有玻璃的,也有塑料的。

量筒是量度液体体积的仪器。常用于量取大量元素母液等的体积,也用于配制部分溶液时定容。规格有 10~1 000 mL 不等,有玻璃、塑料 2 种材质。

容量瓶用于溶液配制定容。常用的规格有 50 mL、100 mL、200 mL、500 mL 和 1 000 mL 等类型,颜色有棕色和无色透明 2 种,棕色容量瓶用于见光不稳定物质的定容和贮存。

刻度移液管用于配制培养基的时候按一定量吸取各种母液。有 0.1 mL、0.2 mL、0.5 mL、1 mL、5 mL 和 10 mL 等规格,与洗耳球配合使用。为避免使用时混淆,多在其上贴有标签,标注量取哪种基本培养基母液或生长调节物质母液,做到专管专用。

移液枪是移液器的一种,常用于少量或微量液体的移取(图 2-13)。能够调节相应量程,使用更方便、准确。规格较多,不同规格的移液枪配套使用不同大小的枪头。

注射器可作为简易的量取母液工具。规格有 0.1~50 mL 不等。

3. 培养器皿

培养器皿是用于放入培养基和培养材料进行培养的器皿,要求透光率高、相对密闭、耐高温高压。有试管、三角瓶、培养皿及各种类型的培养瓶(图 2-14)。

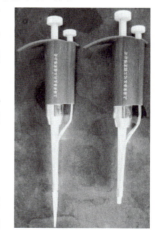

图 2-13　移液枪

试管主要在茎尖培养、花药培养、幼胚培养和实验配方筛选中选用。具有使用培养基少、透光性好、易于观察的特点。有平底的和圆底的 2 种类型,常用的规格有 2 cm×15 cm、2.5 cm×15 cm、3 cm×15 cm、2.5 cm×18 cm 等。试管通常用试管塞或棉塞等封口。

三角瓶是组培中常用的培养器皿,可用于固体培养,也可用于液体培养。具有透光性好、瓶口小等特点,有 50 mL、100 mL、150 mL、200 mL、250 mL、500 mL 和 1 000 mL 等不同的规格。三角瓶通常用封口膜封口。

　　培养皿常用于细胞、原生质体、花药及花粉培养和无菌发芽，也作为茎尖剥离时的载体。具有透光率高、便于观察、易污染等特点。

　　为了提高效益，工厂化生产中应用的培养瓶，一般具有来源广泛、成本较低的特点。不同的培养瓶，可以有不同的材质和不同的规格，如果酱瓶、专用塑料瓶、兰花瓶等，通常用专用瓶盖或瓶塞等封口。

　　4. 加热设备

　　加热设备主要有电炉、电磁炉及液化气灶等及所用电源和气源。

图 2-14　培养器皿

　　5. 分装设备

　　分装设备是进行培养基分装、定容的容器或设备，可分为简易分装器和全自动罐装机 2 种类型。简易分装器在医药用品商店可以购买，俗称"吊桶"，有 1 000 mL、2 000 mL 等不同规格（图 2-15）。全自动灌装机在大规模生产中使用，它具有加热、搅拌和精确分装功能，由压缩机和分装罐组成（图 2-16）。

图 2-15　简易分装器

图 2-16　全自动罐装机

　　6. 酸度计

　　酸度计用于测量和校正培养基的 pH，主要有 pH 试纸和酸度计 2 种类型（图 2-17）。

二、灭菌设备

　　灭菌设备主要包括高压灭菌锅、过滤除菌装置、电热干燥箱、臭氧发生器与紫外线灯等。

　　1. 高压灭菌锅

　　高压灭菌锅即高压蒸汽灭菌锅，是一种密闭良

图 2-17　酸度计

好,又能承受高压的金属锅,是培养基和操作工具、器皿器具、工作服装等进行灭菌的设备。水在常压下 100 ℃ 左右沸腾,密闭锅内水蒸气不能逸出,锅内压强升高,水的沸点随之升高,蒸汽的温度也随之升高。当压力表示数为 0. 105 MPa 时,温度则相当于 121 ℃,在这种温度下持续一定时间即可杀死待灭菌物品上的一切生物,包括耐高温的芽孢和孢子。

高压灭菌锅有手提式(图 2-18)、立式(图 2-19)、卧式(图 2-20)等类型,灭菌温度控制方式有完全人工控制、半智能控制和全智能控制。高压灭菌锅是一个双层金属圆筒,外层为外锅,内层为内锅。外锅供装水产生蒸汽之用,内锅放置灭菌物品。高压灭菌锅外部装有压力表、排(放)气阀和安全阀(图 2-21)。压力表用于表示锅内压强及温度,排气阀用于排出锅内空气。安全阀又称保险阀,利用可调弹簧控制活塞,超过定额压力即自行放汽减压,以保证在灭菌工作中的安全。有些高压灭菌锅外部还有加水和排水阀门。

图 2-18 手提式高压灭菌锅

图 2-19 立式高压灭菌锅

图 2-20 卧式高压灭菌锅

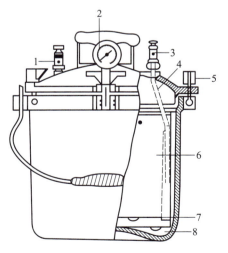

1. 安全阀;2. 压力表;3. 排气阀;4. 软管;
5. 螺栓;6. 灭菌桶;7. 筛架;8. 水。

图 2-21 手提式高压灭菌锅构造图

2. 过滤除菌装置

培养基中有些生长调节物质如吲哚乙酸（IAA）、玉米素（ZT）、赤霉素（GA₃）等在高温条件下容易分解破坏，使用这些生长调节剂时，就需要过滤除菌。过滤除菌装置形式多样，当过滤液体量比较少时，可以使用注射器安装针式微孔滤膜过滤器这种简易的液体过滤装置，利用微孔滤膜滤掉微生物以达到无菌的目的，滤膜的孔径为 0.22 μm（图 2-22）。

3. 电热干燥箱

电热干燥箱是中间夹着石棉的双层金属制成的方形或长方形箱，箱底装有热源，箱内有数层金属架，并附有温度计和自动温度调节器等装置（图 2-23）。外壳为电器箱，电器箱的前面板上装有温度控制仪表、电源开关、风机开关及加热开关等。

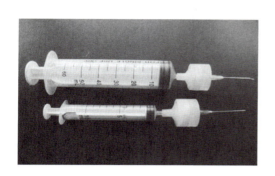

图 2-22 针式微孔滤膜过滤器

图 2-23 电热干燥箱

电热干燥箱常用于金属器械、玻璃器皿的干燥和灭菌。灭菌时在 160～170 ℃的温度下保持 1～2 h 即可，但注意灭菌温度不可超过 180 ℃。也可在 80～100 ℃的干燥培养器皿中烘干植物材料。

想一想

为什么干热灭菌时温度不能超过 180 ℃？

4. 臭氧发生器

臭氧发生器主要用于空气消毒杀菌（图 2-24）。臭氧在常温常压下能自行分解成氧气和单个氧原子，氧原子对某些活性物质有极强的氧化作用，多余的氧原子则会自行重新结合成为普通氧分子。臭氧消毒杀菌效果好，不存在任何有毒残留物，对多种细菌、病毒、芽孢均有很强的杀灭力。

5. 紫外线灯

紫外线灯产生的紫外线具有杀菌作用，主要用于对接种室、缓冲室、培养室等处空气和环境消毒。

图 2-24 臭氧发生器

三、接种设备

接种设备主要包括超净工作台、生物安全柜、接种器械、接种器械灭菌器和酒精灯等。

1. 超净工作台

超净工作台是植物组织培养中常用的无菌操作设备。根据风幕形成的方式不同,分为垂直送风型超净工作台和水平送风型超净工作台(图 2-25)。

无菌操作与
培养设备与
用具

超净工作台主要由电机、鼓风机、初过滤器、超过滤器、挡板和工作台面等部分构成。其工作原理是通过风机抽风,将风通过工作台上安装的细菌过滤装置,滤除尘埃和微生物,以固定不变的速率从工作台面上流出,形成无菌的风幕,保证台面的无菌状态。

超净工作台不能放在灰尘多的地方,使用时应特别注意环境的清洁,以免使用过久灰尘堵塞滤膜,形成不了一个无菌操作环境。

条件不足时,可用接种箱代替超净工作台进行无菌操作。

图 2-25　水平送风型超净工作台

2. 生物安全柜

生物安全柜是防止实验操作处理过程中危险性或未知性生物微粒气溶胶散逸的箱型空气净化负压安全装置(图 2-26)。生物安全柜与超净工作台无论是工作原理还是用途方面都有本质的区别,它除了能保护实验材料免受污染外,还可以保护工作人员和环境,广泛应用于微生物学、基因工程、生物医学、生物制品等领域,是实验室生物安全一级防护屏障中最基本的防护设备。根据防护程度与保护对象不同,生物安全柜可以分为Ⅰ、Ⅱ、Ⅲ级。生物安全柜一般由箱体和支架两部分组成,箱体部分主要包括空气过滤系统、外排风箱系统、滑动前窗驱动系统、照明光源和紫外光源及控制面板等。生物安全柜的工作原理主要是将柜内空气向外抽吸,使柜内保持负压状态,通过垂直气流来保护工作人员;外界空气经高效空气过滤器(HEPA过滤器)过滤后进入安全柜内,以避免处理样品被污染;柜内的空气也需经过 HEPA 过滤器过滤后再排放到大气中,以保护环境。使用时,要选择合适的类型,并严格按照操作规程操作。

图 2-26　生物安全柜

3. 接种器械

植物组培无菌操作时,需要借助一些工具对材料进行切分、剪切、转接。这些工具包括解剖刀(手术刀)、解剖针、手术剪、镊子、接种针和打孔器等器械(图 2-27),灭菌后可以放在无菌的不锈钢支架上备用。解剖刀和手术剪主要对材料进行切分、剪切,解剖针多用于茎尖分生组织等的剥离,镊子、接种针用于材料转接,打孔器多应用在肉质根的内部组织取材。

4. 接种器械灭菌器

接种器械灭菌器为电加热高温干式消毒灭菌,由数显控制面板、石英珠、发热层(板)组成,将电能转化为热能加热石英珠。接种时,可以把接种的刀、剪、镊、针等插入石英珠内 15~20 s,便可完成对接种器械的消毒灭菌(图 2-28)。

利用电子消毒器对接种工具灭菌

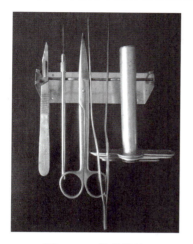

图 2-27　接种器械

图 2-28　接种器械灭菌器

5. 酒精灯

酒精灯一般以 95% 乙醇(酒精)作为燃料,是实验室常用的加热工具。在接种过程中,酒精灯用于接种器械与培养器皿口部及封口材料内部的灼烧灭菌。实验室一般以玻璃材质最多,也有不锈钢材质的。

四、培养设备

培养设备主要包括培养架、光照培养箱、人工气候箱、空气调节设备、温湿度测定仪器、照度计和恒温振荡器等。

1. 培养架

培养架是进行固体培养时,培养材料摆放的设备。它由多层组成,每层均有照明设备,可以采用发热率低的组培专用光谱灯。培养架高度为 1.8~2.3 m,架的长度基本和灯管相近(约 125 cm),架的宽度在 50 cm 左右,层高 30~40 cm。培养架的顶部多采用反光板或反光膜,以增强光照。每层架的隔板可采用木板、玻璃板、金属网、组培筐,也可以采用铝箔发光板。

2. 光照培养箱和人工气候箱

光照培养箱和人工气候箱(图 2-29)均可以自动控制温度、湿度和光照,主要进行少量试管苗培养和移栽。

3. 空气调节设备

空气调节设备主要包括空调器、加湿机等仪器设备,以保证培养室的温湿度条件。

图 2-29　人工气候箱

4. 温湿度测定仪器

温湿度测定仪器用于准确测定和记录实验环境的温湿度。可分为干湿球温度计、温湿度计和全自动温湿度记录仪等类型。

5. 照度计

照度计又称为勒克斯计,是用于测定培养环境光照度(即物体表面所得到的光通量与被照面积之比)的仪器仪表(图2-30)。照度计通常是由硅光或硒光电池配合滤光片和微安表组成。

6. 恒温振荡器

进行液体培养时,为改善通气状况,可用振荡器或摇床。如细胞悬浮培养时,采用恒温振荡器(图2-31)进行液体振荡培养,将容器固定在盘架上,使之往复式或旋转式振动,进而改善培养材料的通气状况。

图2-30　照度计

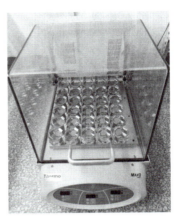

图2-31　恒温振荡器

五、检测设备

植物病毒检测设备与用具

检测设备主要包括离心机、分光光度计、酶联免疫检测仪(简称酶标仪)、聚合酶链式反应核酸扩增仪(简称PCR仪)、电泳仪与凝胶成像系统等。

1. 离心机

离心机是利用离心力分离液体与固体颗粒或液体与液体的混合物中各组分的设备。在植物组织培养中,用于细胞、小孢子、原生质体等培养物的分离,也用于核酸、蛋白质等物质的分离纯化。离心机分为低速离心机(转速为2 000~6 000 r/min,最大离心力可达6 000 g)、高速离心机(多带冷冻系统,转速为18 000~25 000 r/min,最大离心力可达89 000 g)和超高速离心机(带真空系统,转速为40 000~120 000 r/min,最大离心力可达625 000 g)3种。离心机的工作原理是,利用转子高速旋转产生的强大离心力加快液体中颗粒的沉降速度,把样品中不同沉降系数和浮力密度的物质分离开。为了延长离心机使用寿命,并确保安全和离心效果,离心机必须放置在坚固水平的台面上,样品必须对称放置,并找好平衡后离心。

2. 分光光度计

分光光度计又称为光谱仪,是将成分复杂的光分解为光谱线,根据特定波长处或一定波长范围内光的吸收度,对待检物质进行定性或定量分析的仪器。根据测定的波长范围,分为紫外、可见光和红外分光光度计等。植物组织培养实验室常用的是紫外、可见光分光光度计（图 2-32），用于测定核酸、蛋白质等的浓度。比色皿是分光光度计的重要配件，按照材质大致分为石英、玻璃及塑料比色皿。比色皿使用完毕后，要立即清洗干净，可用干净柔软的纱布等将水迹擦去，也可自然晾干。

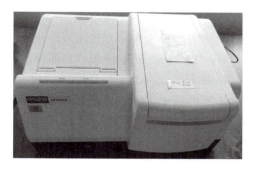

图 2-32　分光光度计

3. 酶标仪

酶联免疫检测仪简称酶标仪，又称为微孔板检测器，是对酶联免疫检测实验结果进行读取和分析的仪器。在无病毒苗培育中，常用于脱毒苗抗血清鉴定的双抗体夹心酶联免疫吸附法检测植物病毒抗原时显色反应吸光度值的测定。酶联免疫反应通过偶联在抗体或抗原上的酶催化无色底物发生显色反应，利用酶标仪测定吸光度值的大小，就可以判断标本中待测抗原或抗体的浓度。

4. PCR 仪

PCR 扩增仪即聚合酶链式反应（polymerase chain reaction，PCR）核酸扩增仪，简称 PCR 仪。PCR 技术与细胞内 DNA 的复制相似，就是重复地进行 DNA 模板解链、引物与模板 DNA 结合、DNA 聚合酶催化形成新的 DNA 链的过程，即变性、退火（又称为复性）、延伸，这些过程都是通过 PCR 仪精确地控制反应体系的温度来实现的。

5. 电泳仪

电泳仪是进行电泳分析的仪器（图 2-33）。在植物组培中，常用于核酸、蛋白质等的检测。常规电泳仪由电源、电泳槽、电极连接线及附加装置等组成，电泳槽有垂直电泳槽和水平电泳槽 2 种。在一定的理化因素作用下，某些物质分子（如核酸、蛋白质等）会成为带电粒子，在直流电场中必然会受到电性相反的电极吸引而移动，移动速度除与其所带电荷多少和电场强度有关外，还与颗粒形状、大小和介质黏度等有关，根据这一特点应用电泳仪便可对不同物质进行定性或定量分析，将一定混合物进行组分分析或单个组分提取。

图 2-33　电泳仪

6. 凝胶成像系统

凝胶成像系统是对核酸、蛋白质电泳凝胶等成像检测分析的设备。凝胶成像系统可分为普通凝胶成像系统、化学发光凝胶成像系统、多色荧光凝胶成像系统和多功能活体凝胶成像系统等几种类型。凝胶成像系统由控制系统、光源系统、暗室、图像采集系统和分析软件等组成。凝胶成像系统的工作原理是，样品在凝胶或者其他载体上的迁移率（图谱中的位置）不同，与标准品（或者其他替代标准品）对照可对未知样品做定性分析，确定它的成分和性质；未知样品条带的光密度，与已知浓度的样品条带的光密度值相比较，可以对未知样品做定量分析，确定它的浓度或者质量。

六、其他仪器设备

植物组培实验室除上述几类设备外,还有一些仪器设备也经常使用,主要包括冰箱、水纯化装置、磁力搅拌器、显微镜和超声波清洗仪等。

1. 冰箱

植物组培中使用的冰箱有普通冰箱和低温冰箱2种。普通冰箱(或冷藏柜)用于储存母液和植物生长调节剂及其他有机化合物等不耐热的物质,也暂时存放植物材料,或低温处理材料。低温冰箱用于植物种质资源的保存。

2. 水纯化装置

为保证实验室用水的质量,配备水纯化装置是必要的。一般有单一蒸馏水发生器、双重蒸馏水发生器和离子交换纯水装置等。

3. 磁力搅拌器

磁力搅拌器是用于液体混合的仪器。在配制溶液时,用于搅拌或加热搅拌低黏稠度的液体或固、液混合物。有的有加热功能,如恒温磁力搅拌器。条件不足时,配制溶液也可以用玻璃棒搅拌混合。

4. 显微镜

显微镜分为光学显微镜和电子显微镜。

光学显微镜的种类很多,植物组织培养常用立体显微镜、普通显微镜和倒置显微镜等。立体显微镜用于剥离茎尖、幼胚和观察植物组培试管苗的生长分化情况(图2-34)。普通显微镜即普通光学显微镜,又称为明视野显微镜,可以观察植物细胞和杂菌,用于植物细胞学鉴定和杂菌鉴定,一些显微镜有摄影或摄像系统,可记录鉴定结果。倒置显微镜可以用于观察培养的活细胞。

电子显微镜简称电镜,有多个种类,在植物脱毒培养中可以运用透射电镜、扫描电镜对脱毒苗进行病毒鉴定。

5. 超声波清洗仪

超声波清洗仪用于实验室玻璃器皿的清洗。

6. 其他设备

(1)晾瓶架　用于放置清洗干净的培养瓶(图2-35)。

(2)小推车(或周转筐)　用于搬运装有培养基的培养瓶、试管苗和各种容器。

(3)微电脑时控开关　用于培养室照明的定时控制。

(4)生物反应器　用于植物细胞大规模培养生产次生代谢产物。

(5)液氮储存器　用于植物种质资源的超低温保存。

(6)通风橱　用于化学实验室的局部排风。

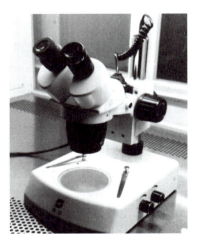

图2-34　解剖镜

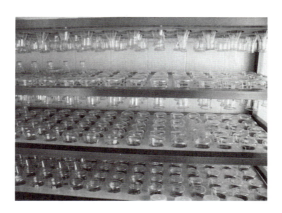

图 2-35 晾瓶架

第三节 植物组织培养实验室安全

实验室安全是正常开展实验和高效工厂化生产的保证,也是减少经济损失和维护财产安全的保证,更是保护操作人员生命健康和切身利益的保证。

实验室安全涉及人身、消防、用水用电、化学品、仪器设备、实验操作、辐射、生物、激光和危险废弃物处置及环保等诸多方面,本节重点介绍与植物组织培养实验室(或组培工厂)有关的化学品安全、仪器设备安全、生物安全及实验室废弃物处置方面的内容。

一、化学品安全

(一)危险化学品的概念和分类

危险化学品是指具有毒害、腐蚀、爆炸、燃烧和助燃等性质,对人体、设施、环境具有危害的剧毒化学品和其他化学品。《危险货物分类和品名编号》(GB 6944—2012)将化学品按其危险性或最主要的危险性划分为 9 个类别:① 爆炸品;② 压缩气体和液化气体;③ 易燃液体;④ 易燃固体、易于自燃的物质和遇水放出易燃气体的物质;⑤ 氧化性物质和有机过氧化物;⑥ 毒性物质和感染性物质;⑦ 放射性物质;⑧ 腐蚀性物质;⑨ 杂项危险物质和物品,包括危害环境物质。

(二)组培实验室的危险化学品

在通常的植物组培实验室中,危险化学品主要有硝酸铵、硝酸钾、氯化汞(升汞)、甲醛、高锰酸钾、盐酸、硫酸、乙醇和过氧化氢溶液(质量分数>8%)等。硝酸铵、硝酸钾和过氧化氢溶液属于易制爆化学品。氯化汞属于剧毒化学品。甲醛属于一类致癌物,也属于有毒有害水污染物,具有强烈的刺激性和腐蚀性。高锰酸钾既属于易制爆化学品,又属于易制毒化学品。盐酸、硫酸属于易制毒化学品。乙醇属于易燃、可燃液体。

(三)危险化学品的申购和使用

危险化学品属于国家管制类药品,任何单位和个人都必须按照国家法定程序进行申购和使用。

使用之前应认真阅读所用化学品的安全技术说明书(MSDS),了解化学品的性质,采取必要的防护措施。严格按照操作规程进行操作,在不影响实验结果的前提下,尽量用危险性低的物质替代危险性高的物质,减少危险化学品的用量。例如,可以利用其他消毒剂(如次氯酸钠等)代替氯化汞消毒剂,减少氯化汞的危害。使用化学品时,不能直接接触药品、品尝药品味道、把鼻子凑到容器口嗅药品气味。

一切有毒气体的操作必须在通风橱中进行,通风装置失效时禁止操作;身上沾有易燃物时,要立即处理(如清洗等),不得靠近明火。例如,在利用70%乙醇喷洒或擦拭消毒后,要晾干双手(待沾有的乙醇蒸发后),再点燃酒精灯进行无菌接种操作。

严禁在开口容器或密闭体系中用明火加热有机溶剂,不得在烘箱内存放、烘烤易燃有机物。

二、仪器设备安全

(一)通风橱的安全使用

通风橱是化学实验室中最常用的一种局部排风设备,在植物组培中主要用于排气、换气,及时排出实验操作时产生的各种有害气体以及易燃、易爆和腐蚀性物质,从而保护操作人员安全。使用前要检查通风橱内的抽风系统和其他功能是否正常运转。进行实验时,操作人员切勿将头部及上半身伸进通风橱内,应在距离通风橱至少15 cm处进行操作,将玻璃视窗调节至手肘处,使胸部以上受到玻璃视窗屏护;操作时应尽量减少在通风橱以及调节门前进行大幅度动作,减少实验室人员流动;不操作时,应确保玻璃视窗处于关闭状态。每次使用完毕,必须彻底清理工作台及仪器。定期检查通风橱的抽风能力,保持其通风效果。

(二)组培实验室危险性仪器设备的安全使用

常用的仪器设备中玻璃仪器、高压设备及一些检测设备等,有一定的危险性,在使用这些仪器设备时必须严格按照操作规程操作,并采取充分的预防措施。

1. 玻璃仪器的安全使用

植物组培实验中使用的玻璃仪器与器皿比较多,使用时要仔细检查,破损、破裂的要及时淘汰,统一收集处理,避免割伤。

2. 高压灭菌锅的安全使用

操作人员必须经过相关部门组织的培训,持证上岗,严格按照操作规程进行操作。工作前检查电源及性能是否良好,水位是否在正常范围。严禁超温、超压运行。使用时操作人员不得离开,如需离开要有专人代为看管。使用时发现有异常现象,应立即停止使用,并通知设备管理员。有使用和保养维护记录,橡胶密封圈使用日久会老化,应定期更换。压力表应保持清洁,示值清晰,有破损、漏气、玻璃结露、指针不回零等现象时,应及时更换。压力表、安全阀应至少每年校验一次,确保设备处于完好安全工作状态。

3. 离心机的安全使用

操作人员使用离心机前必须熟悉操作流程,实验时要严格按照操作规程使用。离心机必须稳固地放置在水平的台面上。离心管必须对称放入套管中,防止机身振动,若有一支样品管,另外一支要装等质量的水平衡。启动离心机前,应盖上离心机顶盖。启动离心机,离心机如有噪声或机身振动时,应立即切断电源,及时排除故障。离心期间,操作人员要看管。分离结束后,先关闭离心机,在离心机停止转动后,方可打开离心机盖,再取出样品,不可用外力强制其停止运动。

4. 酒精灯的安全使用

使用酒精灯时,乙醇(酒精)切勿装满,应不超过其容量的 2/3。灯内乙醇不足 1/4 容量时,应灭火后添加乙醇。燃着的酒精灯应用灯帽盖灭,不可用嘴吹,以防引燃灯内乙醇。

酒精灯的使用

三、生物安全

(一)生物安全的定义与分级

生物安全(biosafety)是指对由自然生物和利用现代生物技术改造生物及其产品对人类健康和生态环境可能产生的潜在风险的防范和现实危害的控制。我国依据生物安全水平(biosafety level,BSL)的等级及从事病原微生物的危害程度,一般把生物安全实验室(biosafety laboratory)分为 4 级(表 2-6),即 BSL-1(P1)、BSL-2(P2)、BSL-3(P3)和 BSL-4(P4)。其中,一级对生物安全隔离的要求最低,四级要求最高。一级和二级实验室应向省级主管部门备案,三级和四级属于高级生物安全实验室,有时也称为生物安全洁净室,即常说的 P3、P4 实验室,必须取得国家认可的资质。生物安全实验室的设施、设备、个人防护用品、材料(含防护屏障)等必须符合国家有关生物安全的相关规定。涉及病原微生物的实验,须在相应等级的生物安全实验室内开展,实验人员应根据具体情况选择合适的防护级别。生物实验从业人员必须经相关部门的生物安全培训,取得合格证书,严格遵守实验操作规程,持证上岗。

表 2-6   我国生物安全实验室的分级

实验室分级	处 理 对 象
一级(BSL-1)	对人体、动植物或环境危害较低,不具有对健康成年人、动植物致病的致病因子
二级(BSL-2)	对人体、动植物或环境具有中等危害或具有潜在危险的致病因子,对健康成年人、动物和环境不会造成严重危害。具有有效的预防和治疗措施
三级(BSL-3)	对人体、动植物或环境具有高度危险性,主要通过气溶胶使人感染上严重的甚至是致命的疾病,或对动植物和环境具有高度危害的致病因子。通常有预防和治疗措施
四级(BSL-4)	对人体、动植物或环境具有高度危险性,通过气溶胶途径传播或传播途径不明,或未知的、危险的致病因子。没有预防和治疗措施

(二)组培实验室的生物安全

目前植物组培实验室尚无单独的安全标准,一般根据培养材料所含有的致病病原情况,参照相应级别的生物安全实验室进行设计和管理。离体培养时,可以根据对生物安全隔离的要求在不同级别的生物安全柜内进行操作,不仅保证培养物不受污染,也要保证培养物不会对实验人员和环境造成污染。对植物遗传转化可能带来的生物安全风险,要严格按照我国《农业转基因生物安全管理条例》(2017 年 10 月 7 日修订版)等相关法律法规条例加强管理,建立完善的安全评估技术体系和质量审批制度,将其风险性降到最低水平。

四、实验室废弃物处置

(一)实验室废弃物的概念

实验室废弃物是指在实验室日常研究、实验和工作中产生的,已失去使用价值的气态、固态、半固态及盛装在容器内的液态物品。主要包括三废(废气、废液、固体废物)物质,实验用剧毒物品、麻醉品、化学药品残留物,放射性废弃物,实验动物尸体及器官,病原微生物标本以及对环境有污染的废弃物。了解实验室废弃物的组成及危害性为正确处置这些废弃物提供了必要的信息。

(二)处置实验室废弃物的原则与一般程序

实验室废弃物不得随意丢弃和排放,要按照分类收集、详细记录、安全存放、集中处理的原则进行处置。

处置实验室废弃物的一般程序可分为4步:鉴别废弃物及危害性(图2-36),系统收集、储存实验废弃物,采用恰当的方法处理废弃物以及减少废弃物的数量,正确处置废弃物。

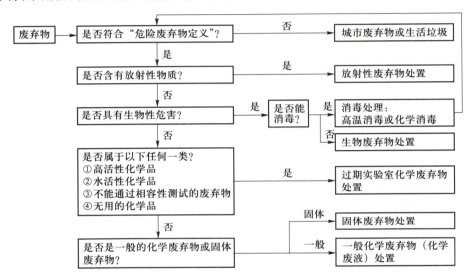

图2-36　实验室废弃物鉴别流程图

(三)组培实验室常见废弃物及其处置

植物组培实验室常见废弃物主要有破损的培养器皿、用过或污染的培养基、过期的培养基母液、含汞消毒剂废液以及废日光灯管等。

不同的废弃物,其收集、储存、处理的注意事项不同。平时实验过程中,应注意熟悉各类物质的危害特性,在盛放废弃物的容器上标明它的成分、可能具有的危害性及储存时间,为安全处置废弃物提供便利。破损的培养器皿等能够割伤人体的损伤性废弃物,收集在利器盒中。污染的培养基经高温灭菌后,再与用过的培养基一起处理。植物组织培养实验中的培养基成分,主要是为植物生长提供的基本营养物质,因此,过期的培养基母液可以稀释后用于移栽后种苗的追肥。含汞消毒剂废液,作为剧毒废液,必须单独暂存到密封容器中,做好标记并妥善保管。废日光灯管,作为有害废弃物,要放到收集箱中。这些废弃物的处置,必须按照处置实验室废弃物的一般程序进行。对于危险性废弃物,必须按照国家有关规定交由有资质的企业处置。

技能训练 2-1　参观植物组织培养实验室

一、训练目标

能绘制出植物组培实验室草图。

二、材料用具

记录本,测量尺等。

三、训练操作规程

1. 指导教师先集中讲解本次技能训练的目的要求。

2. 实训指导教师讲解实验室的规章制度和实验室安全及有关注意事项,实验室各组成部分的功能与设计要求。

3. 学生分组,按照生产工艺流程,参观实验室。

4. 进行实地面积测量,绘制组织培养实验室草图。

5. 指导教师和学生共同讨论实验室的规划设计问题。

四、训练报告

1. 写出植物组培实验室各个部分的功能。

2. 列出常用仪器设备。

3. 绘制一幅植物组培实验室的设计方案图。

技能训练 2-2　常用组培仪器设备的使用

一、训练目标

会正确使用和保养组培实验室的常用仪器设备。

二、材料用具

超净工作台,高压灭菌锅,电热干燥箱,酸度计,普通冰箱,蒸馏水发生器,解剖镜,接种器械灭菌器,光照培养箱,恒温振荡器,照度计等。

三、训练操作规程

1. 实训指导教师介绍植物组培实验室常用设备及其使用方法。

2. 分组练习使用植物组培实验室常用设备(表2-7)。

表 2-7　植物组培实验室常用设备的使用

操 作 流 程	操 作 技 术 要 点	
电子天平的使用	1. 放稳天平,旋转脚螺旋,使水平气泡在水平指示的红环内 2. 接通电源 3. 放入称量纸,按清零键或 TARE 键,使液晶屏显示"0"状态 4. 称量样品	 电子天平的使用
超净工作台的使用	1. 清理台面,放入无菌操作必需物品(酒精灯、接种工具) 2. 依次打开工作台电源、风机和紫外灯开关 3. 30 min 后关闭紫外灯,打开照明灯,准备接种	 超净工作台的使用
电热干燥箱的使用	1. 将包扎好的物品(培养皿、接种工具等)放于箱内,关上箱门 2. 接通电源,设定温度和时间或旋动恒温调节器至红灯亮 3. 待温度上升至 160~170 ℃时,保持此温度 2 h 4. 灭菌后停止加热,温度下降至 40 ℃以下后开门取物	

操 作 流 程	操作技术要点
酸度计的使用	1. 按要求安装酸度计,初次使用的玻璃电极需用蒸馏水浸泡一昼夜以上,甘汞电极要用饱和氯化钾溶液浸泡 2. 将"pH-mv"开关拨到 pH 位置,打开电源,预热 30 min。然后将电极插入已知 pH 的标准缓冲溶液中校正,使数值和标准缓冲液的 pH 数值相同。校正后,用蒸馏水冲洗电极 3. 将电极上多余的水珠吸干,然后将电极浸入被测溶液中,使溶液均匀接触电极。所显数值即是待测液的 pH 4. 测量结束,关闭电源,冲洗电极,将玻璃电极浸入蒸馏水中,甘汞电极浸泡在饱和氯化钾溶液内
高压灭菌锅的使用	参阅技能训练 3-3
蒸馏水发生器的使用	1. 按要求安装蒸馏水发生器,须配置专供配电板 2. 打开进水阀门,接通电源,在出水管接蒸馏水 3. 使用结束后,切断电源,然后关闭进水阀门
照度计的使用	1. 打开电源和光检测器盖子,并将光检测器水平放在测量位置 2. 选择适合的测量量程(如×10、×100 等) 3. 当显示数据比较稳定时,读取并记录读数器中显示的观测值。观测值等于读数器中显示数字与量程值的乘积 4. 观测结束后,关闭电源,盖上光检测器盖子,并放回盒里

四、训练报告

根据实验情况,写出实际操作仪器的使用步骤。

技能训练 2-3　器皿、用具的洗涤

一、训练目标

会配制洗涤液,并能正确洗涤各种器皿。

二、材料用具

1. 材料与试剂

去污粉,肥皂,洗衣粉,重铬酸钾,工业浓硫酸,2%盐酸溶液,蒸馏水。

2. 仪器与用具

各种待清洗的玻璃器皿,磨口玻璃瓶,量筒,试管刷,周转筐,晾瓶架。

三、训练操作规程

1. 洗涤液的配制

洗涤液的种类很多,一般常用肥皂液、洗衣粉和去污粉。对于一些难洗净的器皿,有时就需要其他酸、碱洗液。铬酸洗液(重铬酸钾-硫酸洗液)广泛用于玻璃器皿的洗涤,其配制方法有 3 种。

(1)弱酸洗液　称取 50 g 重铬酸钾粉末,加 1 000 mL 水,加热使其溶解,冷却后,缓慢加入 90 mL 工业浓硫酸,冷却后储存于磨口玻璃瓶内。

（2）中酸洗液　称取 50 g 重铬酸钾粉末,加 100 mL 水,加热使其溶解,冷却后,缓慢加入 875 mL 工业浓硫酸,冷却后储存于磨口玻璃瓶内。

（3）强酸洗液　1 000 mL 工业浓硫酸加热的同时缓慢加入重铬酸钾粉末,直至重铬酸钾饱和为止(一般用重铬酸钾粉末 50 g),冷却后储存于磨口玻璃瓶内。

2. 各种器皿的洗涤

（1）初用玻璃器皿的清洗　新购买的玻璃器皿表面常附着有游离的碱性物质,使用前应先用自来水简单刷洗后,在 1%~2% 盐酸溶液中浸泡 24 h,再用自来水冲洗,最后用蒸馏水冲洗 2~3 次。

（2）使用过玻璃器皿的清洗　一般玻璃器皿:包括试管、烧杯、三角瓶、培养瓶等。其洗涤方法是先将器皿中的残留物除去,用清水冲洗,然后选用大小合适的毛刷蘸取去污粉刷洗或浸入肥皂水内,将器皿内外,细心刷洗,用自来水冲洗干净后再用蒸馏水洗 2~3 次,玻璃器皿经洗涤后,若内壁的水均匀分布成一薄层,表示油垢完全洗净,若挂有水珠,则还需要用洗涤液浸泡数小时,然后用自来水充分冲洗,最后用蒸馏水洗 2~3 次,晾干备用。

被杂菌污染的玻璃器皿:需经高压蒸汽灭菌后,再按一般玻璃器皿洗涤方法进行清洗。

量器:如吸管、滴定管、容量瓶等较难刷洗的量器,先浸泡在铬酸洗液中 4~6 h(或过夜),再用自来水充分冲洗,最后用蒸馏水冲洗 2~4 次,晾干备用。

（3）金属用品的清洗　金属用品一般不用各种洗涤液。需要清洗时,一般用乙醇擦洗,并保持干燥。

（4）胶皮制品、塑料用品的清洗　实验中经常采用硅胶皮塞、硅胶皮管及塑料用品,这类用品一般先用洗涤液浸泡,然后反复冲洗,最后用蒸馏水冲洗。

四、训练报告

写出洗液的配制步骤。

【单元技能考核建议】

本单元技能训练以单项技能训练为主,重点是操作正确性、规范性和熟练性。教师讲解后,分组进行训练,加强宏观指导,注重过程考核、跟踪考核。考核方案见表 2-8。

表 2-8　单元二技能考核方案

考核项目	考核标准	考核方式
训练态度	训练前准备充分;训练中遵守实验室纪律,严格按训练规程操作,观察认真,有合作意识;训练后及时总结,勤于思考	随机观察
实验室组成	能说出实验室的总体要求和设计原则,组培实验室基本组成,各分室的功能及要求	口试
仪器设备的使用	能说出仪器设备的主要功能和构造,会正确使用电子天平、超净工作台、酸度计、电热干燥箱、照度计,会正确保养常用的仪器设备	口试 现场操作
实验室安全	能说出实验室安全的主要内容和基本要求;组培实验室主要安全预防措施、常见废弃物及其处置方法	口试

考核项目	考核标准	考核方式
器皿、用具的洗涤	能正确配制洗涤液,洗涤方法正确,洗涤器皿和用具的数量正确	现场操作
训练报告	训练报告撰写认真,能绘制出组培实验室草图	批阅报告

【学习回顾】

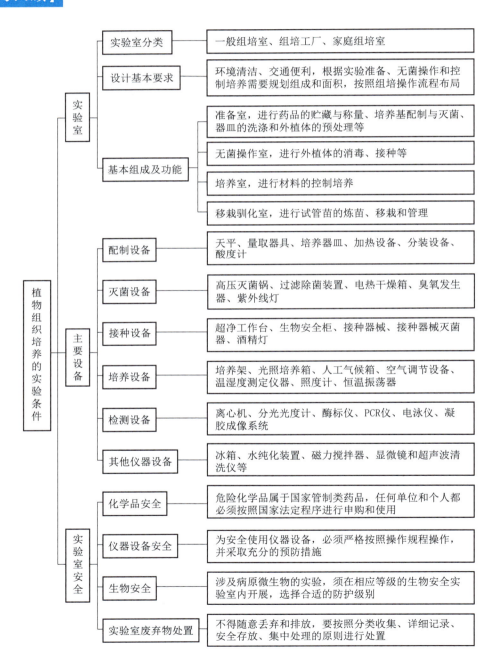

【思考与探究】

1. 植物组培实验室一般由哪些部分组成？各部分有何功能？
2. 无菌操作室为什么配有缓冲室？缓冲室有何功能？
3. 请根据所在教室实际情况，设计改造成一个植物组培实验室。
4. 请将植物组培必备的设备和用具填写到表2-9中。

表2-9　植物组培必备的设备和用具

准 备 室	无菌操作室	培 养 室	移栽驯化室

5. 植物组培实验室安全的主要内容和基本要求有哪些？
6. 什么是生物安全？我国生物安全实验室的分级有哪些，处理对象分别是什么？

单元三　植物组织培养基本技术

知识目标
- 掌握外植体的选择原则及处理方法
- 理解植物组培方法及条件
- 了解培养基的成分和种类

技能目标
- 会配制 MS 培养基母液和植物生长调节剂母液
- 能配制出 MS 固体培养基,并进行高压蒸汽灭菌
- 会配制常用的消毒剂,并对接种、培养环境消毒
- 会选择外植体类型,并进行预处理和正确消毒
- 能严格按照操作规程进行无菌操作

第一节　培养基及其配制

培养基是人工配制的、满足植物材料生长繁殖或积累代谢产物的营养基质。在离体培养条件下,不同种类的植物对营养的要求不同,甚至同一种植物不同部位的组织以及不同培养阶段对营养要求也不相同,没有一种培养基能够适合所有类型的植物细胞、组织或器官生长。筛选合适的培养基是植物组织培养极其重要的内容。

一、培养基成分

(一)水分

水分是植物原生质体的主要成分,也是一切代谢过程的介质和溶媒,在植物生命活动过程中不可缺少。配制培养基母液时,为保持母液成分的精确性,防止贮藏过程发生霉变,应采用蒸馏水或去离子水。研究培养基配方时也尽量用蒸馏水或去离子水,以防成分的变化引起不良效果。大规模生产时,为了降低生产成本,配制培养基时可用自来水代替蒸馏水。

(二)无机盐类

无机盐类为培养物提供除 C、H、O 外的一切必需元素。根据植物生长需求量的多少,将其分为大量元素和微量元素。

1. 大量元素

培养基中浓度大于 0.5 mmol/L 的无机元素称为大量元素,包括 N、P、K、Ca、Mg、S 等。大量元素的主要功能及提供这些元素的化学物质见表 3-1。

表 3-1 大量元素的主要功能及提供物质

元 素	主 要 功 能	提 供 物 质
氮	植物体内蛋白质、核酸、叶绿素、酶、维生素、激素的组成成分	KNO_3、NH_4NO_3 $(NH_4)_2SO_4$
磷	① 核酸、蛋白质、磷脂、高能磷酸化合物和激素的组成元素 ② 促进蛋白质的合成 ③ 促进糖类的合成 ④ 促进脂肪的代谢 ⑤ 提高植株的抗逆能力	KH_2PO_4 NaH_2PO_4
钾	① "品质元素",促进糖类的合成 ② 植物体内许多酶的活化剂 ③ 促进光合作用 ④ 促进蛋白质和核蛋白的合成 ⑤ 增强植物的抗逆性	KCl、KNO_3 KH_2PO_4
钙	① 细胞壁的组成成分,增强植株抗病能力 ② 植物体内酶的组成成分和活化剂	$CaCl_2 \cdot 2H_2O$ $Ca(NO_3)_2 \cdot 4H_2O$
镁	① 叶绿素的组成成分 ② 多种酶的活化剂 ③ 核糖体的组成元素,促进蛋白质合成	$MgSO_4 \cdot 7H_2O$
硫	① 蛋白质的组成元素 ② 多种酶的组成成分 ③ 硫胺素和乙酰辅酶 A 的组成成分	$MgSO_4 \cdot 7H_2O$ $(NH_4)_2SO_4$

　　培养基中缺氮时,某些植物的愈伤组织内部不能形成导管;缺磷或钾时细胞会过度生长,愈伤组织表现出极其蓬松状态;缺硫时培养的植物组织会明显褪绿。

2. 微量元素

　　培养基中浓度小于 0.5 mmol/L 的无机元素称为微量元素,有 Fe、B、Cu、Mn、Mo、Zn、Co 等。微量元素也是植物组织培养中不可缺少的元素,主要功能见表 3-2。

表 3-2 微量元素的主要功能

元 素	主 要 功 能
硼	① 促进生殖器官的正常发育 ② 与糖的运输、蛋白质的合成有关
锰	① 维持叶绿体结构所必需的元素 ② 参与植物体内的氧化还原过程 ③ 三羧酸循环中多种酶的活化剂 ④ 影响根系生长

元　素	主　要　功　能
锌	① 促进植物体内生长素的合成 ② 各种酶的构成要素
铜	① 细胞色素氧化酶和多酚氧化酶的组成元素 ② 促进离体根生长 ③ 参与植物体内蛋白质的合成和共生固氮作用
钼	氮素代谢的重要元素,参与繁殖器官的建成
铁	① 形成叶绿素必不可少的元素 ② 植物体内多种氧化酶的组成成分
钴	① 维生素 B_{12} 的组成成分,在豆科植物共生固氮中起着重要作用 ② 焦磷酸酶的活化剂

培养基中微量元素过多会出现培养物的蛋白质变性、酶系失活、代谢障碍等毒害现象。当某些微量元素供应不足时,培养物表现出一定的缺素症状。缺铁时绿叶变黄,进而发白;缺锰时叶片上出现缺绿斑点或条纹;缺锌时叶子发黄,或出现白斑,叶子小;缺硼时叶失绿,叶缘向上卷曲,顶芽死亡;缺钴时叶片失绿而卷曲,整个叶片向上弯曲凋枯。

（三）有机营养成分

1. 糖类

糖类为培养物生长发育提供碳源和能源,并有调节培养基渗透压的作用。培养基中一般添加蔗糖、葡萄糖、果糖和麦芽糖等,其中蔗糖最常用。蔗糖遇热易变,经高温灭菌后,大部分可分解为葡萄糖和果糖,只剩下小部分的蔗糖,这更有利于吸收和利用。根据培养目的的不同,蔗糖使用浓度一般在 2% ~ 5%,但在幼胚培养、花药培养和原生质体培养时,蔗糖浓度一般需 10% 左右或更高。在大规模生产中,蔗糖价格太贵,常用绵白糖、白砂糖代替蔗糖。但在不同的植物种类上,其使用的可行性及其浓度需要做小规模的生产性实验。

2. 维生素

维生素类物质在植物细胞中主要以各种辅酶的形式参与代谢活动,对生长发育和分化是至关重要的。常用的维生素有维生素 B_1(盐酸硫胺素)、维生素 B_6(盐酸吡哆醇)、维生素 B_3(烟酸)、维生素 C(抗坏血酸)、维生素 H(生物素)等。其中维生素 B_1 可全面促进植物的生长,维生素 B_6 促进根的生长,使用质量浓度一般为 0.1 ~ 1.0 mg/L。维生素 C 有抗氧化作用,可防止组织褐变,作为抗氧化剂使用时质量浓度为 1 ~ 100 mg/L。

3. 氨基酸

氨基酸是蛋白质的组成成分,也是一种有机氮源。常用的氨基酸有甘氨酸、谷氨酸、精氨酸、半胱氨酸以及多种氨基酸的混合物,如水解酪蛋白(CH)、水解乳蛋白(LH)等。这些氨基酸类物质不仅为培养物提供有机氮源,同时也对外植体的生长以及不定芽、不定胚的分化起促进作用。

4. 肌醇

肌醇又称为环己六醇,在糖类的相互转化中起重要作用,能促进愈伤组织的生长以及胚状体和芽的形成,对细胞和组织的繁殖、分化也有促进作用。一般使用质量浓度为 50 ~ 100 mg/L。但肌醇的用量过多,会加速外植体的褐变。

5. 天然有机物质

为了促进某些愈伤组织和器官的生长,在培养基中还常加入一些天然物质,如椰子汁(CM)、酵母提取液(YE)、马铃薯汁、香蕉汁等。天然有机物质大多含有氨基酸、生长调节剂、酶等一些复杂化合物,它们对植物组培并非必需,但对细胞和组织的增殖与分化有明显的促进作用。

天然有机物质成分复杂,常因品种、产地和成熟度等因素而变化,实验的重复性往往比较差。另外,一些天然有机物质还会因高温灭菌而变性,失去效果,常采用过滤除菌的方法。

(四)植物生长调节剂

植物生长调节剂是培养基中的关键性物质,用量虽然微小,但作用很大,对植物组培起着决定性作用。使用不同种类、不同浓度和不同比例关系的植物生长调节剂,可以调节培养物的生长发育进程、分化方向和器官发生(图3-1)。

1. 生长素

在植物组培中,生长素主要用于诱导愈伤组织的形成、根的分化以及细胞的分裂和伸长,与细胞分裂素配合用于不定芽和胚状体的诱导。

常用的生长素有吲哚乙酸(IAA)、吲哚丁酸(IBA)、萘乙酸(NAA)、2,4-二氯苯氧乙酸(2,4-D)等,其活性强弱依次为2,4-D>NAA>IBA>IAA。使用质量浓度一般为 $0.1 \sim 5.0$ mg/L。

IAA 活性低,稳定性差,易受高温、光照、高压、酶的破坏,较少使用。IBA、NAA 广泛用于诱导分化、增殖和生根培养。2,4-D对愈伤组织的诱导和生长非常有效,但往往抑制芽的形成,影响器官发育,适宜的用量范围较窄,过量又有毒害,一般用于细胞启动去分化阶段。

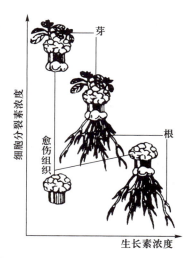

图 3-1　植物生长调节剂对器官或愈伤组织形成的影响

2. 细胞分裂素

在植物组培中,细胞分裂素主要作用是促进细胞分裂和扩大,延缓衰老;抑制顶端优势,促进侧芽萌发生长;当组织内细胞分裂素/生长素的值高时,有利于诱导芽的分化,但对根的生长往往有抑制作用。

细胞分裂素是腺嘌呤的衍生物,包括 6-苄基腺嘌呤(6-BA)、激动素(KT)、玉米素(ZT)、2-异戊烯腺嘌呤(2-iP)、噻重氮苯基脲(TDZ)等,其活性强弱依次为 TDZ>ZT>2-iP>6-BA>KT。细胞分裂素使用质量浓度一般为 $0.1 \sim 10.0$ mg/L。6-BA 和 KT 性能稳定,在生产和科研上经常使用,TDZ、ZT 的应用较少。

3. 其他生长调节剂

除了上述生长素、细胞分裂素物质在植物组织培养中不可缺少外,赤霉素(GA)、脱落酸(ABA)和多效唑(PP$_{333}$)等生长调节物质也常用于组织培养中。

天然的赤霉素有 100 多种,生理活性及作用的种类、部位、效应等各有不同,在植物组织培养中主要用 GA$_3$。其作用是加速细胞的伸长生长,促进幼苗茎的伸长生长和不定胚发育成小植株;并可打破种子、块茎、鳞茎的休眠,促进萌发。在组织培养中,GA$_3$ 对器官和体细胞胚的形成往往有抑制作用,但在器官形成后,又可促进器官和胚状体的生长。

脱落酸有抑制细胞生长、促进脱落和衰老、促进休眠和提高抗逆性等生理作用。研究表明，在植物组培中，脱落酸对体细胞胚的发生和发育有重要作用，可促进体细胞胚发育成熟而不萌发，对部分植物不定芽的分化也有促进作用。脱落酸还可用于植物种质资源超低温冷冻保存，促使植物停止生长和抗寒力的形成。

多效唑具有控长矮化，促进分枝、分蘖、生根和成花，延缓衰老，增强植物抗逆性等生理作用。在植物组培中，主要用于试管苗的壮苗生根，提高抗逆性及移栽成活率等方面。

不同种类的植物、同一植物不同生长阶段对植物生长调节剂的反应各不相同。所以生产和科学研究应该根据组培的目的、材料的种类、器官的不同和生长表现来确定植物生长调节剂的种类和浓度，这是培养基的"秘诀"，也是植物组织培养的关键。

查一查

植物生长调节剂在农业生产上的其他应用。

（五）凝固剂

在配制固体培养基时，需要使用凝固剂。最常用的凝固剂是琼脂，琼脂是从海藻中提取出来的一种高分子糖类，本身并不提供任何营养。它在温度 95 ℃ 以上热水中溶解成为溶胶，冷却至 40 ℃ 可凝固为固体凝胶。在植物组培中琼脂的用量一般为 0.4%～1.0%。如果浓度过高，会使培养基变得很硬，营养物质难以扩散，不利于植物体吸收营养；若浓度过低，凝固性差，不能有效支持培养物。

延伸阅读：琼脂的凝固性

市场上销售的琼脂有条状和粉状 2 种，琼脂粉纯度高，凝固性好，用量少，但价格高；琼脂条价格便宜，但杂质含量高，凝固性差，用量大。生产和科研上应选择颜色浅、透明度好、杂质少的琼脂。琼脂的凝固能力与高压灭菌时的温度、pH、时间等因素有关。长时间的高温会使琼脂凝固能力下降，过酸或过碱加上高温会使琼脂发生水解，而丧失凝固能力。另外，琼脂存放时间过久，也会逐渐失去凝固能力。

（六）其他物质

1. 活性炭

活性炭（AC）具有很强的吸附能力，可吸附培养基中由培养物分泌的抑制物质及琼脂中的杂质，减轻有害物质的影响。例如，活性炭可防止酚类物质引起组织褐变死亡；活性炭可使培养基变黑，有利于某些植物生根；活性炭还可降低玻璃化苗的产生频率，对防止产生玻璃苗有良好作用。活性炭的用量一般为 0.2%～0.5%。

活性炭对物质吸附无选择性，既吸附有害物质，也吸附必需的营养物质和生长调节物质，因此，使用时应慎重考虑。另外，培养基中加入活性炭，高压灭菌后培养基中 pH 会降低，使琼脂不易凝固，故要加大琼脂用量。

2. 抗生素

培养基中添加抗生素主要是防止外植体内生菌造成的污染，减少培养材料损失。常用的抗生素有链霉素、青霉素、庆大霉素、四环素、氯霉素和卡那霉素等，用量一般为 5～20 mg/L。

3. 抗氧化物质

在植物组培中,外植体会溢泌一些酚类物质,使培养材料生长停顿,失去分化能力,最终褐变死亡。抗氧化物质主要是抑制外植体的褐变,常用的抗酚类氧化剂有半胱氨酸、聚乙烯吡咯烷酮(PVP)及抗坏血酸(维生素 C)等。

4. 硝酸银

离体培养的植物组织会产生和散发乙烯,而乙烯在培养容器中的积累会影响培养物的生长和分化,严重时甚至导致培养物的衰老和落叶。硝酸银中的 Ag^+ 通过与细胞膜上的乙烯受体蛋白竞争性地结合,可抑制乙烯的作用。硝酸银的使用质量浓度一般为 $1\sim10$ mg/L。

延伸阅读:培养基的 pH

pH 直接影响培养基中营养物质的存在状态以及培养材料对营养物质的吸收和生长速度。不同的植物对培养基 pH 的要求不同(表 3-3),多数植物生长的最适 pH 为 5.6~6.5,培养基 pH 应调整至 5.8~6.0。

表 3-3   不同植物组织培养时的最适 pH

植 物 种 类	胡萝卜	蚕豆	石刁柏	蝴蝶兰	杜鹃	月季	桃	葡萄
最适 pH	6.0	5.5	6.0	5.3	4.0	5.8	7.0	5.7

二、培养基的类型及特点

(一)培养基的类型

根据培养基营养水平不同,可将培养基分为基本培养基和完全培养基。基本培养基是指只含有大量元素、微量元素和有机营养成分的培养基,也就是通常所称的培养基。完全培养基是在基本培养基的基础上,添加植物生长调节物质和其他有机附加物等。

另外,根据培养基的物理状态可将其分为固体培养基和液体培养基,根据培养阶段分为初代培养基和继代培养基,根据培养目的分为诱导培养基、增殖培养基、壮苗培养基和生根培养基等。

自 White 建立第一个植物组织培养培养基以来,许多研究者报道了大量的培养基,其配方各异(表 3-4)。

表 3-4   植物组织培养常用基本培养基配方   单位:mg/L

化学物质		MS (1962)	White (1963)	B₅ (1968)	N₆ (1975)	Nitsch (1969)	Miller (1963)	SH (1972)	Knudson C (1925)
无机物质	NH_4NO_3	1 650	—	—	—	720	1 000	—	—
	KNO_3	1 900	80	2 500	2 830	950	1 000	2 500	—
	$(NH_4)_2SO_4$	—	—	134	463	—	—	—	500
	$CaCl_2 \cdot 2H_2O$	440	—	150	166	166	—	200	—

化学物质		MS (1962)	White (1963)	B$_5$ (1968)	N$_6$ (1975)	Nitsch (1969)	Miller (1963)	SH (1972)	Knudson C (1925)
无机物质	Ca(NO$_3$)$_2$·4H$_2$O	—	300	—	—	—	347	—	1 000
	MgSO$_4$·7H$_2$O	370	720	250	185	185	35	400	250
	KH$_2$PO$_4$	170	—	—	400	68	330	—	250
	NH$_4$H$_2$PO$_4$	—	—	—	—	—	—	300	—
	NaH$_2$PO$_4$	—	16.5	150	—	—	—	—	—
	Ca$_3$(PO$_4$)$_2$	—	—	—	—	—	—	—	—
	KCl	—	65	—	—	—	65	—	—
	Na$_2$SO$_4$	—	200	—	—	—	—	—	—
	FeSO$_4$·7H$_2$O	27.8	—	27.8	27.8	27.8	—	20	25
	Na$_2$-EDTA	37.3	—	37.3	37.3	37.3	—	15	—
	Na-Fe-EDTA	—	—	—	—	—	32	—	—
	Fe$_2$(C$_4$H$_4$O$_6$)·2H$_2$O	—	—	—	—	—	—	—	—
	MnSO$_4$·4H$_2$O	22.3	7	10	4.4	25	4.4	10	7.5
	ZnSO$_4$·7H$_2$O	8.6	3	2.0	1.5	10	1.5	1.0	—
	CoCl$_2$·6H$_2$O	0.025	—	0.025	—	—	—	0.1	—
	CuSO$_4$·5H$_2$O	0.025	0.001	0.025	—	0.08	—	0.2	—
	Na$_2$MoO$_4$·2H$_2$O	0.25	—	0.25	—	0.25	—	—	—
	MoO$_3$	—	0.000 1	—	—	—	—	0.25	—
	Fe$_2$(SO$_4$)$_3$	—	2.5	—	—	—	—	—	—
	H$_3$BO$_3$	6.2	1.5	3	1.6	3	1.6	5.0	—
	KI	0.83	—	0.75	0.8	—	0.8	1.0	—
	TiO$_2$	—	—	—	—	—	—	—	—
有机物质	肌醇	100	100	100	—	100	—	1 000	—
	盐酸吡哆醇	0.5	0.1	1.0	0.5	0.5	0.5	5.0	—
	盐酸硫胺素	0.1	0.1	10.0	1	0.5	0.4	5.0	—
	烟酸	0.5	0.3	1.0	0.5	5.0	0.5	5.0	—
	甘氨酸	2	3	—	2	2	2	—	—
	叶酸	—	—	—	—	0.5	—	—	—
	生物素	—	—	—	—	0.05	—	—	—

（二）培养基的特点

不同的培养基,其特点各不相同(表3-5)。组培生产和实验中应根据植物种类、培养部位和培养目的的不同而选用适宜的培养基。

表 3-5　植物组织培养中常用基本培养基的特点及适用范围

培　养　基	设计者及时间	特　　点	适 用 范 围
MS	1962 年，Murashige 和 Skoog 为培养烟草组织设计	无机盐浓度较高，尤其是铵盐和硝酸盐的含量高	用于多种植物的各类组织培养
White	1943 年，White 为培养番茄根尖设计，1963 年又做了改良	无机盐含量低，提高了 $MgSO_4$ 浓度	生根培养
B_5	1968 年，Gamborg 等为培养大豆设计	铵盐含量低，硝酸盐和盐酸硫胺素含量较高	一般植物组织培养
N_6	1975 年，朱至清等为培养水稻等植物花药设计	成分较简单，硝酸钾和硫酸铵含量高	禾谷类花药及原生质体培养
Nitsch	1951 年，由 Nitsch 设计，20 世纪 60 年代多次改良	大量元素含量低，微量元素种类少，但含量高	用于花药培养
Miller	1963 年，由 Miller 设计	无机元素比 MS 用量减少 1/3 ~ 1/2，无肌醇	用于花药培养
SH	1972 年，由 Schenk 和 Hidebrandt 设计	铵盐含量低，钾盐和盐酸硫胺素含量较高	一般植物组织培养
Knudson C	1925 年，由 Knudson 设计	成分简单，只含无机盐类，不含有机营养成分	兰科植物种子培养和萌发

三、培养基的配制

在植物组培中，配制培养基是日常必需的工作。

（一）母液的配制与保存

母液是培养基各种物质的浓缩液，也称为贮备液。培养基中含有多种化学物质，其浓度、性质各异，特别是微量元素、维生素及生长调节物质等成分用量少，不仅称量麻烦，而且容易出现误差。为提高工作效率，保证培养基各物质成分的准确性及配制的方便性，便于保藏，对于经常使用的培养基，可先将各种化学药品配成浓缩一定倍数的母液，用时再按比例稀释。

1. 基本培养基母液

一般将基本培养基母液配成大量元素、微量元素、铁盐、有机物等几种母液。

（1）大量元素母液　大量元素母液指含有 N、P、K、Ca、Mg、S 等大量元素的混合液，一般配成 10 倍或 20 倍母液。配制时要防止发生沉淀，各种药品应分别称量、分别溶解，充分溶解后才能混合。混合时还要注意加入的先后次序，把 Ca^{2+} 和 SO_4^{2-}、PO_4^{3-} 错开，以免 $MgSO_4$ 和 KH_2PO_4 与 $CaCl_2$ 相互结合生成 $CaSO_4$、$Ca_3(PO_4)_2$ 沉淀。必要时也可单独配制钙盐。

（2）微量元素母液　微量元素母液指含有除 Fe 以外的 B、Mn、Zn、Cu、Mo、Co 等微量元素的混合液，一般配成 100 倍或 200 倍母液。配制时也应分别称量、分别溶解，充分溶解后再混合。

（3）铁盐母液　因 Fe^{2+} 在水溶液中不稳定，易与 OH^- 或其他阴离子结合而发生沉淀，需要单独配制。一般用 $FeSO_4 \cdot 7H_2O$ 和 Na_2-EDTA 配成铁盐螯合剂比较稳定，不易沉淀。铁盐一般配制成 100 倍或 200 倍母液，置于棕色瓶中保存。

（4）有机物母液　有机物母液主要是维生素和氨基酸类物质，一般配成 100 倍或 200 倍母液。

2. 植物生长调节物质母液

各种植物生长调节物质必须单独配制，因其用量较少，浓度不宜过高，一般为 0.1~1.0 mg/mL，一次配制 50 mL 或 100 mL。

多数植物生长调节剂不溶于或难溶于水，要先用少量的适当溶剂加热溶解。一般 NAA、IBA、IAA、ZT、GA$_3$、ABA 等先用少量 95% 乙醇溶解，2,4-D、TDZ 先用少量 1 mol/L NaOH 溶解，KT、6-BA 等则用少量 1 mol/L HCl 溶解，充分溶解后，再加水定容至所需要的体积。

配制好的母液要在低温条件下储存，特别是有机物母液和生长调节物质母液要求较严，储存时间不宜过长。使用前轻轻摇动贮液瓶，如发现母液有沉淀或悬浮物，应该立即将其淘汰并重新配制。

延伸阅读：植物生长调节剂浓度表示方法

表示培养基中植物生长调节剂浓度有质量浓度（单位 mg/L）和浓度（单位 μmol/L）2 种。浓度单位直接代表每升溶液中的分子数量，这使不同生长调节剂之间具有可比性，在国际刊物中普遍采用，但在国内刊物上大多采用质量浓度单位。2 种浓度单位的换算见表 3-6。

表 3-6　常用植物生长调节剂的质量浓度与浓度换算表

生长调节剂	分子量	1 mg/L→μmol/L	1 μmol/L→mg/L
NAA	186.20	5.371	0.186 2
2,4-D	221.04	4.524	0.221 0
IAA	175.18	5.708	0.175 2
IBA	203.18	4.922	0.203 2
6-BA	225.26	4.439	0.225 3
KT	215.21	4.647	0.215 2
ZT	219.00	4.566	0.219 0
2-iP	202.70	4.933	0.202 7
GA$_3$	346.37	2.887	0.346 4
ABA	264.31	3.783	0.264 3
NOA	202.60	4.936	0.202 6

（二）培养基的配制

配制培养基一般按如下操作程序进行：确定配方和配制量→计算各种母液和药品用量→称量（或量取）→溶解→定容→调 pH→分装→封口→标记。具体配制方法参照技能训练 3-2。

四、培养基灭菌

植物组培是在无菌条件下对植物材料进行培养，而配制培养基时所用的各种化学物质、水、盛装容器均含有大量微生物，配制、分装和封口过程中，空气中的微生物可混入培养基中。因此，分装到培养容器中的培养基应立即进行灭菌,以防止培养基中的微生物开始生长,消耗营养,增加灭菌难度。灭菌应在 4 h 内进行,如不能立即灭菌,可置于低温条件下保存,但时间不宜超过 24 h。培养基的灭菌方法有高压蒸汽灭菌和过滤除菌。具体灭菌方法参照技能训练 3-3。

延伸阅读:商品培养基

商品粉状培养基含有某一种培养基所需的各种物质,这样可以简化培养基配制程序,节约时间,更重要的是可使实验结果比较稳定。目前市场上有 MS、B_5 基本培养基商品出售,可直接向有关公司购买。

第二节　外植体的选择与消毒

一、外植体的选择

在植物组培中,从活体植物上切取下来,用于培养的植物材料称为外植体。

(一)外植体的选择原则

根据植物细胞全能性理论,植物体的任何一部分都可以作为外植体。但实际上,不同种类植物,同一植物不同器官,同一器官不同生理状态,对外界诱导反应能力及分化再生能力是不同的。如百合科植物风信子、虎眼万年青等比较容易形成再生小植株,而郁金香就比较困难;百合鳞茎的外层鳞片比内层鳞片再生能力强,下段比中、上段再生能力强。因此,为保证植物组织培养获得成功,选择外植体时应考虑以下因素。

1. 植物基因型

植物组培的难易程度与基因型有关。一般来说,双子叶植物比单子叶植物容易培养,草本植物比木本植物容易培养。实践中应根据培养目的,选择具有优良性状或具有特殊用途的植物,如在组培快繁中,要选择"新、奇、特"等经济价值较高的植物,增加其实用价值。

2. 生理状态

外植体的生理状态和发育年龄直接影响离体培养过程中的形态发生。一般情况下,生长健壮、幼嫩、生长年限短的组织代谢旺盛,具有较强的形态发生能力,培养容易成功。

3. 取材季节

对大多数植物而言,最好在其开始生长或旺盛生长阶段选取,此时体内激素含量较高,容易分化,不仅成活率高,而且生长速度快,增殖率高。若在生长末期或已进入休眠期时选取,则外植体可能对诱导反应迟钝或无反应。如在春、秋季采集的百合鳞片很容易形成小鳞茎;而夏、冬季取材培养则难以形成小鳞茎。

4. 外植体的大小

外植体的大小应根据植物种类、器官和培养目的来确定。一般培养时叶片、花瓣等大小为 $(0.5\sim1.0)\,cm\times(0.5\sim1.0)\,cm$,茎段、根段长为 $1.0\sim2.0\,cm$。外植体太大,不易彻底消毒,污染率高;太小难以成活,或成活后仅仅产生愈伤组织。以脱毒为培养目的时,应选用较小的外植体,一般为 $0.2\sim0.3\,mm$,过大达不到脱毒的目的。

5. 外植体来源

为了建立一个高效而稳定的植物组织离体培养体系,往往需要反复实验,并要求实验结果具有可重复性。因此,就需要外植体材料来源丰富,并容易获得。

6. 易于消毒

在选择外植体时,应尽量选择带杂菌少的器官或组织,降低培养时污染率。一般地上组织比地下组织容易消毒,一年生组织比多年生组织容易消毒,幼嫩组织比老龄和受伤组织容易消毒。

(二) 外植体的种类

1. 带芽外植体

植物的顶芽、腋芽等带芽外植体是非常适合植物离体快速繁殖的。茎尖是最常用的外植体,因为茎尖不仅生长速度快,繁殖率高,不容易发生变异,而且茎尖培养是获得脱毒苗木的有效途径。

2. 分化的器官和组织

分化的器官和组织包括茎段、叶片、叶柄、根、花瓣、花萼、块茎、块根、鳞片和花粉等。如植物的嫩茎不仅容易消毒,而且去分化和再分化能力较强,是常用的组织培养材料;叶片和叶柄取材容易,新出的叶片杂菌较少,实验操作方便,在组织培养中使用也非常广泛,尤其是在植物的遗传转化中应用更为普遍。水仙、百合、葱、蒜、风信子等鳞茎类植物可用鳞片为外植体。

3. 种子和胚

种子和胚带有极其幼嫩的分生组织细胞,非常适合进行组织培养。

二、外植体的消毒

外植体大部分取自田间,表面上附着大量的微生物,在材料接种培养前必须要把外植体表面上的各种微生物杀灭,同时为了不影响其生长,又不能损伤或只轻微损伤外植体。因此,根据外植体的种类不同,灵活地选择消毒剂,控制适当的消毒时间是植物组织培养工作中的重要一环。

外植体消毒时切不可生搬硬套,要根据材料的大小、幼嫩程度、质地等,选择适宜的消毒剂种类、使用浓度和消毒时间,消毒的最佳效果以杀死材料上的所有生物体,而又对材料的损伤最小为好。不同类型外植体的预处理与消毒方法见技能训练3-4。

第三节　灭菌消毒技术

自然状态下的物品、空气和水中都含有各种微生物,而植物组织培养是在无菌条件下进行的纯培养。因此,在组织培养中应对所用的各种物品、培养基、空气等都进行消毒或灭菌处理,才能确保培养成功。

延伸阅读:灭菌与消毒

灭菌与消毒是2个不同的概念。灭菌是指在一定范围内,采用强烈的理化因素杀死物体表面及内部所有微生物的方法。灭菌是一种彻底的杀菌方法,经过灭菌的物品称"无菌物品",如培养基、无菌水等都要求无菌。消毒是指采用较温和的理化因素,杀死物体表面或内部部分微生物的方法。消毒是一种非彻底的杀菌方法,消毒后的物品和环境中还存在部分活的微生物,如用化学消毒剂对皮肤、台面、空气的处理。

一、物理的灭菌消毒技术

（一）热力灭菌

热力灭菌是利用高温造成菌体蛋白质变性,酶失去活性,核酸结构遭到破坏,从而导致菌体死亡。热力灭菌是应用最早、效果最可靠和使用最广泛的一种灭菌方法。常用的热力灭菌方法如下。

1. 高压蒸汽灭菌

高压蒸汽灭菌的原理是:在密闭的容器内,水蒸气不能逸出,致使锅内压强升高,蒸汽的温度随之升高。这是一种高效、快速的灭菌方法,可以杀死待灭菌物品上的一切微生物,包括耐高温的芽孢和孢子。常用于耐高温培养基、无菌纸、接种工具和无菌水的灭菌。灭菌压强与灭菌时间,应根据待灭菌物品的性质、体积与容器类型等而定。其操作技术参阅技能训练3-3。

2. 火焰灭菌

火焰灭菌是用火焰直接焚毁微生物菌体的方法。该法操作简便,灭菌迅速彻底。如在接种过程中使用酒精灯的火焰灼烧各种接种工具、培养容器口部。

3. 干热灭菌

干热灭菌是利用热空气进行灭菌的方法。此法适用于培养皿、三角瓶、吸管、金属用具等耐热物品的灭菌,优点是可使灭菌物品保持干燥。通常 $160 \sim 170$ ℃处理 $1 \sim 2$ h 便可达到灭菌的效果。

> **想一想**
>
> 为什么干热灭菌的温度比高压蒸汽灭菌的温度高,灭菌时间更长?

（二）紫外线灭菌

紫外线具有较强的杀菌力。其杀菌效果与波长、照度、照射时间、受照距离有关。$265 \sim 266$ nm 波长紫外线的杀菌力最强。30 W 的紫外线灯管有效作用距离为 $1.5 \sim 2$ m,以 1.2 m 以内最好。连续照射 2 h 几乎可杀死空间及照射表面的所有微生物。但紫外线的穿透力弱,普通玻璃、水或纸,都能滤去大量的紫外线。因此,紫外线适于空气和物体表面的灭菌。

> **延伸阅读:紫外线杀菌的原理及注意事项**
>
> 紫外线能使微生物体内 DNA 链上形成胸腺嘧啶二聚体,干扰 DNA 的复制,导致菌体死亡,同时,紫外线还可在空气中形成臭氧,起杀菌作用。
>
> 经紫外线照射后的微生物如立即暴露于可见光下,则又会部分复活,使死亡率明显降低,此现象称为光复活。为防止光复活作用,采用紫外线灭菌的场地应保持黑暗,白天应遮光,以提高杀菌效果。另外,紫外线对人体有烧伤作用,应避免在开启紫外线灯的情况下工作。

（三）过滤除菌

过滤除菌是利用阻留除去介质中微生物的方法。常用于空气和一些不耐高温液体营养物质的灭菌。空气过滤采用超细玻璃纤维组成的高效过滤器,通过压缩空气,滤除空气中的微生物,使出风口获得所需的无菌空气,如超净工作台台面上的空气。试管和培养瓶口的棉塞,或瓶盖上的海绵也同样起着过滤除菌作用。

一些植物生长调节剂及有机物,如 IAA、GA₃、ZT、CM 等,高温下易分解,不能与培养基一起进行高温灭菌。液体过滤需使用过滤器,并配备减压抽滤装置,采用抽滤的方法,使液体物质通过过滤器,滤去液体中的微生物。

二、化学的灭菌消毒技术

(一)常用的化学消毒剂

在植物组培中,化学消毒剂主要用于外植体表面、接种器械表面、环境、空气和操作人员皮肤的消毒。理想的消毒剂应具有消毒效果好,易被无菌水冲洗掉或能自行分解,对人体及其他生物无害或损伤小,能长期保存,来源广泛,价格低廉等优点。常用的消毒剂如下。

1. 乙醇

乙醇具有较强的穿透力,可使菌体蛋白质脱水变性,杀菌效果好,同时它还具有较强的湿润作用,可排除材料上的空气,利于其他消毒剂的渗入,是最常用的表面消毒剂。但乙醇对植物材料的杀伤作用也很大,浸泡时间过长,植物材料的生长将会受到影响,甚至被乙醇杀死,使用时应严格控制时间。

70%乙醇杀菌效果最好,因为95%乙醇或无水乙醇会使菌体表面蛋白质快速脱水凝固,形成一层干燥膜,阻止了乙醇的继续渗入,杀菌效果大大降低。乙醇一般不单独使用,多与其他消毒剂配合使用。

> **想一想**
>
> 操作过程中,如果乙醇在手或台面上发生燃烧,你会如何处理?

2. 氯化汞

氯化汞又称为升汞,Hg^{2+} 可以与带负电荷的蛋白质结合,使蛋白质变性,从而杀死菌体。氯化汞的消毒效果非常好,但易在植物材料上残留,消毒后需用无菌水反复多次冲洗。氯化汞对环境危害大,对人畜的毒性极强,使用后应做好回收工作。

3. 次氯酸钠

次氯酸钠可以释放出活性氯离子,从而杀死微生物细胞,其消毒力很强,不易残留,对环境无害,是一种较好的消毒剂。但次氯酸钠溶液碱性很强,对植物材料也有一定的破坏作用。

4. 新洁尔灭

新洁尔灭是一种广谱表面活性消毒剂,通过破坏微生物细胞膜的渗透性来达到杀菌效果。对人体刺激性小,对绝大多数植物外植体和人体伤害很小,杀菌效果好。

5. 甲醛

甲醛能与菌体蛋白质的氨基结合,通过还原作用使蛋白质凝固变性。37%~40%甲醛溶液又称为福尔马林。甲醛具有强烈的杀菌作用,5%甲醛可杀死细菌芽孢和真菌孢子等各种类型的微生物。接种室、接种箱、培养室等处常用甲醛熏蒸消毒,将甲醛与高锰酸钾混合(甲醛用量为 5~10 mL/m³,高锰酸钾用量为 3~5 g/m³),产生的热量使甲醛挥发,然后密闭 24 h。

延伸阅读:如何消除甲醛气味?

甲醛具有强烈的刺激性和腐蚀性,影响身体健康,使用时要注意安全。一般每年对接种室、培养室熏蒸 2~3 次即可。甲醛熏蒸24 h后,可用 25%氨水喷雾,氨与空气中残留的甲醛结合,消除甲醛气味。

常用化学消毒剂的使用方法如表 3-7 所示。

表 3-7　常用化学消毒剂的特点及使用

消 毒 剂	质量分数	消 毒 时 间	去除的难易程度	消毒效果	消 毒 对 象
乙醇	70%～75%	0.2～2 min	易	好	外植体、皮肤、接种器械
氯化汞	0.1%～0.2%	2～13 min	较难	最好	外植体
次氯酸钠	2%	5～30 min	易	很好	外植体
漂白粉	饱和溶液	5～30 min	易	很好	外植体、环境
过氧化氢	10%～12%	5～15 min	最易	好	外植体
新洁尔灭	0.5%	30 min	易	很好	外植体、空气
甲醛	5～10 mL/m³	24 h	难	很好	空气
来苏尔	2%～3%	—	难	很好	皮肤、环境

（二）消毒剂的使用方法

消毒剂的使用方法有熏蒸、喷雾、擦拭和浸泡等（图 3-2）。实践中可根据化学消毒剂的理化性质、消毒对象及消毒要求来选择适当的方法。

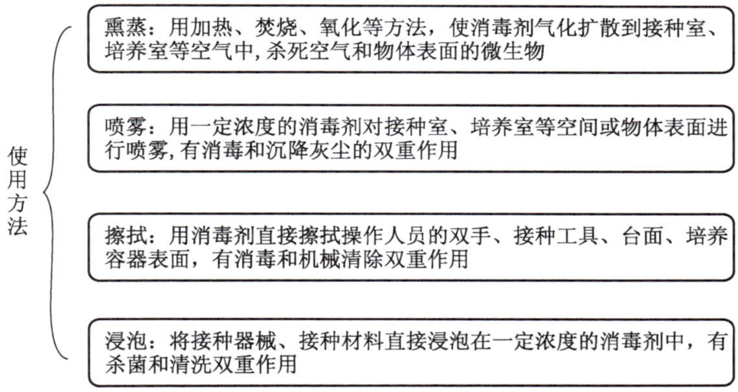

使用方法

熏蒸：用加热、焚烧、氧化等方法，使消毒剂气化扩散到接种室、培养室等空气中，杀死空气和物体表面的微生物

喷雾：用一定浓度的消毒剂对接种室、培养室等空间或物体表面进行喷雾，有消毒和沉降灰尘的双重作用

擦拭：用消毒剂直接擦拭操作人员的双手、接种工具、台面、培养容器表面，有消毒和机械清除双重作用

浸泡：将接种器械、接种材料直接浸泡在一定浓度的消毒剂中，有杀菌和清洗双重作用

图 3-2　化学消毒剂的使用方法

三、灭菌消毒方法实例

在植物组培中，应根据灭菌消毒对象要求达到的无菌程度、物料的理化性质和生产上的设备状况来选择适当的灭菌消毒方法（表 3-8）。

表 3-8　不同对象的灭菌消毒方法

灭菌消毒对象	灭菌消毒方法
培养基、无菌水	高压蒸汽灭菌，0.105 MPa 灭菌 15～30 min
移栽基质	暴晒、甲醛熏蒸或高压蒸汽灭菌（0.14 MPa 灭菌 1～2 h）
接种室、缓冲室	紫外线灯照射 30 min，或用气雾消毒剂、甲醛熏蒸
超净工作台	紫外线灯照射 30 min，然后打开风机过滤除菌

灭菌消毒对象	灭菌消毒方法
外植体	不同的化学消毒剂浸泡消毒
接种工具	用70%乙醇浸泡或擦拭,然后用火焰灼烧灭菌
培养室	3%来苏尔喷雾,或甲醛、气雾消毒剂熏蒸
皮肤	先用肥皂洗手,接种前再用70%乙醇擦拭
瓶口、管口	先用70%乙醇擦拭,然后用火焰封口
培养瓶表面	70%乙醇擦拭
台面、桌面	70%乙醇擦拭或喷雾消毒

第四节　接种与培养技术

接种与培养是组培最常规和关键的技术环节,只有熟练掌握接种与培养技术,组织培养才能取得成功。

一、材料的接种

接种是把无菌的培养物或经过表面消毒后的外植体切割或分离出的器官、组织、细胞,转移到新鲜培养基上的过程。整个接种均需在无菌条件下,严格按照无菌操作规程进行操作。

在植物组培过程中,防止微生物污染的操作技术称为无菌操作技术。无菌操作技术是组织培养的基本技术,无菌操作质量的高低决定了组织培养的成败。组培工序中的材料切割、茎尖剥离、材料转接、封口等各个环节均要求无菌操作,任何一步做不好就会导致失败。只有熟练掌握无菌操作技术,组织培养才能顺利进行。

无菌操作技术主要包括以下两方面:① 创造无菌的培养环境。② 在操作和培养过程中防止一切微生物侵入。具体无菌操作技术见技能训练3-5。

二、材料的培养

培养是指在人工控制的环境条件下,使离体材料生长、去分化形成愈伤组织或进一步分化成再生植株,以及产生代谢产物的过程。

(一)培养方法

1. 固体培养

固体培养是用含琼脂的固体培养基来培养植物材料的方法。该方法简便易行,便于观察培养物的生长情况,是目前最常用的培养方法。但该方法培养物与培养基接触面积小,造成培养基中养分分布不匀,营养不能完全利用,而且基部易积累代谢废物,影响培养物的正常生长。

2. 液体培养

液体培养是用液体培养基培养植物材料的方法。该方法培养物与培养基接触面积大,能充分利用养分,材料生长速度快,如细胞悬浮培养、原生质体培养等。但液体培养需要通过搅动或振动培养液的方法以确保氧气的供给,需要购置摇床或发酵罐。

另外,根据培养时是否需要光照条件,分为光照培养和暗培养。

（二）培养条件

接种后的植物材料应置于适宜的条件下进行培养,一般包括温度、光照、湿度和气体。

1. 温度

温度是促使植物组织培养成功的重要因素,在适宜的温度下植物才能良好地生长、分化。多数植物适宜生长温度为 20～30 ℃,低于 15 ℃ 时生长停止,高于 35 ℃ 会抑制正常生长和发育。

> **测一测**
> 用水银温度计测定培养室不同位置的温度。

不同起源的植物对环境温度的要求各异,一般生长在高寒地区的植物,其最适生长温度较低;而生长在热带地区的植物,则对环境温度相对要求较高。如马铃薯在 20 ℃ 温度条件下培养效果较好,而菠萝在 28～30 ℃ 条件下培养效果较好。

> **延伸阅读:培养温度控制**
> 一个培养室内常培养多种植物,为适合大多数植物生长,温度一般设定在 25 ℃ 左右。在条件允许的情况下,可将一个大培养室分隔成多个小培养室,根据不同植物对温度的要求来设定温度。同时,也可根据培养室内上下层架的温差来调节,一般培养室内最上层与最下层的温差可达 2～3 ℃。如果培养物需要变温培养,最好利用智能型光照培养箱。

2. 光照

虽然植物组培是在含有碳源的培养基上进行的,但光照对植物细胞、组织、器官的生长和分化具有很大的影响。光照的影响主要表现在光照度、光照时间和光质 3 个方面。

（1）光照度　对多数植物来说,1 000～4 000 lx 的光照度即能满足其生长的需要。通常在初代培养和继代培养阶段,光照度稍低些,1 000～2 500 lx 即可满足培养物的生长,而在生根壮苗阶段,光照度宜提高到 3 000～5 000 lx,有时甚至达到 10 000 lx,这样可使幼苗生长粗壮,有利于提高移栽成活率。

黑暗条件下,更有利于愈伤组织的诱导和增殖。另外在有些植物组织培养中,光的存在有时会抑制根的形成,这时可以在培养基中加入活性炭（AC）,提高根的形成率。

（2）光照时间　植物对光照时间也非常敏感,一般要求每日光照 12～16 h。光照时间对形态建成有显著影响,如对天竺葵愈伤组织芽进行诱导时,每天 15～16 h 光照下出芽最多,而连续光照会使愈伤组织变绿,不能形成芽。在葡萄茎段培养时,对日照长度敏感的品种只有在短日照条件下才可能形成根,而对日照长度不敏感的品种在任何条件下培养均可以形成根。生产中,在不影响材料正常生长的条件下,应尽量缩短光照时间,减少能源消耗,降低生产成本。

> **测一测**
> 测定培养室内和室外不同环境条件下的光照度。

（3）光质　光质对细胞分裂、愈伤组织的诱导、器官的分化有很大影响。如在唐菖蒲的子球切块培养中,在蓝光下出苗早,幼苗生长旺盛,根系粗壮;白光下幼苗纤细;红光下出苗量少。而红光对百合愈伤组织的诱导和生长比白光好。光质对植物组织分化的影响,目前尚无一定规律可循,这可能是不同植物对光信号反应不同所致。

3. 湿度

湿度包括培养容器内湿度和环境湿度。

(1)培养容器内湿度　培养容器内湿度开始时接近100%,之后随着培养时间的推移,湿度也会有所下降。培养基琼脂含量直接影响容器内湿度。琼脂含量高,湿度低,培养基中琼脂的含量要随季节有所变化,一般在冬季应适当减少琼脂用量,否则,将使培养基干硬,不利于外植体接触或插进培养基,导致生长发育受阻。另外,封口材料也影响容器内湿度。

(2)环境湿度　环境湿度变化随季节和大气而有很大变动。湿度过高、过低对培养材料的生长都是不利的,湿度过高会造成杂菌滋生,导致大量污染;过低会造成培养基失水而干枯,影响培养物的生长和分化。培养室的相对湿度一般保持在70%~80%,湿度过高时可用除湿机降湿,过低时可用喷水或加湿器来调节湿度。

> **测一测**
>
> 测定培养室内和室外不同环境条件下的空气相对湿度。

4. 气体

植物组培中,培养材料的呼吸需要氧气。刚刚切割后的外植体也会产生乙烯,引起材料的衰老,从而影响生长和分化。另外,培养物产生 CO_2,当浓度过高时,也会阻碍培养物的生长和分化。所以在固体培养中,不要将培养物全部埋入培养基中,以避免窒息死亡;而在液体培养中,通过振荡或浅层培养解决氧气供应。但对于有绿叶的试管苗,高浓度 CO_2 对组培苗的生长是有益的。

技能训练 3-1　配制 MS 培养基和植物生长调节剂母液

一、训练目标

1. 会根据培养基配方计算出药品用量。
2. 能按培养基母液配制流程配制出各种母液。

二、材料用具

1. 材料与试剂

配制 MS 培养基母液所需的药品(表 3-9),植物生长调节剂(6-BA、NAA、IBA、2,4-D),1 mol/L NaOH,1 mol/L HCl,95%乙醇,蒸馏水等。

表 3-9　配制 MS 培养基母液记录表　　　　　　配制日期:

母液名称	药品名称	配方规定量/ $(mg \cdot L^{-1})$	扩大倍数	配制母液体积/mL	称取量/mg
大量元素	KNO_3	1 900			
	NH_4NO_3	1 650			
	$MgSO_4 \cdot 7H_2O$	370			
	KH_2PO_4	170			
	$CaCl_2 \cdot 2H_2O$	440			

母 液 名 称	药 品 名 称	配方规定量/$(mg \cdot L^{-1})$	扩 大 倍 数	配制母液体积/mL	称取量/mg
微量元素	$MnSO_4 \cdot 4H_2O$	22.3			
	$ZnSO_4 \cdot 7H_2O$	8.6			
	H_3BO_3	6.2			
	KI	0.83			
	$Na_2MoO_4 \cdot 2H_2O$	0.25			
	$CuSO_4 \cdot 5H_2O$	0.025			
	$CoCl_2 \cdot 6H_2O$	0.025			
铁盐	Na_2-EDTA	37.3			
	$FeSO_4 \cdot 7H_2O$	27.8			
有机物质	肌醇	100			
	甘氨酸	2.0			
	盐酸硫胺素	0.1			
	盐酸吡哆醇	0.5			
	烟酸	0.5			

2. 仪器与用具

电子天平(精确度为 0.01 g、0.001 g、0.000 1 g),冰箱,磁力搅拌器,容量瓶(100 mL、500 mL、1 000 mL),烧杯,量筒,贮液瓶(棕色、无色),玻璃棒,胶头滴管,标签纸(或记号笔)等。

培养基母液配制

三、训练操作规程

1. 配制 MS 培养基母液(表 3-10)

表 3-10　配制 MS 培养基母液操作流程及操作技术要点

操 作 流 程	操作技术要点
计算	1. 确定 MS 培养基各种母液的扩大倍数和配制量 2. 计算出各种药品的需要称取量,将结果填在表 3-9 中
称量	1. 选择分析纯(AR)或化学纯(CP)药品 2. 根据药品的称量选择适当精确度的电子天平 3. 称量时最好使用硫酸纸,避免药品沾到纸上,影响准确性 4. 称量药品时要注意更换药匙,避免药品混杂 5. 每称好一种药品后应立即作一记号,以免重复或遗漏 6. 有些药品易吸潮,称量时要迅速

操作流程	操作技术要点
溶解	1. 在烧杯中加入适量蒸馏水或去离子水(母液配制量的 50% ~ 60%) 2. 按顺序加入称量好药品,用玻璃棒或磁力搅拌器搅拌,当一种药品完全溶解后,再加入下一种药品 3. 对于难溶解的药品,可加热溶解,加热温度以 60 ~ 70 ℃ 为宜 4. 配制大量元素母液时,必须最后加入 $CaCl_2$ 或单独配制,否则易出现沉淀 5. 配制铁盐母液时,先用少量蒸馏水将 Na_2-EDTA 加热溶解后,再缓慢加入 $FeSO_4$ 溶液,不断搅拌并加热 5 min,使其充分螯合
定容	1. 将完全溶解后的溶液倒入容量瓶中 2. 用蒸馏水冲洗烧杯 3 ~ 4 次,将洗液全部转入容量瓶中 3. 加蒸馏水定容后摇匀
标记	1. 将配制好的母液分别倒入贮液瓶中,铁盐要用棕色瓶保存 2. 在标签纸上写明母液名称、配制倍数和配制日期,然后贴在瓶壁上
保存	1. 将贮液瓶置于 4 ℃ 冰箱中保存 2. 定期检查母液,看有无沉淀,如出现沉淀重新配制

2. 按照表 3-11 所示配制植物生长调节剂母液

表 3-11　配制植物生长调节剂母液操作流程及操作技术要点

操作流程	操作技术要点
计算	1. 确定各种植物生长调节剂的配制浓度和配制量(表 3-12) 2. 计算出各种植物生长调节剂的需要称取量
称量	同 MS 培养基母液配制
溶解	1. NAA、IBA 先用少量 95%乙醇溶解 2. 2,4-D 先用少量 1 mol/L NaOH 溶解 3. 6-BA 先用少量 1 mol/L HCl 溶解
定容	1. 将完全溶解后的溶液倒入容量瓶中 2. 用蒸馏水冲洗烧杯 3 ~ 4 次,将洗液全部转入容量瓶中 3. 加蒸馏水定容后摇匀
标记	将配制好的母液分别倒入贮液瓶中,标明母液名称、浓度及配制日期
保存	将贮液瓶置于 4 ℃ 温度冰箱中保存

表 3-12　配制植物生长调节剂母液记录表　　　　　　配制日期:

母液名称	药品	配制质量浓度/$(mg \cdot mL^{-1})$	配制母液体积/mL	称取量/mg
NAA 母液	NAA			
IBA 母液	IBA			
6-BA 母液	6-BA			
2,4-D 母液	2,4-D			

写出各种母液的配制方法及注意事项。

技能训练 3-2　配制 MS 固体培养基

一、训练目标

1. 会根据培养基配方计算出各种母液用量。

2. 能够正确配制 MS 固体培养基。

二、材料用具

1. 材料与试剂

MS 培养基各种母液,植物生长调节剂母液,蔗糖,琼脂,1 mol/L NaOH,1 mol/L HCl,蒸馏水,精密 pH 试纸。

2. 仪器与用具

天平,酸度计,水浴锅,电炉或电磁炉,量筒,刻度移液管(或注射器),洗耳球,记号笔(或标签纸),培养瓶(三角瓶、组培瓶、果酱瓶或罐头瓶),刻度烧杯(或吊桶),不锈钢锅,封口膜,分装器。

固体培养基的配制

三、训练操作规程

MS 固体培养基是植物组织培养中最常用的培养基,按表 3-13、表 3-14 所示进行配制。

表 3-13　配制 MS 固体培养基操作流程及操作技术要点

操作流程	操作技术要点
确定配方	根据实验需要,确定配制培养基的配方
计算用量	1. 确定培养基配制量 2. 查看 MS 培养基母液扩大倍数、植物生长调节剂母液浓度 3. 按照下式分别计算出蔗糖、琼脂、MS 培养基母液和生长调节剂母液的用量,并填写到表 3-14 中 $$母液用量 = \frac{培养基配方浓度}{培养基母液浓度} \times 培养基配制量$$ $$植物生长调节剂母液用量 = \frac{培养基配方浓度}{植物生长调节剂母液浓度} \times 培养基配制量$$ 4. 计算时要注意浓度的单位是否一致
称量 (量取)	1. 用托盘天平和普通电子天平分别称取蔗糖、琼脂 2. 用刻度移液管或注射器依次按需要量吸取 MS 培养基母液及生长调节剂母液,移入干净烧杯中
加热溶解	1. 在锅内加配制量 60% 左右蒸馏水,置于电炉或电磁炉加热 2. 加入琼脂,加热不断搅拌,待琼脂完全熔化后加入蔗糖 3. 将所量取各种母液的混合液倒入锅中,搅拌均匀 4. 琼脂必须完全熔化,以免造成浓度不均匀

操作流程	操作技术要点
定容	1. 将完全溶解、混匀后的培养基倒入刻度烧杯或吊桶中 2. 加蒸馏水定容至规定体积
调整 pH	1. 用酸度计或精密 pH 试纸测定培养基 pH 2. 用 1 mol/L NaOH 或 1 mol/L HCl 将 pH 调至规定值,多数培养基 pH 调至 6.0。注意 pH 不要调过头,以免回调而影响培养基内各离子的浓度
分装	将配制好的培养基趁热分装到培养瓶中。一般 250 mL 三角瓶可装入 30~40 mL 培养基,厚度约 1 cm
包扎	用线绳扎紧封口膜(注意扎成活结),或盖上瓶盖
标记	在瓶壁上写好标记,做好记录,准备灭菌

表 3-14 MS 固体培养基配制表

培养基配方:_____

配制量:_____ L 配制人:_____ 配制日期:_____

培养基母液	母液扩大倍数或质量浓度	配制 1 L 需要量	本次需要量
大量元素母液			
微量元素母液			
铁盐母液			
有机物母液			
蔗糖	—	20~30 g	
琼脂	—	5~7 g	
细胞分裂素	mg/mL		
生长素	mg/mL		

四、训练报告

写出 MS 培养基的配制过程及注意事项。

技能训练 3-3 灭 菌 技 术

一、训练目标

1. 能够正确使用高压蒸汽灭菌锅进行高压灭菌。

2. 会使用过滤器进行过滤除菌。

二、材料用具

1. 材料与试剂

待灭菌培养基,瓶装无菌水,无菌纸。

2. 仪器与用具

高压蒸汽灭菌锅,电热干燥箱,针式过滤器,超净工作台,培养皿,吸管,微孔滤膜。

三、训练操作规程

（一）高压蒸汽灭菌

1. 高压蒸汽灭菌方法

耐高温的培养基、蒸馏水、滤纸、玻璃器皿、接种工具等都可采用高压蒸汽灭菌,下面以手提式电热高压灭菌锅为例介绍其灭菌方法（表 3-15,表 3-16）。

高压蒸汽灭菌锅的使用

表 3-15　高压蒸汽灭菌的操作流程及操作技术要点

操作流程	操作技术要点
检查	检查高压蒸汽灭菌锅的安全阀、放气阀、压力表、密封圈是否灵活有效
加水	1. 打开锅盖,取出内桶 2. 往高压蒸汽灭菌锅外层锅中加入适量水,以淹没电热管 1~2 cm 为宜
装料	把待灭菌材料分层装入内桶
密封	1. 将锅盖上的排气软管插入内层灭菌桶的管套内 2. 摆正锅盖位置,对齐螺口,以两两对称的方式同时旋紧 2 个相对的螺栓,密闭高压蒸汽灭菌锅,勿使漏气
排气	1. 接通电源,开始加热 2. 打开放气阀,当放气阀有大量蒸汽冒出时,继续排气 3~5 min。或先关闭放气阀,当压强升至 0.05 MPa 时,缓慢打开放气阀,继续排气 3 min 3. 关闭放气阀
保压	1. 压强达 0.105 MPa,温度 121 ℃时,开始计时 2. 压强控制在 0.1~0.120 MPa,灭菌时间参考表 3-16
降压	切断电源自然降压,或当压强降至 0.05 MPa 时,缓慢打开放气阀
出锅	待压强降至零,打开锅盖,取出灭菌物品
保养	排出锅内残存水分,以防锅体生锈

表 3-16　培养基高压蒸汽灭菌所需时间

培养基容积/mL	<20	20~<50	50~<200	≥200
121 ℃灭菌所需时间/min	15	20	25	30

2. 高压蒸汽灭菌时注意事项

（1）高压蒸汽灭菌锅内的空气必须排尽。锅内若留有空气，灭菌时压力表虽然已指到要求压强，但锅内蒸汽达不到相应温度，造成灭菌不彻底。高压蒸汽灭菌锅内空气排出程度与温度的关系见表3-17。

表3-17　高压蒸汽灭菌锅内空气排出程度与温度的关系

压强/MPa	高压蒸汽灭菌锅内蒸汽温度/℃				
	空气完全未排出	空气排出 1/3	空气排出 1/2	空气排出 2/3	空气完全排出
0.035	72	90	94	100	109
0.070	90	100	105	109	115
0.105	100	109	112	115	121
0.141	109	115	118	121	126
0.176	115	121	124	126	130
0.210	121	126	128	128	135

（2）锅内装的待灭菌物品要留一定空隙。待灭菌物品若放得过多、过密，会妨碍蒸汽流通，造成局部温度偏低，影响灭菌。

（3）高压蒸汽灭菌锅需经常检修、保养，保持管道畅通。使用高压蒸汽灭菌锅，应由专人负责，灭菌过程中不得离开，确保安全生产。

（4）培养基的灭菌时间不宜过长，也不能超过规定的压强范围，否则有机物质，特别是维生素类物质就会在高温下分解，失去营养作用，也会使培养基变质、变色，甚至难以凝固。

（二）过滤除菌

一些植物生长调节剂及有机物，如IAA、ZT、CM、LH等，遇热容易分解，不能与其他培养基一起进行高压蒸汽灭菌，而采用过滤除菌（表3-18）。

表3-18　过滤除菌操作流程及操作技术要点

操作流程	操作技术要点
包扎	将过滤器和滤膜用牛皮纸包好
灭菌	在0.105 MPa压强下灭菌20 min，方法参照高压蒸汽灭菌
过滤	在超净工作台上，按无菌操作方式，用细菌过滤器过滤待除菌的溶液
混合	将过滤后的溶液加入培养基中。若为固体培养基，当培养基冷却至温度55 ℃左右加入，然后摇匀；若为液体培养基，可在培养基冷却至温度30 ℃以下加入

（三）培养基的保存

培养基最好现配现用，暂时不用的培养基置于低温条件下保存，含IAA或GA₃的培养基最好在 1 周内用完,其他培养基保存时间不要超过 1 个月。

（四）无菌水和无菌纸的制备

将蒸馏水或自来水装在盐水瓶或其他容器中,装量一般不超过容器容积的 2/3,用封口膜或棉塞封口。将牛皮纸或滤纸割成 (15~20) cm×(15~20) cm 方块,用大报纸包好,然后进行高压蒸汽灭菌即成。

想一想

无菌水、蒸馏水有什么区别?

（五）培养基的无菌检查

将灭菌冷却后的培养基放入恒温箱中,30 ℃温度培养 2~3 d,检查是否有污染。

四、训练报告

1. 写出高压蒸汽灭菌方法及注意事项。
2. 干热灭菌和过滤除菌时应注意哪些问题?

技能训练 3-4　外植体的预处理与消毒技术

一、训练目标

1. 能够正确选择外植体,并进行预处理。
2. 会配制常用的化学消毒剂。
3. 能够正确对外植体进行消毒。

二、材料用具

1. 材料与试剂

校园内植物,95%乙醇,氯化汞,50%来苏尔,5%新洁尔灭,洗衣粉,无菌水等。

2. 仪器与用具

烧杯,软毛刷,毛笔,剪刀,手持式喷壶,超净工作台,废液缸,培养皿,吸管,滤膜。

三、训练操作规程

（一）外植体的选择与预处理（表 3-19）

表 3-19　外植体的预处理方法

外植体类型	预处理方法
茎尖、茎段	1. 从品种优良、生长健壮、无病虫害的植株上,剪下当年生枝条 2. 剪去枝条上的叶片、叶柄、刺、卷须等不需要的部分 3. 表面不光滑或长有茸毛的软枝条用软毛刷蘸洗衣粉刷洗,硬枝条可用刀刮去蜡质、茸毛 4. 将枝条剪成带 2~3 个茎节的茎段,长 4~5 cm 5. 流水充分冲洗（时间长短视材料清洁程度而定）
叶片	1. 从生长健壮、无病虫害的植株上选取幼嫩叶片 2. 带油脂、蜡质、茸毛的叶片用毛笔蘸洗衣粉刷洗 3. 较大叶片剪成带叶脉的叶块,大小以能放入冲洗容器为宜,用流水充分冲洗

外植体类型	预处理方法
根	1. 从健壮植株上选取 2. 流水冲洗干净 3. 剪去老根、死根,将新根剪成 2~5 cm 根段
块根及块茎	1. 自来水冲洗,用软毛刷刷去泥土 2. 切去损伤及污染严重部位
果实、种子、胚	去除坚硬的果皮或种皮,直接用流水充分冲洗
花器	从健壮植株取下后直接用流水冲洗

消毒剂的
配制

（二）配制化学消毒剂（表 3-20）

表 3-20　常用化学消毒剂的配制方法

消 毒 剂	配 制 方 法
70%乙醇	95%乙醇与水按 14∶5 进行混合
0.1%氯化汞	氯化汞 1 g,加水 1 000 mL
0.25%新洁尔灭	5%新洁尔灭 50 mL 加水 950 mL
2%来苏尔	50%来苏尔 40 mL 加水 960 mL

（三）外植体的消毒

外植体的消毒需在超净工作台上进行,不同的外植体消毒方法如表 3-21 所示。

表 3-21　外植体的消毒方法

外植体类型	消 毒 方 法
茎尖、茎段及叶片	1. 70%乙醇浸泡 10~30 s,再用无菌水冲洗 1 次 2. 用 2%次氯酸钠浸泡 10~15 min 或 0.1%氯化汞浸泡 5~10 min(消毒时间视材料的老、嫩及枝条的坚实程度) 3. 若材料有茸毛最好在消毒液中加入几滴吐温 4. 消毒时要不断振荡,使植物材料与消毒剂充分接触 5. 最后用无菌水冲洗 3~5 次
果实	1. 用乙醇迅速漂洗一下,用无菌水冲洗 1 次 2. 用 2%次氯酸钠浸泡 10 min,用无菌水冲洗 2~3 次
种子	用 10%次氯酸钠浸泡 20~30 min 或 0.1%氯化汞消毒 5~10 min,然后用无菌水冲洗 3~5 次

外植体类型	消 毒 方 法
花蕾	1. 用 70% 乙醇浸泡 10~15 s,无菌水冲洗 1 次 2. 再在漂白粉中浸泡 10 min,用无菌水冲洗 2~3 次
根及地下部器官	用 0.1% 氯化汞浸泡 5~10 min 或 2% 次氯酸钠浸泡 10~15 min,再用无菌水冲洗 3~5 次

温馨提示:消毒后外植体应及时按无菌操作技术接种于适宜的培养基上(方法见技能训练 3-5)。

四、训练报告

总结外植体选择、处理技术要点,并写出训练报告。

技能训练 3-5　无菌操作技术

一、训练目标

1. 能够正确对环境消毒。

2. 能按照无菌操作要求转接组培苗。

3. 能树立无菌操作意识。

二、材料用具

1. 材料与试剂

待转接组培苗,无菌纸或无菌培养皿,培养基,70% 乙醇,2% 来苏尔,甲醛,高锰酸钾。

2. 仪器与用具

超净工作台,紫外线灯,接种工具(剪刀、镊子、支架),酒精灯,手持喷雾器,纱布,实验服,口罩,记号笔。

无菌操作室
消毒

三、训练操作规程

(一)接种和培养环境的消毒(表 3-22)

表 3-22　环境消毒操作流程及操作技术要点

操 作 流 程	操作技术要点
清理	将接种室、缓冲室、超净工作台、培养室清理干净
喷雾消毒	向桌面、地面、空间及四周喷 2% 来苏尔
紫外线灭菌	打开紫外线灯照射 20~30 min。采取喷雾与紫外线灯照射相结合,效果更佳
熏蒸消毒	1. 按 3 g/m³ 的用量称取高锰酸钾,倒入玻璃或搪瓷容器中 2. 按 5 mL/m³ 的用量量取甲醛,迅速与高锰酸钾混合 3. 紧密门窗 24 h 以上

（二）无菌操作技术（表3-23）

表 3-23　无菌操作流程及操作技术要点

操作流程	操作技术要点
摆放物品	将培养基、接种工具、酒精灯摆放到超净工作台上
消毒	打开超净工作台上的紫外线灯照射 20 min，同时打开风机开关
洗手	操作人员进入接种室前用肥皂洗手
进入缓冲室	换上已消毒的工作服，戴好口罩、帽子，换上拖鞋或穿好鞋套
进入接种室	关闭紫外线灯，打开照明灯
表面消毒	1. 用 70% 乙醇棉球擦拭双手 2. 按一定顺序和方向擦拭超净工作台台面 3. 用蘸有 70% 乙醇的纱布擦拭组培苗培养瓶外壁
接种工具灭菌	1. 镊子、剪刀、支架等放入 70% 乙醇中浸泡或用 70% 乙醇擦拭 2. 在酒精灯上充分灼烧支架和镊子、剪刀 3. 将镊子、剪刀放置在支架上冷却
取无菌纸	打开无菌纸包装，用镊子取出无菌纸
材料切割	1. 轻轻取下瓶口封口膜或瓶盖，瓶口用火焰灼烧灭菌 2. 用镊子轻轻取出培养物 3. 在无菌纸上将培养物分割或切段
接种	1. 将分割后的材料用镊子轻轻接种在培养基中，材料生物学上端应向上放置 2. 立即用火焰对瓶口进行灼烧灭菌
封口	盖上瓶盖或包扎好封口薄膜
标识	在瓶壁上用记号笔做好标记，注明植物名称、接种日期等
培养	接种后的培养材料要及时移入培养室或培养箱中培养
清理	结束后将工作台台面清理干净，关闭电源
注意事项	1. 操作人员在操作时尽量少说话，减少走动，在接种时谈话或咳嗽以及空气的流动会大大增加污染的概率 2. 接种操作中应及时更换无菌纸，接种工具每使用一次后都要灼烧 3. 接种工具灼烧后要充分冷却，防止烫伤培养物 4. 开瓶口、切割培养物、接种、封瓶口等操作要在酒精灯火焰无菌区进行 5. 在切割材料和接种时，手尽可能不要在无菌纸上方移动 6. 操作过程中双手不要超出超净工作台边缘，头部不要探入工作台内

（三）接种环境消毒效果检查

消毒前后,分别在接种室、接种箱内打开牛肉膏蛋白胨平板,15 min 后盖上皿盖,然后放入恒温箱中,37℃培养 24 h。检查每个平板上生长的菌落数。如消毒后不超过 3 个,说明消毒效果良好,否则需加强消毒措施。

四、训练报告

1. 谈谈你的无菌操作体会。
2. 10 d 后检查所接种组培苗的生长情况。报告污染率,并分析污染原因。

$$污染率 = \frac{污染瓶数}{总接种瓶数} \times 100\%$$

【单元技能考核建议】

本单元训练为单项技能训练,考核要注重操作的正确性、精确性、规范性和熟练程度,考核时做到定性与定量、过程与效果、实践与理论相结合,并可辅以组内和组间的技能竞赛,使考核、技能比赛与技能训练相结合,达到"以考促训,以赛促训"的目的。单元技能考核方案见表 3-24。

表 3-24　单元三技能考核方案

考核项目	考核标准	考核方式
训练态度	训练前准备充分;训练中积极主动,遵守实验室纪律,操作认真;有团队协作和创新意识;训练后及时总结,撰写训练报告	随机观察
配制 MS 培养基母液	配制程序正确;计算准确;药品称量规范、准确;溶解充分,无沉淀发生;定容精确;标识清楚,保存方法适当	查看记录 现场操作
配制 MS 固体培养基	配制程序正确;计算准确;量取母液迅速准确;定容精确;调节 pH 正确;分装迅速、均匀;封口松紧适宜,速度快;标识清楚	查看记录 现场操作
灭菌技术	操作程序正确;能说出灭菌原理和灭菌要求;能按灭菌规程操作;高压蒸汽灭菌时,排放空气方法正确;灭菌温度、时间适当;经检验灭菌效果好;会保养灭菌设备	口试 现场操作 跟踪考核
外植体的预处理与消毒	会正确选择外植体;修整方法正确,修整程度适宜;选择消毒剂的种类和浓度合理;消毒时间适当;经检验消毒效果佳(无污染现象和过度消毒)	口试 现场操作 跟踪考核
无菌操作技术	环境消毒方法正确;用具摆放合理;操作规范,效率高;无菌意识强;材料接种数量适宜,布局合理,深浅适度;标识符合要求;接种效果好,污染率低于 10%	现场操作 跟踪考核
训练报告	实事求是报告实验结果,正确分析实验结果	批阅报告

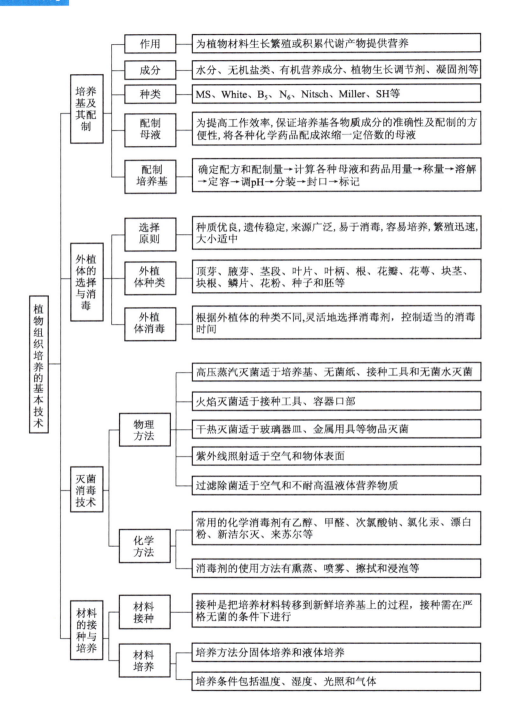

植物组织培养的基本技术

培养基及其配制
- 作用：为植物材料生长繁殖或积累代谢产物提供营养
- 成分：水分、无机盐类、有机营养成分、植物生长调节剂、凝固剂等
- 种类：MS、White、B_5、N_6、Nitsch、Miller、SH等
- 配制母液：为提高工作效率,保证培养基各物质成分的准确性及配制的方便性,将各种化学药品配成浓缩一定倍数的母液
- 配制培养基：确定配方和配制量→计算各种母液和药品用量→称量→溶解→定容→调pH→分装→封口→标记

外植体的选择与消毒
- 选择原则：种质优良,遗传稳定,来源广泛,易于消毒,容易培养,繁殖迅速,大小适中
- 外植体种类：顶芽、腋芽、茎段、叶片、叶柄、根、花瓣、花萼、块茎、块根、鳞片、花粉、种子和胚等
- 外植体消毒：根据外植体的种类不同,灵活地选择消毒剂,控制适当的消毒时间

灭菌消毒技术
- 物理方法：
  - 高压蒸汽灭菌适于培养基、无菌纸、接种工具和无菌水灭菌
  - 火焰灭菌适于接种工具、容器口部
  - 干热灭菌适于玻璃器皿、金属用具等物品灭菌
  - 紫外线照射适于空气和物体表面
  - 过滤除菌适于空气和不耐高温液体营养物质
- 化学方法：
  - 常用的化学消毒剂有乙醇、甲醛、次氯酸钠、氯化汞、漂白粉、新洁尔灭、来苏尔等
  - 消毒剂的使用方法有熏蒸、喷雾、擦拭和浸泡等

材料的接种与培养
- 材料接种：接种是把培养材料转移到新鲜培养基上的过程,接种需在严格无菌的条件下进行
- 材料培养：
  - 培养方法分固体培养和液体培养
  - 培养条件包括温度、湿度、光照和气体

1. 解释名词:培养基　母液　灭菌　消毒　无菌操作　接种　培养

2. 绘出植物组培工作流程图。

3. 培养基的主要成分有哪些? 各有何作用?

4. 植物生长调节剂主要有哪几类? 各有什么作用?

5. 叙述 MS 培养基母液和植物生长调节剂母液的配制方法。

6. 列举几种常用基本培养基,并阐述 MS 培养基的特点。

7. 配制组培培养基时,为何将铁盐单独配制?

8. 选择外植体的基本原则是什么? 常用的外植体有哪些?

9. 你掌握的灭菌方法有哪些? 如何进行高压蒸汽灭菌?

10. 常用的消毒剂有哪些? 各有何特点?

11. 简述外植体消毒的一般过程。

12. 如何进行无菌操作? 你是如何理解"无菌意识"的?

13. 离体材料培养的条件有哪些? 如何控制?

14. 材料的培养方法有哪些? 各有何特点?

15. 欲配制 2 L MS+6-BA1.5 mg/L+NAA0.5 mg/L 培养基,计算出 20 倍大量元素母液、100 倍微量元素母液、50 倍铁盐母液、100 倍有机物母液、1.0 mg/mL 6-BA、1.5 mg/mL NAA 的用量。

单元四　植物器官培养技术

■ **知识目标**
- 熟练掌握茎尖、茎段和叶片培养技术
- 掌握根、花器和种子培养技术
- 理解影响植物器官培养的因素

■ **技能目标**
- 能利用植物的根、叶片、花器诱导出愈伤组织
- 能利用茎尖、带芽茎段培养出组培苗

植物器官培养主要是指对植物的根、茎、叶、花器、果实和种子等进行的离体培养技术。器官培养取得成功的实例很多,应用的范围也很广。

在理论上,利用器官培养研究器官的功能及器官之间的相关性、器官的分化及形态建成等问题,有助于我们认识植物生命活动的规律,控制植物的生长发育,更好地为生产服务。在生产实践中,植物器官培养也具有极其重要的应用价值。器官培养可诱导产生丛生芽或不定芽,在短期内获得大量再生植株,提高繁殖效率,加速优良和名贵品种的繁殖速度。茎尖培养可以得到脱毒苗,解决甘薯、马铃薯、大蒜、草莓等植物品种的退化问题,提高作物的产量和品质。此外,还可将植物器官进行诱变处理,利用器官培养得到突变株,进行细胞突变育种。

对植物器官进行离体培养时,除茎尖能够继续生长外,一般要经过去分化过程,即首先要经过愈伤组织阶段,再在愈伤组织中,形成分生细胞团,随后分化出器官原基,最终培养形成完整植株。

第一节　根 的 培 养

根具有生长速度快、代谢活跃、变异性小、离体培养时不受微生物干扰等优点,可通过改变培养基的成分来研究其营养吸收、生长和代谢的变化规律。因此,离体根的培养是进行根系生理代谢、器官分化、形态建成研究最优良的实验体系。在生产上,建立快速生长的根无性繁殖系,可生产一些重要药物。有些化合物只能在根中合成,可用离体根培养的方法生产该化合物。此外,对根细胞培养物进行诱变处理,可筛选出突变体用于育种。

一、根的培养方法

（一）取材与消毒

离体根的来源有 2 种,一种来源于生长在土壤中的植株,另一种来源于无菌种子发芽产生的

幼根。前者附着大量的微生物,接种前要经过严格的消毒。无菌种子发芽形成的根是无菌的,其方法是将植物种子进行表面消毒,在无菌条件下萌发,待根伸长后可切段转接。

(二)接种与培养

切取 1.0~1.5 cm 的根尖接种到无机离子浓度较低的 White 或 1/2MS 培养基中,在 25~27 ℃ 黑暗条件下培养。根的生长很快,如番茄根每天可生长 1 cm,几天后就能发出侧根。每隔 7~10 d,长出的根切段转移到新鲜培养基上继续培养,如此反复,就可得到由单个根尖形成的离体根无性系。

离体根的培养方法有固体培养、液体培养和固体-液体培养 3 种。固体培养时将根切段直接放在培养基表面进行。液体培养时一般采用 100 mL 或 200 mL 三角瓶,内装 20~40 mL 培养液。根据需要可在瓶中添加新鲜培养液继续培养或将根进行分割转移进行继代培养。固体-液体培养是将根基部一端插入固体培养基中,根尖一端浸在液体培养基中。

(三)植株再生培养

在 MS 培养基等适宜愈伤组织诱导的培养基中,植物的离体根也可形成愈伤组织。愈伤组织在分化培养基上继续培养能分化出芽或根,或芽、根同时产生,再进一步诱导无根芽形成根或无芽根形成芽,成为完整植株。目前,人们已从甘薯、甘蓝、菊苣等多种植物的离体根获得再生植株。

延伸阅读:离体根的培养研究——根瘤菌结瘤实验

1965 年 Raggio 等为研究豆科植物共生固氮机制,设计了一种离体根的结瘤实验装置(图 4-1A)。这种装置由两部分组成,上部是一个玻璃盖,盖子中间有一个单向开口的管状凹槽,槽中盛放含有机化合物的琼脂固体培养基。下部是一支试管,管中装有无机盐的营养液,并接种根瘤菌。这种装置由液体和固体两部分组成,离体根即可从上部吸取有机营养,又可利用根尖从下部吸收无机营养,避免根瘤菌在有机营养中大量繁殖,影响离体根的正常生长。后来 Bunting(图 4-1B)和 Torrey(图 4-1C)等对此装置进行了修改。利用这一技术来研究大豆、菜豆等离体根根瘤菌的固氮情况,结果表明根瘤菌含有血红蛋白,并能固定大气中的氮。

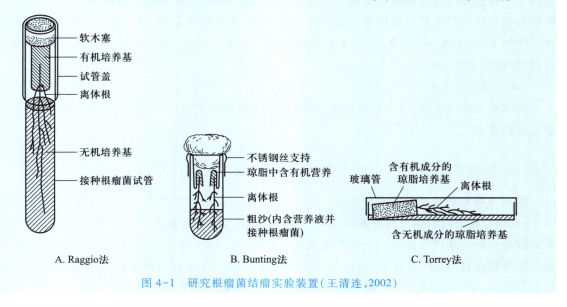

A. Raggio 法   B. Bunting 法   C. Torrey 法

图 4-1 研究根瘤菌结瘤实验装置(王清连,2002)

二、影响根生长的因素

（一）基因型

不同植物离体根的繁殖能力是不同的，如番茄、马铃薯、烟草、小麦等植物的离体根能快速生长，并产生大量健壮的侧根，可进行继代培养而无限生长；萝卜、豌豆、向日葵、荞麦等植物的离体根能较长时间培养，但不能无限生长，久之会失去生长能力；一些木本植物的根则很难离体生长。

（二）培养基

离体根培养时一般选择无机盐浓度较低的 White、N_6 等培养基，也可以采用 MS、B_5 等培养基，但必须将其浓度稀释到 2/3 或 1/2，以降低培养基中的无机盐浓度。如水仙的小鳞茎在 1/2 MS 培养基上能生根。

离体根生长要求培养基中应具备植物生长所需的全部必要元素。在适合的 pH 条件下，大量元素中的硝态氮和钙，微量元素中的硼和铁都有利于根的发生。生根也需要磷和钾，但量不多。有机物质中维生素 B_1 和维生素 B_6 最重要，缺少则根生长受阻，使用质量浓度为 $0.1 \sim 1.0$ mg/L。蔗糖是离体根培养最好的碳源，其次是葡萄糖和果糖，其使用质量分数一般为 $1\% \sim 3\%$。

（三）植物生长调节剂

生长素对离体根的生长有明显作用。一般情况下，加入适量的生长素能促进根的生长，其反应和需要量因植物种类不同而异。如在玉米、小麦、矮豌豆培养时，生长素促进离体根的生长；黑麦离体根的生长依赖于生长素的作用。但在樱桃、番茄等培养时，生长素则抑制离体根的生长。

GA_3 能明显影响侧根的发生和生长，加速根分生组织的老化；KT 则能增加根分生组织的活性，有抗老化的作用。

（四）pH

根发生和生长所需的 pH 一般为 $5.0 \sim 6.0$。但离体根培养的 pH 适宜范围因培养材料和培养基组成而异。如在番茄的离体根培养中，采用单一硝态氮作为氮源时，培养液 pH 应为 5.2，而当用单一铵态氮作为氮源时，pH 在 7.2 为宜。在培养过程中 pH 的改变会影响铁盐的吸收，进而影响番茄根的生长速度。使用非螯合态的铁，当 pH 升高至 6.2 时，铁盐失效，造成培养液中缺铁。使用 Fe-EDTA，pH 为 7 时，也不会感到缺铁。一般可采用 $Ca(H_2PO_4)_2$ 或 $CaCO_3$ 作为缓冲剂，以获得稳定的 pH。

（五）温度和光照

离体根培养温度以 $25 \sim 27$ ℃ 为佳，一般情况下离体根均进行暗培养，但也有些植物光照能够促进根系生长。

三、培养实例

番茄根培养的基本操作流程如下：先用 70% 乙醇对番茄种子消毒 1 min，再用 0.1% 氯化汞消毒 $3 \sim 5$ min，或用饱和漂白粉溶液消毒 10 min，最后用无菌水冲洗 $4 \sim 5$ 次。在无菌条件下，将消毒后的番茄种子摆放在铺有一层消毒滤纸的培养皿上。当胚根长至 $2 \sim 3$ cm 后，切取 1 cm 长的根尖接种到改良 White 培养基上，在 25 ℃，黑暗条件下培养直到长出侧根。一般情况下，4 d 有侧根发生，$7 \sim 10$ d 后又可切下侧根的根尖继代培养，由此形成离体根无性系。

第二节　茎尖和茎段培养

一、茎尖培养

茎尖不仅具有生长速度快,繁殖率高,不易产生变异的特点,而且是获得脱毒苗木的有效途径。依茎尖大小和目的可将其分为普通茎尖培养和茎尖分生组织培养2种类型。

（一）普通茎尖培养

普通茎尖培养是在无菌条件下,切取几毫米乃至几十毫米茎尖进行培养。培养技术简单,操作方便,容易成活,成苗所需时间短,常用于植物的离体快速繁殖,又称为微繁技术。

1. 普通茎尖培养的方法

（1）取材与消毒　正在生长的顶芽或侧芽是最好的外植体。植物的种类及材料的来源不同,可采取不同的消毒方法,具体的消毒方法见技能训练3-4。

（2）接种与培养　在无菌条件下,剥离外层的叶片,切下3~5 mm大小,带2~4个叶原基或更多的茎尖,及时转入适当的培养基中。

茎尖培养温度通常在25 ℃左右,光照度一般为1 000~3 000 lx,光周期使用连续光照,或使用16 h光照8 h黑暗。在干燥的季节还应注意培养室内湿度的管理,以防培养基内的水分散失过多而对培养不利。

一般茎尖培养30~40 d可长成新梢,为了增加培养物的数量,必须进一步繁殖,使之越来越多。经过连续不断的继代培养,达到应繁殖的数量后,再进入下一阶段进行壮苗和生根。普通茎尖培养的过程如图4-2所示。

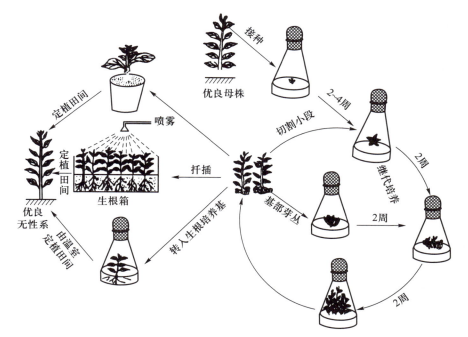

图4-2　普通茎尖培养示意图(杨增海,1987)

2. 影响茎尖培养的因素

（1）基因型　不同科、属植物要求的条件有很大差别，甚至同一属的不同种间以及品种间，其表现也不一样。但也有另一些情况，即在分类地位相距甚远的若干种植物中，可能恰好可以用完全相同的培养基。

（2）植株的年龄　多年生木本植物随着年龄的增加，茎尖的培养难度也增加，成年树较幼态树的培养要困难得多。一年生或多年生草本植物，营养生长早期的顶芽、侧芽比营养生长后期的顶芽与侧芽的培养要容易得多。

（3）材料的生理状态　一般以春天芽已经膨大，但芽鳞片还没有张开时最为合适。此时，芽生长旺盛，并有芽鳞片保护，里面是无菌的。对于某些需要高温和低温处理或特殊光周期处理才可以打破休眠的块茎、鳞茎、球茎等，常常要处理以后才能剥取茎尖。

（4）芽在植株上的部位　对于草本植物来说，使用顶芽或上部的芽，常常比用侧芽或基部的芽容易培养。这可能与它们生长较为旺盛有关，但由于顶芽的数量有限，也常用侧芽作为培养材料。芽在植株上的部位对茎尖培养的影响因不同的植物种类而异，不可一概而论，如月季等以枝条中间部位的芽成活率高。

（5）外植体的大小　培养茎尖材料过大，不利于丛生芽与不定芽的形成，另外，外植体越大也越容易污染。但外植体也不要太小，非常小的外植体其存活率很低。

（6）培养基　目前用于茎尖培养的基本培养基有 MS、B_5、White 等。培养基中 B 族维生素是维持植物快速生长所必要的成分，水解乳蛋白或水解酪蛋白有利于许多植物不定芽和不定胚的分化。培养基中生长素与细胞分裂素的比例影响器官发生的方向，植物种类不同、部位不同、所处季节不同，对于植物生长调节剂的反应也不一样。为了使茎尖顺利地发育成健壮完整的植株，重要的是生长调节剂的水平。一般应使用较高浓度的细胞分裂素和较低浓度的生长素，解除顶端优势的抑制作用，诱导产生丛生芽，生长素浓度过高容易产生愈伤组织。

（7）培养条件　在培养的起始期和茎芽的增殖期，光照可满足植物形态建成过程的需要。在生根阶段适当增加光照可使小植株具有进行光合作用的能力，由异养型过渡到自养型，并使植株坚韧，提高抗逆性，提高移栽成活率。

（二）茎尖分生组织培养

茎尖分生组织培养是切取大小 0.1~1.0 mm，带有 1~2 个叶原基的茎尖进行培养，目的是获得脱病毒植株。具体方法见单元六"植物脱毒技术"。

二、茎段培养

茎段培养是指对带有 1 个以上腋芽（或侧芽）或不带芽的茎切段进行离体培养的技术。茎段培养具有材料来源广、繁殖速度快、繁殖率高、变异性小和性状均一等优点，广泛应用于植物的离体快速繁殖。

（一）茎段培养的方法

1. 取材与消毒

选取生长健壮、无病虫害、正在生长的枝条。如果是木本植物，最好选取当年生的嫩枝或一年生枝条，去掉叶片，剪成 3~4 cm 的小段。顶部比基部切段成活率高，所以应优先利用顶部茎段，来源不足时，也可选用上部茎段。对于带有球茎或鳞茎等变态茎的球根类花卉的茎段培养，可用分球或鳞片进行离体培养。

2. 接种与培养

在无菌条件下,剪去消毒后茎段两端被消毒剂杀伤的部位,将茎段切成单芽小段,竖插到培养基上。若是鳞茎,将鳞茎切成小块,使每块小鳞片上都带有腋芽,然后接种到培养基上。

茎段培养的培养基和培养条件与普通茎尖培养相同。茎段接种后不久,腋芽开始生长,形成新梢或丛生芽。有时在切口处(特别是基部切口)会形成少量愈伤组织,进一步分化出现丛生芽。

(二)影响茎段培养的因素

影响茎段培养与影响茎尖培养的各种因素相同。这些因素中生长素和细胞分裂素的比例最为重要,不同植物茎段培养进行芽增殖或诱导愈伤组织时,培养基中添加的生长调节剂的种类和浓度也不尽相同。一般生长素水平高,茎段会形成较多愈伤组织;细胞分裂素水平高,增进芽发育,易形成丛生芽。

极性在不同的植物离体培养中有不同的反应。如将杜鹃茎切段的形态学下端竖插在培养基上,从远离基部的表面上诱导出茎芽的数目较多;而把唐菖蒲外植体的基部向上放置时,也可以产生茎,但数目较少;水仙花茎切段只有倒放在培养基上才有器官发生。

(三)茎段培养实例

以百合鳞茎培养为例介绍茎段培养方法:取健康的百合鳞片,先用洗涤剂清洗干净,再用70%乙醇浸润30 s,用无菌水冲洗1次,然后用0.1%氯化汞消毒30 min,最后用无菌水冲洗5~6次。将消毒后的鳞片切成小块,在无菌条件下接种于MS+6-BA 1.0 mg/L+NAA 0.1 mg/L诱导培养基上。培养温度为25 ℃左右,光照时间为10 h/d,光照度为1 000~1 500 lx。一般5~10 d于鳞片基部出现圆锥形白色小突起,15 d左右分化出绿叶和小鳞茎。将诱导出的小鳞茎转接到MS+6-BA 0.5 mg/L+NAA 0.5 mg/L继代培养基中,小鳞茎有所增殖,并抽出叶片,成为丛生幼苗。

第三节　叶　的　培　养

叶的培养是对叶片、叶柄、叶鞘、叶原基和子叶等叶组织进行的离体培养技术。非洲紫罗兰、秋海棠、香叶等许多植物的叶片具有很强的再生能力。叶片取材方便,数量多,常常作为离体培养的外植体。

叶片既是植物进行光合作用的营养器官,又是某些植物的繁殖器官,因此离体叶培养不仅可用于研究形态建成、光合作用、叶绿素形成等理论问题,而且还可利用离体叶组织建立快速无性繁殖系,提高某些不易繁殖植物的繁殖系数。此外,叶细胞培养物是良好的遗传诱变系统,经过自然变异或者人工诱变处理可筛选出突变体在育种实践中加以应用。

一、叶培养的方法

(一)取材与消毒

从生长健壮、无病虫害的植株上摘取幼嫩的叶片,用流水冲洗1~2 h,按常规方法消毒。

（二）接种与培养

将消毒后的叶片转入铺有滤纸的无菌培养皿内，用无菌滤纸吸干水分，然后用解剖刀切成 5 mm×5 mm 左右的小块，接种时以上表皮朝上或竖插在培养基内为宜。

叶培养常用的培养基有 MS、B_5、White、N_6 等。碳源一般使用蔗糖，质量分数为 3% 左右。添加椰子汁等有机物，有利于叶组织中的形态发生。叶组织一般在 25～28 ℃ 条件下培养，光照时间为 12～14 h/d，光照度为 1 500～2 000 lx，不定芽分化和生长期应将光照度增加到 3 000～10 000 lx。

（三）植株再生

1. 经由愈伤组织产生不定芽

经由愈伤组织产生不定芽是一种比较普遍的再生方式。叶组织先去分化形成愈伤组织。愈伤组织可以经 2 种方式形成不定芽。一种是一次诱导法，即利用一种培养基，先诱导产生愈伤组织，继续培养，进一步分化出不定芽。另一种是 2 次诱导法，即先在诱导培养基上诱导出愈伤组织，然后用分化培养基诱导出不定芽。

2. 外植体直接产生不定芽

当离体叶片切口处组织迅速愈合并产生瘤状突起，会进而产生大量的不定芽。离体叶面表皮下栅栏组织直接去分化，形成分生细胞进而分裂成分生细胞团时，也会产生不定芽。2 种情况中，一般都不形成愈伤组织。

3. 形成胚状体

叶片组织离体培养中胚状体的形成也很普遍。如在菊花叶片培养中，一般由愈伤组织产生胚状体居多，这类胚状体是由愈伤组织中的分生细胞先经过分裂形成胚性细胞团，胚性细胞团再进一步发育形成原胚、球形胚到鱼雷形胚。叶片栅栏细胞、表皮细胞和海绵细胞等经去分化后也能产生胚状体。

4. 形成小鳞茎或原球茎

离体培养水仙的鳞片直接或经愈伤组织再生出小鳞茎，而以兰科植物尚未展开幼叶的叶尖为外植体进行离体培养，可以得到愈伤组织和原球茎。小鳞茎或原球茎再经培养可发育成苗。

二、影响叶培养的因素

1. 植物生长调节剂

植物生长调节剂是影响叶培养的主要因素，培养时需要生长素和细胞分裂素的配合使用，以利于叶组织去分化和再分化。对大多数双子叶植物的叶来说，培养中细胞分裂素特别是 KT 和 6-BA 有利于芽的形成，而生长素，特别是 NAA 则抑制芽的形成而有利于根的发生，添加 2,4-D 有利于愈伤组织的形成。

2. 外植体

基因型不同的植物种类在叶组织培养特征上有一定的差异，同一个物种的不同品种间叶组培特性也不尽相同。一般发育早期的幼嫩叶片较成熟期叶片分化能力高，因此，通常幼叶较成熟叶容易培养，子叶较真叶容易培养。

3. 极性与损伤

极性也是影响某些植物叶组培的一个较为重要的因素。烟草一些品种离体叶片若将背叶面朝上放置时,就不生长、死亡或只形成愈伤组织而没有器官的分化。

对离体叶片进行的损伤有利于愈伤组织的形成。大量的叶片组织培养证明,大多数植物愈伤组织首先在切口处形成,或切口处直接产生芽苗的分化。但是,损伤引起的细胞分裂活动并非是诱导愈伤组织和器官发生的唯一动力。一些植物(如秋海棠)还可以从没有损伤的离体叶组织表面大量发生。

三、叶片培养实例

下面以长寿花幼嫩叶片为外植体,简述叶的培养过程:选取长寿花嫩叶,用70%乙醇处理10 s后,再用0.1%氯化汞浸泡5~6 min,无菌水冲洗5次。用刀片将长寿花叶片切成长、宽各约为5 mm的小块,接种到MS+6-BA 1.0 mg/L+2,4-D 1.0 mg/L诱导培养基上。培养条件为温度25 ℃,光照度1 000 lx,光照时间16 h/d。大约1个月后长出淡绿色的愈伤组织,转入MS+6-BA 1.0 mg/L+NAA 1.0 mg/L分化培养基上培养。1个月左右会分化形成丛生芽,切割丛生芽转移到MS+6-BA 1.0 mg/L+NAA 0.5 mg/ L继代培养基上培养,每隔25~30 d就继代1次。

第四节　花器和种子培养

一、花器培养

花器培养是指对整个花器及其组成部分如花托、花瓣、花柄、花丝等的离体培养技术。花器培养无论是在理论研究还是在生产应用中都有重要价值。通过离体培养花芽,有助于了解内外源激素在决定花芽性别中所起的作用,可以了解花器各部分在果实和种子发育过程中的作用。生产上还可用于快速繁殖苗木,加速珍稀品种繁殖和推广。

(一)培养方法

1. 取材与消毒

从健壮的植株上摘取未开放的花蕾,用流水冲洗干净,先用70%乙醇消毒10~15 s,再用饱和的漂白粉浸泡10~15 min,最后用无菌水冲洗3~4次。

2. 接种与培养

用整个花蕾培养时,只需将花梗插入培养基中即可。若用花器的某个部分,则分别取下,切成3 mm×5 mm的小块后接种。

花器培养常用的培养基有MS、B₅等,授粉的完整花器在一般培养基上就可发育成果实。未授粉的花器培养时往往需在培养基中加入适当的生长调节物质,诱导形成愈伤组织或胚状体,再分化培养成植株。

(二)花器培养实例

以菊花花托培养为例介绍花器官培养的方法。

从健壮的母株上摘取尚未开放的小花蕾,轻轻擦去萼片与花柄上的表皮毛,用流水冲洗30 min。用70%乙醇消毒20 s,再用饱和的漂白粉浸泡15 min,最后用无菌水冲洗3~4次。在无菌条件下,用镊子除去花蕾上的萼片、花瓣、雌蕊和雄蕊,切下花托接种到MS+6-BA 1.0 mg/L+

NAA 0.2 mg/L 的诱导培养基上,培养条件为温度 26 ℃左右,光照度 1 500 lx,光照时间 10 h/d。约 2 周后即可形成少量愈伤组织,1 个月后便分化出绿色芽点,茎叶逐渐展开长成大苗。

二、种子培养

种子培养是指对成熟或未成熟种子的离体培养技术。利用种子培养可使远缘杂交产生的杂种败育种子正常萌发产生第二代植株。种子培养具有操作方便、植株容易分化等优点,可以打破种子休眠,特别是缩短一些休眠期长的植物的生活周期。

(一)培养方法

1. 种子消毒

种子上有茸毛或蜡质,先用 95%乙醇或吐温处理,以利于消毒,壳厚难以萌发的种子要去壳。种皮厚的种子用 0.1%氯化汞消毒 10~20 min,幼嫩或发育不全的种子用 2%次氯酸钠消毒 10~15 min。

2. 接种与培养

将消毒后的种子均匀接种到培养基上,先暗培养,发芽后再转到光下培养。培养条件为温度 25 ℃左右,光照度 1 000~1 500 lx,光照时间 10 h/d。

种子因包含植物雏形,并有胚乳或子叶提供营养,很容易培养成功。如果种子培养是以促进种子萌发,形成无菌苗为目的,成熟种子所用培养基的成分可简单些,不加生长调节剂,而未成熟种子所用的培养基中应添加适当的生长素。如果种子培养的目的是形成愈伤组织或丛生芽,进一步再生植株,培养基中应提供营养物质,并添加不同种类和浓度的生长调节剂。种子培养对糖浓度要求较低,一般为 1%~3%。

(二)培养实例

选取饱满的长春花或薰衣草成熟种子,先用 70%乙醇浸泡 10 s,再用 2%次氯酸钠消毒 10~15 min,用无菌水漂洗 3 次,最后用无菌滤纸吸干种子表面水分。将消毒后的种子接种在 MS 或 1/2MS 培养基中,先进行暗培养,温度控制在 25 ℃左右。发芽后再转到光下培养。

延伸阅读:幼果培养

幼果培养是指对植物不同发育时期的幼小果实进行的离体培养技术。幼果培养主要用于进行果实发育、种子形成和发育等方面的研究。不同发育阶段的幼果经消毒、分割、接种等程序后,可发育成成熟果实、愈伤组织或不定芽。人们已从草莓、葡萄和越橘幼果培养中获得了成熟果实;从葡萄浆果培养中获得了愈伤组织,从朱顶红幼嫩蒴果培养中获得了再生植株。

技 能 训 练 4-1   离 体 根 培 养 技 术

一、训练目标

能以植物根为外植体诱导出愈伤组织。

二、材料用具

1. 材料与试剂

胡萝卜,无菌纸,MS 培养基和植物生长调节剂母液,70%乙醇,2%次氯酸钠,1 mol/L NaOH,1 mol/L HCl,0.05%甲苯胺蓝等。

2. 仪器与用具

超净工作台,高压灭菌锅,显微镜,解剖刀,刮皮刀,打孔器,镊子,烧杯,培养皿等。

三、训练操作规程

胡萝卜是组培中常用的材料,其离体根培养过程见表4-1。

表4-1　胡萝卜离体根培养流程及操作技术要点

操 作 流 程	操 作 技 术 要 点
实训准备	1. 配制 MS+2,4-D 10 mg/L +6-BA 2 mg/L 固体培养基,pH 5.8 2. 制备无菌水、无菌滤纸和无菌培养皿
选择外植体	选择新鲜健壮胡萝卜
外植体预处理	1. 用自来水将胡萝卜冲洗干净 2. 用刮皮刀除去 1~2 mm 表皮,横切成约 10 mm 厚的切片
接种环境消毒	提前 20 min 打开紫外线灯和风机开关
外植体消毒	1. 胡萝卜片经 70% 乙醇处理 30 s 后,用无菌水冲洗 1 次 2. 再用 2% 次氯酸钠浸泡 10 min,无菌水冲洗 3~4 次
工具消毒	打孔器、镊子、解剖刀等工具用酒精灯火焰消毒,冷却后再使用
切块	1. 将胡萝卜片放入培养皿中,一手用镊子固定胡萝卜片,另一手用打孔器垂直打孔。每个小孔打在靠近维管形成层的区域,务必打穿组织(图 4-3) 2. 从组织片中抽出打孔器,将胡萝卜组织片收集在装有无菌水的培养皿,重复打孔步骤,直至收集到足够数量的组织圆片 3. 用镊子取出组织圆片,放入培养皿中,用刀片将组织圆片切成长 2 mm 的小块,放入装有无菌水的培养皿中
接种	1. 将胡萝卜组织小块从水中取出,放到无菌滤纸上,吸干水分 2. 严格按照无菌操作要求,接种到培养基表面
培养	将一部分培养物置于温度 25 ℃ 进行暗培养,另一部分到光照培养室中培养
观察	培养约 1 周后,观察离体根生长情况。如表面开始变得粗糙,有许多光亮点出现,说明已开始形成愈伤组织
统计	统计污染数、愈伤组织形成数,计算污染率、愈伤组织形成率
继代培养	大约经 3 周后,将长大的愈伤组织切成小块转移到新的培养基上
镜检	用解剖针挑取一些愈伤组织细胞于载玻片上,用 0.05% 甲苯胺蓝染色后,在显微镜下观察愈伤组织细胞的特征

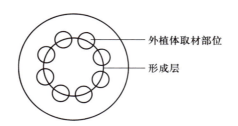

图 4-3　胡萝卜根取材部位(李浚明,朱登云,2005)

四、训练报告

1. 将胡萝卜根培养的实验结果填入表 4-2。

表 4-2　胡萝卜离体根培养实验结果

接种日期	观察日期	培养条件	接种材料数	污染材料数	污染率	愈伤组织形成数	愈伤组织形成率	愈伤组织生长状况

2. 将本次实训内容写成实训报告。

技能训练 4-2　茎段培养技术

一、训练目标

能以植物茎段外植体诱导腋芽萌发,并形成完整植株。

二、材料用具

1. 材料与试剂

月季嫩枝,MS 培养基和植物生长调节剂母液,1 mol/L NaOH,1 mol/L HCl,70%乙醇,0.1%氯化汞等。

2. 仪器与用具

超净工作台,高压灭菌锅,剪刀,长镊子,烧杯,培养皿,废液缸等。

三、训练操作规程(表 4-3)

表 4-3　茎段培养流程及操作技术要点

操作流程	操作技术要点
实训准备	1. 配制诱导培养基:MS+6-BA 0.5 mg/L+蔗糖 30 g/L,pH 5.8 2. 制备无菌水、无菌滤纸和无菌培养皿
选择外植体	选择优良健壮、无病虫害的月季枝条
外植体预处理	1. 剪取当年生带饱满而未萌发侧芽的枝条 2. 除去枝条上的叶片,剪成单芽茎段 3. 在洗洁精水中浸泡 30 min,然后用流水冲洗 4~6 h
接种环境消毒	提前 20 min 打开紫外线灯和风机开关
外植体消毒	1. 用 70%乙醇消毒 20~30 s,无菌水冲洗 1 次 2. 用 0.1%氯化汞消毒 10~15 min,再用无菌水冲洗 4~5 次
工具消毒	长镊子、剪刀等工具用酒精灯火焰消毒,冷却后使用
接种	1. 剪去茎段两端截面 2. 用剪刀将枝条剪成 1~2 cm 长、带 1 个芽的小段 3. 将茎段的形态学下端接种到芽诱导培养基表面(注意要将芽露出培养基表面)
初代培养	培养物置于温度 22~28 ℃培养室中,每天光照 12 h,光照度为 1 000~1 200 lx
继代培养	1. 配制继代培养基:MS+6-BA 1.0 mg/L+NAA 0.1 mg/L,pH 5.8 2. 当腋芽萌发并长至 1 cm 左右时,将腋芽切下转入继代培养基上培养,3~4 周后形成许多丛生芽
观察	观察月季茎段腋芽萌发、继代增殖、生根情况,统计污染率、腋芽萌发率、增殖系数、生根率等

四、训练报告

1. 将本次实验结果填入表4-4。

表4-4　月季茎段培养实验结果

接种日期	观察日期	培养阶段	培养条件	接种材料数	污染率	萌发率	增殖系数	生根率	苗健壮程度

2. 将本次实验内容写成实训报告。

技能训练4-3　叶片培养技术

一、训练目标

能以植物叶片为外植体诱导出愈伤组织。

二、材料用具

1. 材料与试剂

菊花幼嫩叶片,MS培养基和植物生长调节剂母液,1 mol/L NaOH,1 mol/L HCl,70%乙醇,0.1%氯化汞等。

2. 仪器与用具

超净工作台,高压灭菌锅,剪刀,长镊子,烧杯,培养皿,废液缸等。

三、训练操作规程(表4-5)

表4-5　菊花叶片培养流程及操作技术要点

操作流程	操作技术要点
实训准备	1. 配制诱导培养基:MS+6-BA 2.0 mg/L+NAA 0.2 mg/L+蔗糖 30 g/L,pH 5.8 2. 制备无菌水、无菌滤纸和无菌培养皿
选择外植体	摘取生长健壮、幼嫩的菊花叶片
外植体预处理	1. 用自来水冲洗材料 30 min 2. 用洗洁净水清洗材料,然后用自来水冲洗干净
接种环境消毒	提前 20 min 打开紫外线灯和风机开关
外植体消毒	1. 用灭过菌的纱布吸干材料表面水分,置于灭过菌的烧杯中 2. 用 70%乙醇浸泡 10 s,然后用无菌水冲洗 2~3 次 3. 用 0.1%氯化汞溶液浸泡材料 5 min,然后再用无菌水冲洗 4~5 次
接种	1. 取出材料,置于灭过菌的滤纸上,分别取叶边、叶尖、叶柄处,切成 1 cm² 的小片 2. 视三角瓶容量不同分别接种 4~6 块叶片
培养	培养温度白天为 22~28 ℃,夜间为 16~20 ℃,光照时间为 15 h/d,光照度为 2 000 lx
观察	观察菊花叶片愈伤组织形成情况

四、训练报告

1. 将本次实验结果填入表4-6。

表 4-6　菊花叶片培养实验结果

激素组合	培养条件	接种日期	观察日期	接种材料数	诱导率	污染率	愈伤组织生长情况

2. 将本次实验内容写成实训报告。

技能训练 4-4　花器培养技术

一、训练目标
会以植物花器为外植体进行组培快繁。

二、材料用具
1. 材料与试剂

菊花花蕾,MS 培养基和植物生长调节剂母液,1 mol/L NaOH,1 mol/L HCl,70%乙醇,0.1%氯化汞等。

2. 仪器与用具

超净工作台,高压灭菌锅,剪刀,长镊子,烧杯,培养皿,废液缸等。

三、训练操作规程
下面以菊花花瓣培养为例介绍花器培养过程(表 4-7)。

表 4-7　菊花花瓣培养流程及操作技术要点

操 作 流 程	操作技术要点
配制培养基	1. 配制诱导培养基:MS+6-BA 0.1 mg/L+蔗糖 30 g/L+琼脂 6 g/L,pH 5.6 2. 制备无菌水、无菌滤纸和无菌培养皿
选择外植体	1. 在取材前 2~3 周,把母株置于温室内培养 2. 剪下直径为 4~6 mm 的花蕾,用流水冲洗干净
接种环境消毒	提前 20 min 打开紫外线灯和风机开关
外植体消毒	1. 用 70%乙醇消毒 20~30 s,无菌水冲洗 1 次 2. 用 0.1%氯化汞消毒 10~15 min,再用无菌水冲洗 4~5 次
工具消毒	长镊子、剪刀等工具用酒精灯火焰消毒,冷却后使用
接种	将已经消毒后的花蕾纵切成大致相等的 4~6 小块,然后接种到诱导培养基上
初代培养	培养条件:温度 24~26 ℃,光照时间 10~15 h/d,光照度 1 500~2 000 lx,经过 15~20 d 的培养,外植体就会形成愈伤组织
继代培养	1. 配制继代培养基:MS+6-BA 0.1 mg/L+蔗糖 30 g/L+琼脂 6 g/L,pH 5.6 2. 待愈伤组织分化出较多的丛生芽后,将其分割成数块进行继代培养

四、训练报告
1. 观察记录花蕾生长情况,将结果填入表 4-8。

表 4-8 菊花花瓣培养实验结果

接种日期	观察日期	培养阶段	培养条件	接种材料数	污染率	萌发率	增殖系数	生根率	苗健壮程度

2. 根据相关数据,将该实训项目整理成报告。

技能训练 4-5 种子培养技术

一、训练目标
会以植物种子诱导出组培苗。

二、材料用具

1. 材料与试剂

蝴蝶兰果荚,MS 培养基和植物生长调节剂母液,1 mol/L NaOH,1 mol/L HCl,70%乙醇,10%次氯酸钠,Tween-20 等。

2. 仪器与用具

超净工作台,高压灭菌锅,剪刀,长镊子,烧杯,培养皿,废液缸等。

三、训练操作规程

下面以蝴蝶兰种子培养为例介绍种子培养过程(表 4-9)。

表 4-9 蝴蝶兰种子培养流程及操作技术要点

操作流程	操作技术要点
配制培养基	1. 配制诱导培养基:MS+6-BA 0.5 mg/L+NAA 0.1 mg/L,pH 5.8 2. 制备无菌水、无菌滤纸和无菌培养皿
选择外植体	采取授粉后 150 d 的蝴蝶兰果荚,此时表面刚刚变黄(采收时间过早,胚发育不完全,发芽率低;采收时间过晚,果荚破裂,消毒处理困难)
外植体消毒	1. 用自来水将果荚冲洗干净,先用 70%乙醇擦拭果荚表面及沟纹 2. 将整个果荚放入 10%次氯酸钠溶液中,加数滴 Tween-20,充分振荡混匀,消毒 15 min 3. 用无菌水冲洗果荚 3~4 次
接种	1. 将消毒好的果荚放在有滤纸覆盖的培养皿中,用解剖刀切去果荚顶端,再开果皮,使种子暴露出来 2. 用解剖刀将种子均匀播在种子萌发培养基上
初代培养	无菌播种后的培养瓶置于温度 23~25 ℃,光照度 1 000~1 500 lx,光照时间 10 h/d 的培养室中培养 播种后 7~14 d,种子吸水膨胀萌发,长出淡黄色原球茎。30 d 后顶端分生组织突出,原球茎逐渐变成绿色
继代培养	将分化的原球茎转入继代培养基中,即可扩大繁殖

四、训练报告

观察种子的生长情况,记录材料生长、分化及污染情况。

延伸阅读:兰花种子及处理方法

兰科植物的种子极小,每个蒴果可产生 1 万~100 万粒种子。兰科植物的果实成熟时,种子并没有成熟,绝大多数的种子不具有子叶和胚乳,其幼胚小,发育不健全,在自然条件下极难萌发。

蝴蝶兰、卡特兰、石斛兰、大花蕙兰等热带兰种子可直接消毒,但春兰、建兰、蕙兰等中国兰的种子透水能力差,接种后一般不能萌发。在消毒前应先用 0.1 mol/L KOH 溶液浸泡种子 10 min,使处理后的种皮被腐蚀,但不可伤害胚,在显微镜下可见种皮已形成大小不同的孔洞。然后将种子进行表面消毒,用无菌水冲洗 3~4 次,再接种到培养基上。这样可使半数以上种子萌发成苗。

【单元技能考核建议】

由于器官培养周期较长,本单元技能训练建议采取项目教学法。项目可以是生产性的或科研性的,学生也可根据兴趣自主选择。训练时可充分利用第二课堂,最大限度地拓展训练时间和空间,达到强化技能训练的目的。

考核时注重过程考核、动态考核、跟踪考核,做到定性与定量考核相结合。考核的重点是项目方案的科学性、可行性,外植体选择与处理,培养基的选择与制备,外植体的消毒与接种,材料培养与观察以及培养结果。本单元技能考核方案见表 4-10。

表 4-10   单元四技能考核方案

考核项目	考核标准	考核方式
训练态度	训练前准备充分;有团队协作和创新意识;训练中积极主动,操作认真;经常主动观察实验结果;训练后及时总结,撰写训练报告	随机观察
方案设计	项目方案科学合理,可操作性强;经济价值高	批阅方案
制备培养基	培养基和生长调节剂适宜,配制正确,灭菌彻底	现场操作
外植体选择	取材季节适宜,类型正确;处理方法适当;来源广泛	现场操作
外植体消毒	消毒种类和消毒时间适宜,消毒效果好	现场操作
接种	无菌意识强;操作规范、熟练,效率高	现场操作
培养管理	培养条件适当;认真细心观察,及时发现异常现象	检查记录
培养结果	能诱导出愈伤组织,建立起无性繁殖系	现场调查
训练报告	结果翔实,记录全面;正确分析实验结果	批阅报告

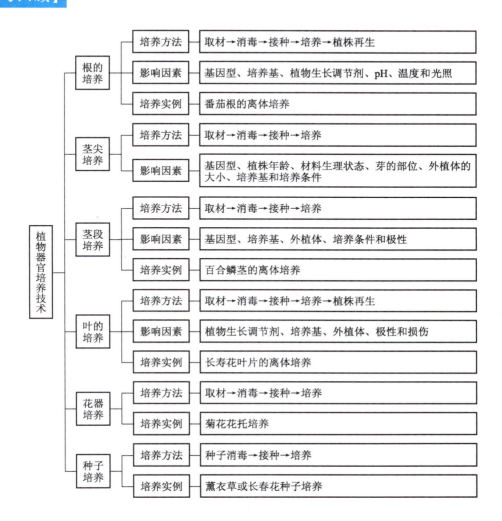

1. 解释名词：器官培养　茎尖培养　花器培养
2. 器官培养包括哪些类型？各有何意义？
3. 如何进行根的离体培养？影响根培养的因素有哪些？
4. 茎尖与茎段培养有什么主要区别？
5. 影响叶片培养的因素和再生途径有哪些？
6. 花器培养和种子培养有何意义？

单元五　植物组织培养快繁技术

植物组培快繁又称为植物微繁或植物离体繁殖,是指对外植体进行离体培养,短期内获得大量遗传性一致的再生植株的方法。植物组培快繁具有繁殖效率高、培养条件可控性强、占用空间小、管理方便等优点。

第一节　植物组织培养快繁流程

一、植物组培快繁技术一般程序

植物组培快繁技术的一般操作流程如图 5-1 所示。

二、初代培养

初代培养

初代培养是接种某种外植体后,最初的培养过程。这个阶段的任务是外植体的选取、无菌培养物的获得及外植体的启动生长,是组培快繁过程中较为困难的阶段。

(一) 无菌培养体系的建立

1. 外植体的选择

用来进行繁殖的材料,要选择品质好,产量高,

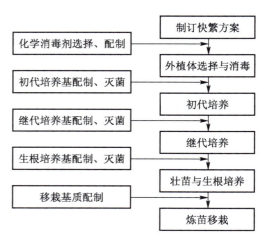

化学消毒剂选择、配制　→　制订快繁方案
　　　　　　　　　　　↓
　　　　　　　　　外植体选择与消毒
初代培养基配制、灭菌　　↓
　　　　　　　　　　初代培养
继代培养基配制、灭菌　　↓
　　　　　　　　　　继代培养
生根培养基配制、灭菌　　↓
　　　　　　　　壮苗与生根培养
移栽基质配制　　　　　↓
　　　　　　　　　　炼苗移栽

图 5-1　植物组培快繁一般程序

抗、耐病毒性好的品种,其母株应选择性状稳定、生长健壮、无病虫害的成年植株。通常木本植物、较大的草本植物多采用带芽茎段、顶芽或腋芽作为快繁的外植体;易繁殖、矮小或具有短缩茎的草本植物则多采用叶片、叶柄、花茎、花瓣等作为快繁的外植体。

2. 培养基

初代培养时常用诱导或分化培养基,培养基中的生长素和细胞分裂素的配比和浓度最为重要,如刺激腋芽或顶芽生长时,细胞分裂素的适宜质量浓度是 0.5~1.0 mg/L,生长素的适宜浓度为 0.01~0.1 mg/L;诱导不定芽时,需要较高浓度的细胞分裂素;诱导愈伤组织形成,增加生长素的浓度并补充一定浓度的细胞分裂素是十分必要的。

3. 外植体的消毒与接种

外植体的消毒与接种方法参照单元三。

(二)植株再生途径

植物种类、外植体类型及培养基组成等都影响培养材料的生长、分化和再生过程,从而导致植株再生途径有很大的差异。根据再生途径的不同,可分为无菌短枝型、丛生芽增殖型、器官发生型、原球茎发生型、胚状体发生型 5 种再生类型(图 5-2)。

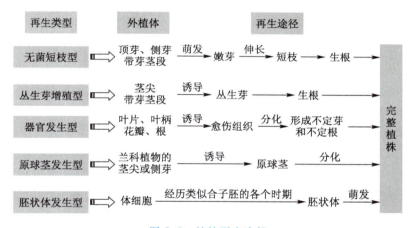

图 5-2　植株再生途径

1. 无菌短枝型

顶芽、带芽茎段在适宜的培养基上伸长生长,形成无菌短枝,将短枝切段进行增殖,从而迅速获得大量的组培苗,这种繁殖方式也称作微型扦插。葡萄、枣、马铃薯、甘薯、月季、香石竹和菊花等顶端优势明显或枝条生长迅速的植物常通过这种方式形成再生植物(图 5-3)。该方式不需要诱导发生愈伤组织而再生,培养过程简单,遗传稳定性高,成苗快。

2. 丛生芽增殖型

将茎尖、带芽茎段接种到适宜的培养基上诱导,可使芽不断萌发、生长,形成丛生芽状。将丛生苗分割成单芽增殖成新的丛生芽,如此重复增殖培养,可实现快速、大量繁殖的目的,将单个芽转入生根培养基中,培养成再生植株(图 5-4)。这种发生类型从芽繁殖到芽,遗传性状稳定,繁殖速度快。

3. 器官发生型

器官发生型即叶片、叶柄、花瓣、根等外植体在适宜培养基和培养条件下,经过去分化形成愈伤组织,然后经过再分化诱导愈伤组织产生不定芽,或外植体不形成愈伤组织而从表面直接形成不定芽,将芽苗转移到生根培养基中,经培养获得完整植株的繁殖方法。

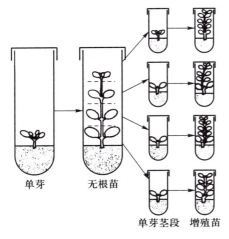

图 5-3 无菌短枝型繁殖示意图

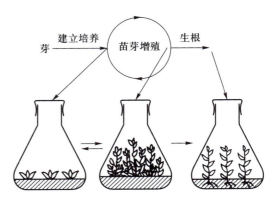

图 5-4 丛生芽增殖繁殖示意图

4. 原球茎发生型

兰科植物的茎尖或侧芽外植体经培养产生原球茎(扁球状体、基部生假根)的繁殖类型为原球茎发生型。原球茎呈珠粒状,是由胚性细胞组成的类似嫩茎的器官,它可以增殖,形成原球茎丛。切割原球茎可以进行增殖,或停止切割使其继续培养而转绿,产生毛状假根,叶原基发育成幼叶,将其转移培养生根,形成完整植株。

5. 胚状体发生型

外植体在适宜培养基中,经诱导产生体细胞胚的繁殖方法为胚状体发生型。体细胞胚类似于合子胚但又有所不同,它也通过球形、心形、鱼雷形和子叶形的胚胎发育过程,最终发育成小苗。胚状体可以从愈伤组织表面产生,也可从外植体表面已分化的细胞中产生,或从悬浮培养的细胞中产生。胚状体是具有双极性的结构,可以一次成苗。

三、继代培养

通过初代培养所获得的无菌苗、不定芽、胚状体或原球茎等无菌材料称为中间繁殖体,由于中间繁殖体的数量有限,所以还需要将它们切割、分离后转移到新的培养基上进行增殖,这个过程称为继代培养。

继代培养

继代培养是继初代培养之后连续数代的扩繁培养过程,其目的是扩繁中间繁殖体的数量,以迅速得到大量组培苗,所以又称为增殖培养。该过程是植物组培快繁中决定繁殖系数高低的关键阶段。

继代培养使用的培养基对于同种植物来说几乎每次都相同,由于培养物在接近最良好的环境条件、营养供应和激素调控下,排除了其他生物的竞争,所以能够按几何级数增殖。影响组培苗增殖的因素如下。

1. 植物材料

不同种类植物,同种植物不同品种,同一植物不同器官和不同部位继代繁殖能力不相同。一般是草本植物>木本植物,被子植物>裸子植物,年幼材料>老年材料,刚分离组织>已继代的组织,胚>营养体组织,芽>胚状体>愈伤组织。

2. 培养基及培养条件

培养基及培养条件适当与否对能否继代培养影响很大,应常调整培养基和培养条件来保持继代培养。胡霓云等报道,在 MS 培养基中初次培养的桃茎尖,若转入同样的 MS 培养基则生长不良,而转入降低 NH_4^+-N 和 Ca 含量,增加 NO_3^--N、Mg 和 P 含量的培养基中则能继代繁殖。例如百合培养时,白天温度较高,夜间温度较低,芽的增殖比恒温条件下快。但要考虑植物本身最适宜的生长温度范围。

3. 驯化现象

在植物组培的早期研究中,发现一些植物的组织经长期继代培养后发生一些变化。在开始的继代培养中需要生长调节物质的植物材料,其后加入少量或不必加入生长调节物质就可以生长,此现象就称为"驯化"。如在胡萝卜薄壁组织初代培养中加入 IAA,才能达到最大生长量,但经多次继代培养后,在不加 IAA 的培养基上也可达到同样生长量。

并不是出现驯化现象就好,有时长期的"驯化"会得到适得其反的结果,如卡德利亚兰实生苗在长期加香蕉的培养基中继代培养,最后造成只长芽不长根,芽的增长倍数很高,但芽又细又弱,这时在加入生长素的培养基中培养,几次继代培养可长出较多的根。

4. 形态发生能力的保持和丧失

在长时期的继代培养中,材料内部会发生一系列的生理变化,除了驯化现象外,还会出现形态发生能力的丧失。不同的植物其保持再生能力的时间是不同的,而且差异很大。以腋芽或不定芽增殖继代的植物,在培养许多代之后仍然保持着旺盛的增殖能力,一般较少出现再生能力丧失问题。

5. 继代培养次数

关于继代培养次数对繁殖率影响的报道不一。有的材料长期继代培养可保持原来的再生能力和增殖率,如葡萄、黑穗醋栗、月季和倒挂金钟等。有的经过一定时间继代培养后才有分化再生能力。潘景丽等进行沙枣愈伤组织继代培养 6 次后才分化苗,保持 2 年,仍具有分化能力。有的随继代培养时间加长分化再生繁殖能力降低,如杜鹃茎尖外植体,通过连续继代培养,产生小枝数量开始增加,但在第 4 或第 5 代则下降,虽可用光照处理或在培养基中提高生长素浓度,以减慢下降,但无法阻止下降,因此最终必须进行材料的更换。

6. 继代周期

对一些生长速度快的种类,如马铃薯、甘薯、非洲紫罗兰等植物,继代培养时间比较短。而对生长速度比较慢的种类,如非洲菊、红掌、兰花等,继代培养时间就要长一些。继代培养时间也不是一成不变的,要根据培养目的、环境条件及所使用的培养基配方进行综合分析。

四、壮苗与生根培养

当组培苗增殖到一定数量后,就要使部分苗分流。诱导芽、嫩梢、原球茎生根,从而进入生根阶段。若不能将培养物大量转移到生根培养基上,会使久不转移的苗发黄老化,或因过分拥挤而致使无效苗增多,造成材料浪费,以致带来经济损失。

(一)壮苗培养

在继代培养过程中,细胞分裂素浓度的增加有助于增殖系数的提高。但伴随着增殖系数的提高,增殖的芽往往出现生长势减弱,不定芽短小、细弱,生根困难,有时即使能够生根,移栽后成活率也不高。因此对于继代增殖生产的一些弱苗必须经过壮苗培养。常用的壮苗措施有以下几种。

1. 调整植物生长调节剂的种类及浓度

在继代培养中,为了提高芽的增殖率,细胞分裂素是需要添加的重要植物生长调节剂。在一定浓度范围内,培养基中添加的细胞分裂素浓度越高,芽的分化速度就越快,芽就越小,生长受到抑制,芽不能伸长,达不到诱导生根的条件。所以在诱导生根之前,要适当降低细胞分裂素的浓度,相对提高生长素的浓度,或者添加少量的赤霉素,进一步促进芽的伸长和生长。

使用多效唑(PP_{333})可以促进组培苗的健壮生长。当组培苗生长细弱时,可以在培养基中添加 0.5~1 mg/L 的 PP_{333},使组培苗生长矮壮。如王玉英等在冬枣组培苗出现节间伸长、茎秆细弱、叶片少而小时,在培养基中加入 1 mg/L 的 PP_{333},培养 3 周后节间变短,茎变粗,叶片大而绿。将这样的芽剪取后转接到生根培养基中培养,3 周后可分化出 2~3 条根,苗生长也很健壮。

2. 改善培养条件和培养方式

组培苗所处的环境是高温、高湿、低光照,组培苗容易徒长,不利于形成壮苗。所以可适当降低培养温度到 20~25 ℃,光照度增加到 3 000 lx 以上,以增加光合产物的积累,减少呼吸作用的消耗,从而达到壮苗的目的。

采用固体(琼脂)培养基诱导生根,存在的较大问题就是培养基环境的气体状况,若组培苗所处的培养基比较致密,则很难诱导生根。王玉英等在使用浅层液体培养基代替固体培养基诱导火鹤组培苗生根的实验中发现,利用浅层液体培养的芽丛,2 周后芽明显长大,茎伸长变粗,节间伸长,叶片增大近 5~8 倍,而且叶柄也伸长。待培养 2 周后,每个芽丛平均能产生 4~6 棵粗壮的苗,生长整齐。

(二) 生根培养

1. 试管内生根

试管内生根是将成丛的组培苗分离成单苗,转接到生根培养基上,在培养容器内诱导生根的方法。植物离体培养根的发生都来自不定根。根原基的形成和生长素有关,根原基的伸长和生长则可以在没有外源生长素的条件下实现。一般从诱导至开始出现不定根的时间,快的只需 3~4 d,慢的则要 3~4 周。

组培苗生根的优劣主要体现在根系质量(粗度、长度)和根系数量(条数)2 个方面。不仅要求不定根比较粗壮,更重要的是要有较多的毛细根,以扩大根系的吸收面积,增强根系的吸收能力,提高移栽成活率。优质根的标准是具有 3~5 条主根,在前端有侧根和须根,根比较细,根的数量适当。根系的长度不宜太长,在粗而少与细而多之间,后者相对较好。

2. 试管外生根

有些植物在试管中难以生根,或有根但与茎的维管束不相通,或根与茎联系差,或有根而无根毛,或吸收功能极弱,移栽后成活率低,这就需要采取试管外生根法。试管外生根是将已经完成壮苗培养的小苗,用一定浓度的生长素或生根粉浸蘸处理,然后栽入疏松透气的基质中。大花蕙兰、非洲菊、苹果、猕猴桃、葡萄和毛白杨等均有试管外生根成功的报道。试管外生根也是一种降低生产成本的有效措施,不仅可以减少无菌操作的工时消耗,而且减少了培养基制备材料与能源消耗。

（三）影响组培苗生根的因素

1. 植物材料

不同植物、不同基因型、同一植株不同部位和不同年龄对分化生根都有重要的影响。一般来说，木本植物比草本植物难，成年树比幼年树难，乔木比灌木难。

2. 培养基

（1）基本培养基　一般情况下矿质元素浓度较高时有利于茎、叶生长，较低时有利于生根，且根多而粗壮，发根也快，加铁盐则更好。生根培养可使用 1/2MS 或 1/3MS 培养基。生根培养时通常使用的糖类是蔗糖，其浓度多数采用低质量分数，一般为 1%～3%。如桉树的不定枝生根培养基最适蔗糖质量分数为 0.25%，马铃薯为 1%。

（2）培养基的 pH　组培苗的生根，也要求一定的 pH 范围，一般为 5.0～6.0。据报道，pH 显著影响胡萝卜幼苗侧根的形成，pH 为 3.8 时，侧根原基为 60 条/cm²，pH 为 5.8 时则降为 18 条/cm²。水稻离体种子根生长，随 pH 由 3.3 升高至 5.8 而加快。

3. 植物生长调节剂

对于大多数物种来说，诱导生根需要有适当的生长素，大多以 IBA、IAA、NAA 单独使用或配合使用，或与低浓度 KT 配合使用。其中最常用的是 NAA 和 IBA，质量浓度一般为 0.1～10.0 mg/L。唐菖蒲、水仙和草莓等组培苗很容易在无生长素的培养基上生根。

通常的使用方法是将植物生长调节剂预先加入培养基中，然后再接种组培苗诱导生根。近年来为促进组培苗生根，改变了这种做法，将需生根材料先在一定浓度植物生长调节剂中浸泡或培养一定时间，然后转入无植物生长调节剂的培养基中培养，能显著提高生根率。如将栗的新梢基部 1 cm 处在质量浓度为 1.0 mg/L 的 IBA 溶液中浸泡 2 min，然后转入 1/2 硝酸盐的 MS 培养基上，可使生根率高达 90%，平均每茎生根数为 12.3 条。再如将桃新梢浸入质量浓度为 10 mg/L 的 IBA 溶液中 2 h 后，再转入除去激素、蔗糖和水解乳蛋白的 1/2MS 培养基上，可诱导生根。

4. 继代培养

许多作者报道，新梢生根能力随继代培养时间增长而增加。如杜鹃茎尖培养，随培养次数的增加，小插条生根数量逐渐增加，第 4 代最高，最后达百分之百生根。

5. 培养条件

（1）光照　光照度和光照时长对生根的影响十分复杂，结果不一。一般认为生根不需要光照。如胡霓云等发现，毛樱桃新梢转入 1/2LS 附加 0.1 mg/L NAA 培养基中经 12 d 暗培养，比不经暗处理的生根率增加 20%。据报道 4 个苹果品种，叶、节间、根诱导愈伤组织后，转入生根培养，加入 NAA，在黑暗中培养，愈伤组织再生出不定根。

（2）温度　组培苗在试管内生根，或在试管外生根，适宜温度一般为 16～25 ℃，过高或过低均不利于生根。不同植物最适生根温度不同。据报道，草莓继代培养芽的再生温度为 32 ℃，最适生根温度为 28 ℃，16 ℃时根长增加 5～8 mm，根数为 5 条，而 28 ℃时根长可增加 11 mm，产生 19 条根。

五、炼苗移栽

离体繁殖的组培苗能否大量应用于生产，特别是木本植物、名贵花卉能不能取得好的经济效益，取决于最后一关，即组培苗能否有高的移栽成活率。

（一）组培苗的培养环境及特点

1. 组培苗的培养环境

组培苗长期生长在较为密闭的培养器皿中,与外界环境隔离,形成了一个独特的生态系统（表5-1）。

表5-1　组培苗培养环境与自然环境的比较

条　　件	组培苗培养环境	自　然　环　境
温度	恒温,温差小	不稳定,温差大
湿度	高湿（接近于100%）,稳定	低湿,变化大
气体	有害气体含量高	各种气体成分较稳定
光照	弱光	强光
菌态	无菌	有菌

2. 组培苗的特点

组培苗具有以下特点：① 生长细弱。② 叶表面角质层不发达。③ 光合作用能力较差。④ 叶片气孔数目少,活性差。⑤ 根的吸收功能弱。

（二）炼苗

在移植之前,通过增强光照和改变空气湿度等措施,对组培苗进行提高其适应能力的锻炼,使植株生长粗壮,并慢慢适应外界环境,这个过程称为驯化或炼苗。

将生根状态理想的组培苗连同培养瓶从培养室取出,置于炼苗温室或大棚中,在自然光照下进行适应性锻炼10~20 d,再逐渐打开瓶口适应外界大气环境2~3 d,使瓶中空气湿度降低,通气加强,该步骤简称为"瓶炼"。经过该阶段就可以进行组培苗的移栽。

（三）移栽

1. 基质选择

应选择具备透气性、保湿性和一定肥力的基质,且容易灭菌处理,不利于杂菌滋生。一般可选用珍珠岩、蛭石、沙子等,配合一定比例的泥炭或腐殖土。珍珠岩、蛭石、泥炭或腐殖土比例为1∶1∶0.5。沙子与泥炭或腐殖土比例为1∶1。基质在使用前应高压灭菌或熏蒸消毒。

2. 容器选择

（1）育苗盘　用育苗盘进行组培苗移栽,可以节省空间,省基质,但需再次移苗。

（2）塑料钵　用塑料钵进行组培苗移栽,占地大,耗用基质多,但幼苗不用再次移栽。塑料钵有8 cm×8 cm和10 cm×10 cm等规格。

3. 移栽方法

组培苗瓶炼后,从瓶中小心取出,在20 ℃左右的温水中浸泡10 min,换水2次,以便将黏附于组培苗根部的培养基清洗干净;然后迅速栽在装有已经消毒处理的基质的容器中。栽植的过程中,要尽量舒展组培苗的根系,深度以叶片不接触基质为宜。若选择平底穴盘栽植,则组培苗株距以苗不能相互接触为宜,行距为株距的2~3倍。如果选择有孔穴盘或塑料钵栽植,则每穴或每钵种植一棵,于中心的位置先挖一小穴,种植后轻轻压实,喷淋透水;最后放在干净、排水良好的温室或塑料保温棚中,空气湿度在90%以上。

4. 移栽后的管理

（1）保持水分供需平衡　在移栽后5~7 d内,应给予较高的空气湿度条件,可采取浇水、喷雾、搭设小拱棚等措施。5~7 d 后,发现小苗有生长趋势,可逐渐降低湿度,使小苗适应湿度较小的条件。

（2）防止菌类滋生　移栽后每隔 7~10 d 喷一次 800~1 000 倍多菌灵或甲基托布津溶液。

（3）提供适宜的环境条件　适宜的生根温度是 18~20 ℃,冬春季地温较低时,可用电热线来加温。在光照管理的初期可用较弱的光照,如在小拱棚上加盖遮阳网或报纸等。当植株有新的生长时,逐渐加强光照,后期可直接利用自然光照。

（4）保持基质的通气性　要选择适当的颗粒状基质。在管理过程中不要浇水过多,过多的水应迅速沥除,以利根系呼吸,以防烂苗。

（5）给予合理的养分管理　喷水时可加入 0.1% 的尿素,或用 1/2MS 大量元素的水溶液作追肥,可加快苗的生长与成活。

第二节　植物组织培养快繁实验方案的设计与实施

一、常用的实验方法

在植物的组培快繁过程中,为使培养物向预先设计的方向发展,必须寻找最适宜的培养基配方及培养条件。组培中设计的培养基成分、培养条件等可变因素很多,各因素间又互相影响,因此采用科学的实验方法,对实验结果合理分析,会取得事半功倍的效果。

（一）单因子试验

单因子试验就是试验过程中,只有一个因素在变动而其他因素不变,从而找出变动因素对培养材料的影响。例如某一培养基其他成分不变,只变动 NAA 浓度,分别测试在 0、0.1 mg/L、0.5 mg/L、1.0 mg/L 4 个水平下 NAA 对某一培养物生根的影响。单因子试验除了要研究的那一个变量外,其余各方面都应尽量相同或尽可能接近,一般用于其他因素都已确定的情况下,对某个因子进行比较精细的选择。

（二）双因子试验

双因子试验就是试验过程中其他因素不变,比较 2 个因素的不同水平变动对培养材料的影响。例如考察 6-BA、NAA 不同浓度间的配比对菊花花瓣的培养效果,通过对 6-BA、NAA 的不同浓度进行如表 5-2 设计,安排了 16 组试验,从而选出试验结果中的最佳浓度组合,如果仍不满意可以扩大浓度梯度和组合数,继而选出最佳浓度组合。

表 5-2　6-BA、NAA 浓度的试验组合

NAA/(mg·L^{-1})	6-BA/(mg·L^{-1})			
	0	0.5	1.0	1.5
0	1	2	3	4
1.0	5	6	7	8
1.5	9	10	11	12
2.0	13	14	15	16

注:表中数据 1~16 为试验序号。

（三）正交试验

植物组培研究中，经常探讨各种因素的最佳组合，采用正交试验，可以对各因素进行分析，每一种因素所起的作用又能够准确地表现出来，能快速地从众多因素中选出主要影响因素及最佳水平，这是因为它可以用较少的实验次数（部分实施试验）得到较多的信息。

在进行 4 个因子，3 种水平的试验时（表 5-3），采取正交试验设计只需做 9 次不同搭配的试验，其结果相当于做了 81 次搭配的试验（表 5-4）。例如考察培养基、6-BA、NAA、GA₃ 这 4 种因素对驱蚊草培养的影响，所采用的正交试验设计。正交试验设计结果的分析及更多的正交试验设计表，请参阅生物统计方面的相关书籍。

表 5-3　L₉(3⁴)正交试验设计　　　　　　　　　　单位：mg/L

水　平	培　养　基	6-BA	NAA	GA₃
1	MS	0.4	0.1	0.3
2	B₅	1.2	0.2	1.1
3	White	2.0	0.3	1.9

表 5-4　L₉(3⁴)正交试验搭配组合　　　　　　　　　单位：mg/L

处　理	因　素			
	培　养　基	6-BA	NAA	GA₃
1	1(MS)	1(0.4)	1(0.1)	1(0.3)
2	1(MS)	2(1.2)	2(0.2)	2(1.1)
3	1(MS)	3(2.0)	3(0.3)	3(1.9)
4	2(B₅)	1(0.4)	2(0.2)	3(1.9)
5	2(B₅)	2(1.2)	3(0.3)	1(0.3)
6	2(B₅)	3(2.0)	1(0.1)	2(1.1)
7	3(White)	1(0.4)	3(0.3)	2(1.1)
8	3(White)	2(1.2)	1(0.1)	3(1.9)
9	3(White)	3(2.0)	2(0.2)	1(0.3)

（四）逐步添加或排除实验

实验研究过程中，在没有取得可靠数据之前，往往需要添加一些有机营养成分，而在取得了稳定的成功结果之后，就可以逐步减少这些成分。逐步添加是为了使实验成功，逐步减少是为了缩小范围，以便找到最有影响力的因子，或是为了生产上使培养基简化，以降低成本和利于推广。在寻求最佳生长调节剂配比时，也经常用到这种逐步添加和减少的方法。

二、实验方案的设计

（一）收集资料

了解即将进行组培植物的名称、生物学习性等，然后查阅该植物组培方面相关的文献，进行综合分析。如果该种植物的文献数量不多或查不到，表明这种植物还不被人重视，或组培成功的难度很大，应扩大文献检索范围，查阅与之相近的、同一个属内其他种植物组培文献。

此外，还可以咨询一些从事组培的专家或走访有关的组培实验室和组培工厂，获取相关的技术信息。

（二）实验方案的设计

分析收集到的相关资料,根据实验条件和实验要求,灵活运用实验方法,设计具体的实验方案,设计时应注意以下问题。

1. 外植体

实验方案中必须明确外植体的类型、取材季节及预处理方式,外植体消毒时所用消毒剂的浓度及消毒时间。

2. 培养基

（1）基本培养基　在已获得成功的离体培养植物中,多以 MS 为基本培养基。因此在一般的培养中可先试用 MS 培养基,如发现有不利影响,或培养效果不够理想,可对基本培养基加以改进。首先可改变 MS 培养基的浓度,如 1/2MS。其次可选择在配料成分上与 MS 培养基有显著不同的 B_5、White、Nitsch 等培养基。取得稳定的分化增殖后,微量元素可减少或不用。

（2）植物生长调节剂种类及配比　在选定或暂时认定某一基本培养基后（或同时）,通常要考虑植物生长调节剂的种类和浓度。细胞分裂素可选择 6-BA、KT、ZT、2-iP 等,生长素可选择 NAA、IBA、IAA、2,4-D 等。6-BA 2.0 mg/L+NAA 0.1~0.2 mg/L 这种组合已使比较容易再生的上百种植物顺利分化和增殖,首次实验可以试用。培养一段时间后,可根据大多数培养物及其中少数组织块的表现,调整生长调节剂的配比。但所有实验应在相同的培养基上重复使用 2~3 次,以确定其效果。

（3）糖及有机物质　对大多数植物来说,适宜的糖质量浓度为 20~30 g/L,少数达到 40 g/L。花药培养时质量浓度达 70~150 g/L。最佳糖浓度可采用单因子试验,或结合生长调节剂的选择采用正交试验来确定。

培养基中的有机成分变化最大,不必拘泥于某一配方的要求。一些有机附加物是植物生长分化所必需的,离体培养时合成较少或不能合成,在培养基中必须加入,即使很少也将对培养是否成功起到关键作用。所以在遇到难分化的材料时,常常是增加培养基的复杂性,添加各种可能有希望的营养成分或生理活性物质,在培养成功后再逐渐减去,以确定这些成分是否真正起到促进作用。

（4）pH　培养基 pH 一般调整为 5.6~6.2,特殊植物如杜鹃、枣树可以稍低或稍高,但一般不会超出 5.0~7.0 的范围。

3. 培养条件

如没有专门的设备,对光照和温度的要求不必过细。先进行光培养与暗培养的实验,然后选择光照周期。光照时间一般为 8~16 h/d,光照度一般选择在 1 000~3 000 lx。

延伸阅读：实验对照与重复

生物学实验不同于物理学或化学实验,在生物学实验中必须设置对照,实验可以有一组或几组,随实验的复杂性增加,对照也可能有一组以上。要求对照组与实验组中的实验个体,即植物组织块或其他培养物,必须在遗传性、生理状态、前培养条件等方面,尽可能保持一致,以保证实验结果是来源于实验因子,而不是由于实验材料不一致导致的。实验中各处理一般都要设有一定的重复,以取得可靠的实验结果。随实验规模和要求不同,大多每个项目要有 4~10 瓶,每瓶至少有 3 块培养物或 3 株小幼苗。

三、实验的实施

（一）预备实验

在对资料分析的基础上,确定影响该种植物组织培养的主要影响因素,如基本培养基、生长调节物质、其他物质等,安排简单配比,进行预备实验,探寻影响因素及因素水平。

（二）正式实验

根据预备实验结果,确定主要影响因素,根据预备实验情况,采用相应的实验方法,进行正式实验。

（三）观察、记录数据

在植物组培的研究中,采集数据是实验研究的重要内容。不同培养阶段可以测定不同的数量指标(表5-5)。

表 5-5　不同培养阶段测定的数量指标

培 养 阶 段	测 定 指 标
初代培养	萌发率、污染率、愈伤组织诱导率、芽分化率
继代增殖	增殖系数、苗高、茎粗、苗健壮度
壮苗生根	苗高、叶片数、茎粗、生根率、根长、根数量
炼苗移栽	基质配比、移栽成活率

对愈伤组织生长状况、苗健壮度等质量性状,可采用编码方式进行统计。即先找出最好与最差的极端类型,然后根据生长差异分良、中、差3级,或优、良、中、差、劣5级。可分别记为3、2、1,或5、4、3、2、1,或者以+++、++、+、-、--等来表示。特殊情况可用文字记入备注栏。一定要注意分级、编码,不能只记文字。另外,对于愈伤组织的生长量,也可以用大、中、小编码表示。

（四）分析结果

对组培实验的结果分析,没有特殊的要求,一般可直接比较大小、高低;在差异不明显时,需要进行显著性检验。正交试验设计需要进行方差分析,以确定主要影响因子,具体方法可参考专门的试验统计书籍。

第三节　植物组织培养快繁过程中的异常现象及解决措施

理论上讲,只要掌握每个阶段正确的操作步骤,且通过科学的方法筛选出植物不同外植体适宜的培养基配方等,植物组培快繁的优点就会得以显现。有数据显示:葡萄一个芽,理论上一年可繁殖23万~220万株苗,但实际只得到3万株成活苗。实际快繁株数与理论快繁株数差异较大的原因主要是在培养过程中出现污染、褐变、玻璃化等问题。

一、污染及预防措施

（一）病原

污染是指在组培过程中,由于真菌、细菌等微生物的侵染,在培养容器中滋生大量菌

组培苗的污染鉴别

斑,使培养材料不能正常生长和发育的现象。污染带来的危害是多方面的,如导致初代培养失败,降低继代增殖系数,影响培养物生长,加剧玻璃化等。按病原不同,可将污染分为细菌污染和真菌污染(表5-6)。

表5-6 细菌污染和真菌污染的比较

污 染 类 型	细 菌 污 染	真 菌 污 染
病原菌形态	杆状或球状	丝状
出现时间	接种后1~2 d	接种3 d以后
主要症状	在培养基表面或材料周围形成黏液或混浊,多呈乳白色或橙黄色,一些会在培养基中产生气泡	在外植体和培养基表面出现绒毛状、絮状菌落,菌丝初期多为白色,后期形成黑色、蓝色、红色等孢子层

延伸阅读:微生物菌落

在固体培养基上,由同种微生物细胞经过生长繁殖,形成肉眼可见的,有一定形态构造的子细胞群体,称为菌落。不同微生物在特定培养基上生长形成的菌落一般都具有稳定的特征,这些特征是微生物分类鉴定和判断纯度的重要依据。

细菌的菌落湿润、光滑、黏稠、易挑取,质地均匀,各部位的颜色一致。在液体培养时细菌不能形成菌落,但可使培养液变混浊,或在液体表面形成菌膜,或产生絮状沉淀。

霉菌形成的菌落质地疏松,外观干燥,不透明,呈现或紧或松的蜘蛛网状、绒毛状或絮状。菌落与培养基的连接紧密,不易挑取。菌落最初往往是浅色或白色,后期形成各种颜色的孢子,菌落正反面的颜色及边缘与中心的颜色常不一致。

酵母菌的菌落大而厚,表面湿润、黏稠、较光滑,与培养基结合不紧密,菌落质地均匀,正反面和边缘、中央部位的颜色均一,颜色比较单调,多数都呈乳白色。

(二)污染原因及预防措施

虽然引起污染的病原主要是细菌和真菌,但引起污染的原因多种多样,在组培快繁中,要采取严格的预防措施,减少杂菌污染(表5-7)。

表5-7 污染的原因及预防措施

污 染 类 型	污 染 原 因	预 防 措 施
破损污染	封口膜或瓶盖过滤膜破损 瓶壁破裂	仔细检查封口膜和瓶盖 挑选无破损的容器
培养基污染	培养基灭菌不彻底 培养基放置时间过长	培养基灭菌要彻底 培养基在1周内用完
外植体带菌	外植体表面带菌过多 外植体消毒不彻底 外植体带有内生菌 无菌水、无菌纸灭菌不彻底	选择健壮、无病的外植体 在晴天下午或中午取材 在室内进行预培养 外植体消毒方法要适当 在培养基中加入合适的抗生素

污染类型	污染原因	预防措施
接种污染	接种环境不清洁 接种工具灭菌不彻底 未严格遵守无菌操作规程 超净工作台的过滤装置失效	接种环境严格消毒 接种工具灭菌要彻底 严格遵守无菌操作规程 定期更换工作台过滤装置
培养污染	培养环境不清洁 培养室空气湿度过高 培养容器的口径过大 培养室内污染苗多	培养室要保持清洁,每周喷来苏尔消毒1次 外人不得随意进入培养室 进入培养室必须穿上干净的工作服 定期通风干燥,湿度不超过70% 及时挑出污染的材料

延伸阅读:简化组培技术

简化组培是将培养基改造成既保证植物组织正常生长,又具有杀菌、抗菌功能的培养基,脱离严格的无菌环境,进行开放式组培。简化组培技术体系包括以下2种。

(1)培养容器的选择 传统组培中,培养容器需选择耐高温高压的玻璃瓶和聚丙烯封口膜;简化体系中可选用干净玻璃瓶或一次性塑料口杯作为培养容器(用聚乙烯保鲜膜封口)。

(2)抗菌培养基的制备 传统组培选择高压灭菌锅进行严格的灭菌;简化体系中加入抗菌剂。这样可降低培养容器和设备高投入的成本消耗,从而更有利于植物组培技术的推广和应用。

二、褐变及防治措施

褐变是指培养材料向培养基中释放褐色物质,致使培养基和外植体逐渐褐变而死亡的现象。

(一)褐变的原因

组培过程中外植体褐变是影响组培的重要因素。许多植物的组培过程中发现材料有褐变现象,尤其是核桃、梨、苹果等木本植物表现明显。

发生褐变是因为植物体内含有较多的酚类化合物,在完整植物体的细胞中,酚类化合物与多酚氧化酶(PPO)分隔存在,因此比较稳定。当外植体切割后,切口附近细胞的分割效应被打破,组织中的酚类物质经多酚氧化酶促氧化后产生棕褐色的醌类物质。褐变产物不仅使外植体、培养基等变褐,而且对许多酶有抑制作用,引起其他酶系统失活,导致组织代谢紊乱,从而影响培养材料的生长与分化,严重时导致死亡。

(二)影响褐变的因素

1. 植物的基因型

不同植物种与品种之间的褐变情况常有很大差异。一般来说,植物材料中单宁类和酚类物质的含量高,易引起外植体材料的严重褐变。多数木本植物比草本植物容易发生褐变,多年生草本植物比一年生草本植物容易引起褐变。

2. 外植体的影响

（1）外植体的部位　接种不同部位的外植体，其褐变的程度也不同。一般幼嫩茎尖比其他部位褐变程度低，木质化程度高的部位褐变现象更严重。如荔枝的茎诱导出的愈伤组织褐变率很低，叶片产生的愈伤组织中度褐变，而根产生的愈伤组织全部褐变。在进行葡萄的组培时，发现腋生芽的褐变程度低于顶芽。

（2）取材时间　不同的生长季节，植物体内酚类化合物含量和多酚氧化酶的活性不同。实验表明对于苹果和核桃，早春和秋季取材褐变死亡率最低，夏季取材很容易褐变。

（3）外植体的生理状态　一般外植体的老化程度越高，其木质素的含量也越高，也就越容易褐变，成龄材料一般均比幼龄材料褐变严重。平吉成用小金海棠、山荆子（又称山定子）刚长成的实生苗切取茎尖培养，接种后褐变很轻，随着苗龄的增长，褐变逐步加重，取自成龄树上的茎尖褐变就更加严重。选择 10 年生汾阳核桃一年生枝条茎段作为外植体，上午 10 时接种，下午 4 时观察，发现褐变率为 100%。

（4）外植体的大小　陈正华进行枇杷的微茎尖（1 mm 以下）培养时，因酚类物质氧化褐变导致培养物死亡；而进行较大的茎尖培养时褐变现象消失。

（5）外植体的切割　切口越大，酚类物质被氧化的面积也越大，褐变程度就会更严重。因此，外植体的受伤程度对褐变的产生具有明显的影响，伤口加剧褐变的发生。仙客来小叶诱导时，整片叶接种较分成多块褐变要轻。

（6）化学消毒剂　各种消毒剂对外植体的伤害也会引起褐变，对于不易褐变的种类，用氯化汞消毒后，一般不会引起褐变；若用次氯酸钠进行消毒，则很容易引起褐变的发生。

3. 培养基

（1）培养基成分　培养基中无机盐浓度过高，会引起酚类物质大量产生，导致褐变。如用 MS 培养油棕外植体易褐变，用降低了无机盐的改良 MS 可获得愈伤组织和胚状体。激素也影响材料褐变，6-BA 和 KT 不仅促进酚类化合物合成，而且刺激多酚氧化酶的活性，增加褐变；而生长素类如 NAA 和 2,4-D 可延缓多酚合成，减轻褐变。

（2）培养基的 pH　培养基的 pH 会影响材料的褐变程度。在水稻体细胞培养中，pH 为 4.5~5.0 时，MS 液体培养基可保持愈伤组织处于良好的生长状态，其表面呈黄白色；pH 为 5.5~ 6.0 时，愈伤组织严重褐变。

（3）培养基硬度　在云桑的组培中，琼脂用量大，培养基硬度大，则褐变率低；随着琼脂用量的减少，培养基硬度减小，组织褐变加重。

4. 培养条件

（1）温度　高温能促进酚类化合物氧化，培养温度越高，褐变越严重，而低温可抑制酚类化合物氧化，降低多酚氧化酶的活性，从而减轻褐变。15~25 ℃温度培养卡特兰比在 25 ℃温度以上培养时褐变要轻，在 17 ℃以下培养天竺葵茎尖比在温度 17~27 ℃褐变要轻。

（2）光照　在采取外植体前，如果将材料或母株枝条进行遮光处理，然后再切取外植体进行培养，能够有效地抑制褐变的发生。将接种后的培养材料在黑暗条件下培养，对抑制褐变发生也有一定的效果。遮光抑制褐变主要是由于氧化过程中，许多反应受酶系统控制，而酶系统活性受光照影响。但是，暗培养时间过长会降低外植体的生活能力，甚至引起死亡。

（3）培养时间　材料培养时间过长，会引起醌类物质的积累，加重对培养材料的伤害。蝴蝶兰、香蕉等随着培养时间的延长，褐变程度会加剧，超过一定时间不进行转接，醌类物质的积累甚至还会引起培养材料的死亡。

（三）防止褐变的措施

1. 选择适当的外植体

不同时期和年龄的外植体在培养中褐变的程度不同，选择适当的外植体是克服褐变的重要手段。处于旺盛生长状态的外植体，具有较强的分生能力，其褐变程度低，为组培之首选。还应注意外植体的基因型及部位，选择褐变程度较小的品种和部位作外植体。生长在遮阴处的外植体比生长在全光下的外植体褐变率低，腋生枝上的顶芽比其他部位枝的顶芽褐变率低。

2. 添加褐变抑制剂和吸附剂

在培养基中添加硫代硫酸钠（$Na_2S_2O_3$）、维生素 C、聚乙烯吡咯烷酮（PVP）等可以减轻外植体褐变的程度。在培养基中加入偏二亚硫酸钠、亚硫酸盐、硫脲等物质都可以直接抑制酶，它们与反应中间体相互作用，阻止中间体参与反应形成褐色色素，或者作为还原剂促进醌向酚的转变，同时还通过与羧基中间体反应，从而抑制了非酶促褐变。柠檬酸、苹果酸和 α-酮戊二酸均能显著增强某些还原剂对 PPO 活性的抑制作用，从而防止褐变发生。活性炭也可以吸附培养物在培养过程中分泌的酚、醌类等物质，减轻褐变危害。

3. 对外植体进行预处理

对于易褐变的外植体材料进行预处理可以减轻醌类物质对培养物的毒害作用。外植体经流水处理后，放置在温度 5 ℃左右的冰箱中低温处理 12~24 h，消毒后先接种在只含蔗糖的琼脂培养基中培养 5~7 d，使组织中的酚类物质先部分渗入培养基中，取出外植体用 0.1% 漂白粉溶液浸泡 10 min，再接种到合适的培养基中，褐变现象可完全被抑制。汤浩茹等用 1.0% 8-羟基喹啉硫酸盐预处理金花梨、金冠、富士苹果茎尖 12 h，有效地防止了外植体褐变。陈彪等用 PVP 预处理甘蔗顶端外植体获得了防止接种物褐变的良好效果。

4. 筛选合适的培养基和培养条件

注意培养基的组成如无机盐、蔗糖浓度、激素水平与组合对褐变发生的影响。初期培养在黑暗或弱光下进行，可防止褐变的发生。因为光照会提高 PPO 的活性，促进多酚类物质的氧化。还要注意培养温度不能过高。采用液体培养基纸桥培养，可使外植体溢出的有毒物质很快扩散到液体培养基中，效果也很好。

5. 连续转移

对易发生褐变的植物，在外植体接种后 1~2 d 立即转移到新鲜培养基上，可减轻酚类物质对培养物的毒害作用，连续转移 5~6 次可基本解决外植体的褐变问题。

三、玻璃化及其预防措施

玻璃化指组培苗呈半透明状，外观形态异常的现象。玻璃化是一种生理病害，包括茎叶透明状、海绿色、水浸状等现象，出现玻璃化的茎叶表面完全无蜡质，导致细胞丧失持水能力，细胞内水分大量外渗，增加了植株水分的散发和蒸腾，极其容易引起植株死亡。苹果、梨、石竹、菊花、月季等的快速繁殖中均有玻璃化现象的发生，已报道出现玻璃化苗的植物达 70 多种。

在延长培养期间玻璃化苗偶尔可恢复正常，也可通过诱导形成愈伤组织后重新分化生成正常苗。通常玻璃化苗恢复正常的比例很低，继代培养中仍然形成玻璃化苗，且玻璃化苗的分化能力低下，难以生根成苗，移栽成活率低。

（一）玻璃化苗的特征及发生原因

1. 玻璃化苗的特征

（1）形态学特征　与正常组培苗相比，玻璃化苗在形态学上发生显著的变化。玻璃化苗外观显示的共同特点是呈半透明状，并且可分为外观形态明显异常与基本无异常 2 种类型。此外，玻璃化苗的茎尖顶端分生组织相对较小，茎尖发育部分保持分生组织性的时期也缩短；叶表面缩小或增大，叶片常皱缩并纵向卷曲，脆弱易破碎，颜色不正常；玻璃化苗难以生根。

（2）解剖学特征　茎皮层及髓部的薄壁组织过度生长，细胞间隙大，输导组织发育不良或畸形，导管和管胞木质化不完全。叶片的栅栏组织细胞层数减少，或仅有海绵组织。叶肉细胞间隙大，表皮组织发育不良，包括叶表角质层变薄或缺少角质层蜡质，有的是蜡质发育不完全，或蜡质结晶的结构发生变化。果胶及纤维素等也发育不良。在有些植物玻璃化苗的叶表发现有大量的排水孔。气孔器数量或多或少，但功能不正常，其原因可能是保卫细胞中胼胝质含量增加，而纤维素含量减少。叶绿体中基粒和基质的组织结构异常，叶绿素含量低。根茎之间维管束组织联系有缺陷。

2. 发生原因

玻璃化苗是在芽分化启动后的生长过程中，碳、氮代谢和水分发生生理性异常所引起。其实质是植物细胞分裂与体积增大的速度超过了干物质生产与积累的速度，植物只好用水分来充涨体积，从而表现玻璃化。玻璃化苗绝大多数来自茎尖或茎切段培养物的不定芽，仅极少数玻璃化苗来自愈伤组织的再生芽；已经成长的组织、器官不可能再玻璃化。已经玻璃化的组培苗，随着培养基和培养环境在培养过程中的变化是有可能逆转的，也可以通过诱导愈伤组织形成后再生成正常苗。

（二）影响玻璃化苗发生的因素

1. 培养基成分

培养基中的 NH_4^+ 过多容易导致组培苗玻璃化发生。张翠玉等在 MS 培养基中减少 3/4 的 NH_4NO_3 或除去 NH_4NO_3，能显著减少月季玻璃化苗的产生，月季品种"杨基歌"和"黄和平"在完全除去 NH_4NO_3 的培养基上未出现玻璃化苗。增加琼脂用量可降低容器内湿度，随琼脂浓度的增加，玻璃化苗的比例明显减少。但培养基太硬，影响养分的吸收，使苗的生长速度减慢。

2. 植物生长调节剂

细胞分裂素和生长素的浓度及其比例均影响玻璃化苗产生。高浓度的细胞分裂素有利于促进芽的分化，也会使玻璃化苗的发生比例提高。如细胞分裂素与生长素的比例失调，细胞分裂素的含量显著高于二者之间的适宜比例，使组培苗正常生长所需的生长调节剂水平失衡，也会导致玻璃化苗的发生。

3. 培养条件

（1）温度　随着培养温度的升高，苗的生长速度明显加快，但高温达到一定限度后，会对正常的生长和代谢产生不良影响，促进玻璃化的产生。变温培养时，温度变化幅度大，忽高忽低的温度变化容易在瓶内壁形成小水滴，增加容器内湿度，提高玻璃化苗发生率。

（2）湿度　瓶内湿度与通气条件密切相关，使用有透气孔的膜或通气较好的滤纸、牛皮纸封口时，通过气体交换，瓶内湿度降低，玻璃化苗发生率减少。相反，如果用不透气的瓶盖、封口膜、锡箔纸封口时，不利于气体的交换，在不透气的高湿条件下，苗的长势快，但玻璃化苗的发生频率也相对较高。一般来说在单位容积内，培养的材料越多，苗的长势越快，玻璃化出现的频率就越高。

（3）光照　光照影响光合作用和糖类的合成，光照不足再加上高温，极易引起组培苗的过度生长，加速玻璃化发生。

（三）预防措施

1. 适当控制培养基中无机营养成分,减少培养基中的氮素含量

大多数植物在 MS 培养基上生长良好,玻璃化苗的比例较低,主要是由于 MS 培养基的硝态氮、钙、锌、锰的含量较高的缘故。适当增加培养基中钙、锌、锰、钾、铁、铜、镁的含量,降低氮和氯元素比例,特别是降低铵态氮浓度,提高硝态氮浓度,可降低玻璃化苗的比例。

2. 适当提高培养基中蔗糖和琼脂的浓度

适当提高培养基中蔗糖的含量,可降低培养基中的渗透势,减少外植体从培养基获得过多的水分。适当提高培养基中琼脂的含量,可降低培养基的供水能力,造成细胞吸水阻遏,也可减少玻璃化苗;如将琼脂浓度提高到 1.1% 时,洋蓟的玻璃化苗完全消失。

3. 适当降低细胞分裂素和赤霉素的浓度

细胞分裂素和赤霉素可以促进芽的分化,但是为了防止玻璃化现象,应适当减少其用量,或增加生长素的比例。在继代培养时,要逐步减少细胞分裂素的含量。

4. 增加自然光照,控制光照时间

在实验中发现,玻璃化苗放在自然光下几天后,茎、叶变红,玻璃化逐渐消失。这是因为自然光中的紫外线能促进组培苗成熟,加快木质化。光照时间不宜太长,大多数植物以 8~12 h 为宜;光照度在 1 000~1 800 lx,就可以满足植物生长的要求。

5. 控制好温度

培养温度要适宜植物的正常生长发育。如果培养室的温度过低,应采取增温措施。热击处理,可防止玻璃化的发生,如用 40 ℃ 热击处理瑞香愈伤组织培养物可完全消除其再生苗的玻璃化,同时还能提高愈伤组织芽的分化频率。

6. 改善培养器皿的通风

增加容器通风,降低瓶内湿度以及乙烯含量,改善气体交换状况,使用棉塞、滤纸片或通气好的封口膜封口。

7. 在培养基中添加其他物质

在培养基中加入间苯三酚或根皮苷或其他添加物,可有效地减轻或防止组培苗玻璃化,如添加马铃薯提取液可降低油菜玻璃化苗的产生频率,而用 0.5 mg/L 多效唑或 10 mg/L 矮壮素,可减少重瓣石竹组培苗玻璃化的发生。

四、其他异常表现及其预防措施

组培快繁过程中其他异常表现、产生原因及预防措施见表 5-8。

表 5-8　其他异常表现、产生原因及预防措施

阶段	培养物异常表现	产 生 原 因	预 防 措 施
启动培养阶段	培养物水浸状、变色、坏死、茎断面附近干枯	表面消毒剂过量,消毒时间过长;外植体选用部位、时期不当	更换其他消毒剂或降低浓度,缩短消毒时间;试用其他部位,生长初期取样
	培养物长期培养没有多少反应	生长素种类不当,用量不足;温度不适宜;培养基不适宜	增加生长素用量,试用 2,4-D;调整培养温度

阶段	培养物异常表现	产 生 原 因	预 防 措 施
启动培养阶段	愈伤组织生长过旺,疏松,后期水浸状	生长素及细胞分裂素用量过多,培养基渗透势低	减少生长素、细胞分裂素用量,适当降低培养温度
	愈伤组织生长过紧密,平滑或突起,粗厚,生长缓慢	细胞分裂素用量过多,糖浓度过高、生长素过量亦可引起	适当减少细胞分裂素和糖的用量
	侧芽不萌发,皮层过于膨大,皮孔长出愈伤组织	采样枝条过嫩,生长素、细胞分裂素用量过多	减少生长素、细胞分裂素用量,采用较老化枝条
增殖培养阶段	幼苗整株失绿,全部或部分叶片黄化、斑驳	培养基中铁元素含量不足,激素配比不当,糖用量不足或已耗尽;培养瓶通气不良,温度不适,光照不足;培养基中添加抗生素类物质	调节培养基组成和 pH;控制培养室温度,增加光照,改善瓶内通气情况;减少或不用抗生素类物质
	苗分化数量少、速度慢、分枝少,个别苗生长细高	细胞分裂素用量不足,温度偏高,光照不足	增加细胞分裂素用量,适当降低温度
	苗分化较多,生长慢,部分苗畸形,节间极度短缩,苗丛密集	细胞分裂素用量过多,温度不适宜	减少细胞分裂素用量或停用一段时间,调节适当温度
	分化出苗较少,苗畸形,培养较久,苗再次形成愈伤组织	生长素用量偏高,温度偏高	减少生长素用量,适当降温
	叶粗厚变脆	生长素用量偏高,或伴有细胞分裂素用量偏高	适当减少激素用量,避免叶接触培养基
	再生苗的叶缘、叶面等处偶有不定芽分化出来	细胞分裂素用量过多,或该种植物易以此种方式再生	适当减少细胞分裂素用量,或分阶段利用这一再生方式
	丛生苗过于细弱,不适于生根操作和将来移栽	细胞分裂素用量过多,温度过高,光照短,光强不足,久不转接,生长空间窄	减少细胞分裂素用量,延长光照,增加光强,及时转接继代,降低接种密度,改善瓶口遮蔽物
增殖培养阶段	丛生苗中有黄叶、死苗,部分苗逐渐衰弱、生长停止,草本植物有时水浸状、烫伤状	瓶内气体状况恶化,pH 变化过大,久不转接导致糖已耗尽,瓶内乙烯含量升高;培养物受污染,温度不适	及时转接继代,改善瓶口遮蔽物,去除污染,控制温度
	幼苗生长无力,陆续发黄落叶,组织水浸状、煮熟状	温度不适,光照不足,植物激素配比不适,无机盐浓度不适	控制光温条件,及时继代,适当调节激素配比和无机盐浓度
	幼苗淡绿,部分失绿	忘加铁盐或量不足,pH 不适,铁、锰、镁元素配比失调,光照过强,温度不适	仔细配制培养基,注意配方成分,调好 pH,控制光温条件

阶段	培养物异常表现	产 生 原 因	预 防 措 施
生根阶段	不生根或生根率低	无机盐浓度高,生长素浓度低,温度不适,苗基部受损	降低无机盐浓度,提高生长素浓度,调整适宜温度
	愈伤组织生长过快、过大,根茎部肿胀或畸形	生长素种类不适,用量过高或伴有细胞分裂素用量过高	更换生长素和细胞分裂素组合,降低浓度

第四节　植物无糖组织培养技术

植物无糖组培技术,又称为光自养微繁殖技术,是指在植物组培中以 CO_2 代替糖作为植物体的碳源,通过控制影响组培苗生长发育的环境因子,促进植株光合作用,以更接近植物自然生长状态、成本相对较低的方式生产优质种苗的一种植物组培技术。

一、无糖组培的特点

无糖组培技术与常规组培技术不同之处在于改变了碳源的供给途径,即改变培养基成分,培养基中不再含有糖;组培苗培养容器改为箱式大容器培养;输入可控制量的 CO_2 气体作为碳源;并通过控制培养环境因子,促进植株光合作用,使之由异养型转变为自养型。无糖组培技术可使植株长势良好,生物量较有糖培养的显著增加,污染率明显降低。与常规的组培技术相比,无糖组培技术具有以下特点。

1. 缩短培养周期

通过人工控制,动态调整优化植物生长环境,为种苗繁殖生长提供最佳的 CO_2 浓度、光照、湿度、温度等环境条件,促进植株的生长发育,苗齐、苗壮,培养周期缩短 40% 以上。

2. 简化培养程序

无糖组培工艺简化,流程缩短,技术和设备的集成度提高,降低了操作技术难度和劳动作业强度,更易于在工厂化生产上推广应用。

3. 提高种苗质量

无糖培养组培苗生长健壮,消除了小植株生理和形态方面的紊乱,植株的生根率、驯化期间的成活率大幅度提高。

4. 降低生产成本

采取无糖组培技术,大幅度降低了植物组培生产过程中的微生物污染和电的消耗。表 5-9 以非洲菊生根苗为例分析无糖培养与常规培养的生产成本。

表 5-9　无糖培养和常规培养非洲菊生根苗直接生产成本分析表(2 万株)

项　　目	常规组培技术/元	无糖组培技术/元
培养基	240	100
灭菌	120	40
透气膜	120	0

项　　目	常规组培技术/元	无糖组培技术/元
劳动力	900	600
照明	323	192
空调	43	45
气泵	0	13
CO_2	0	25
合计	1 746	1 015
成苗数	13 680 株	16 200 株
每株成本	0.13	0.06

资料来源:肖玉兰,2003。

注:电的成本以 0.5 元/(kW·h)计算。

二、植物无糖组培技术关键

1. 无糖培养室的设计

常规的植物组培的培养室有门窗,半开放型,可充分利用自然光。而无糖培养室采用了闭锁型,窗口全封闭,门也尽可能密封,墙内加入保温材料,墙面光滑,防潮反光性好;便于清洁灭菌,进行全方位的人工环境控制,不受由天气变化带来的温度、湿度、气体浓度变化等任何外界干扰;有效地防止病菌、微生物的进入,为植物工厂化周年生产提供最佳条件。闭锁型苗生产能有效地降低空调的耗电量,对整个培养室的种苗产量和运行成本能进行有效地控制和核算。

2. 无糖培养的容器

在常规的植物组培中,由于培养基中糖的存在,为防止微生物的污染,一般采用小的培养容器。容器中的植株生长在高湿度、低光照度、稀薄的 CO_2 浓度的条件下,且培养基中高浓度的糖和盐以及植物生长调节剂,有毒物质的累积等,常降低植株的蒸发率、光合能力、水和营养的吸收率;而植株的暗呼吸却很高,导致植株生长细弱瘦小。

而无糖培养可以使用各种类型的培养容器,小至试管,大至培养室。昆明市环境科学研究所开发了一种大型的培养容器,用有机玻璃制作,尺寸是根据日光灯管的长度和培养架的宽度确定的,可放在培养架上多层立体培养,能有效地利用光源和培养室面积,进一步降低能耗、投资和运行成本。

3. 无糖培养室内的 CO_2 供给系统

无糖组培技术用 CO_2 代替糖作为培养基中植物体的碳源,单靠容器内存留的 CO_2,远远不能满足植株生长的需求,需要人工输入 CO_2。CO_2 输入的方式有 2 种:一种是自然换气,培养室的空气通过培养容器的微小缝隙或透气孔进行培养容器内外气体的交换;另一种是强制性换气,利用机械力的作用进行培养容器内外气体的交换。在强制性换气条件下生长的植株,一般都比自然换气条件下生长的植株好。

国内现在较为成熟的 CO_2 输入系统是箱式无糖培养系统和强制性管道供气系统(图5-5)。供气系统由 CO_2 源,混合配气装置、消毒、干燥、强制性供气装置和供气管道等构成。该系统适合于工厂化生产,CO_2 浓度、混配气体的构成、气体的流速、气体的灭菌都容易控制。通入 CO_2 混合气体的次数、流速及浓度等,要根据培养的植物种类、生长状况及其培养周期而定。

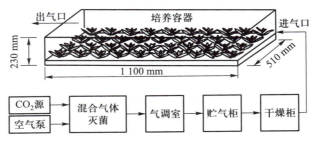

图 5-5 箱式无糖培养系统

该系统成功地应用于非洲菊、康乃馨、满天星、勿忘我、彩色马蹄莲、洋桔梗、草莓和马铃薯等多种植物生产,并开展了年产 50 万株商品苗的技术示范。

4. 无糖培养的基质

在常规的植物组培中,琼脂通常被用作组培苗的培养基质。但植株的根系在琼脂中发育一般瘦小且脆弱,移栽时容易被损坏。无糖培养主要是采用塑料泡沫、蛭石、珍珠岩、岩棉、陶粒和纤维素等无机材料。这些基质多孔,空气扩散系数高,植株的根区环境中有较高的氧浓度,从而促进植物的生长。与价格昂贵的琼脂相比,生长量增加而生产成本降低。

5. 植物生长调节剂

在无糖培养中,由于植株生长健壮,在生根培养阶段,加入生长调节剂和不加生长调节剂对植株的生根率没有显著的影响。但在增殖阶段,由于初期外植体叶面积较小,需加入细胞分裂素以促进细胞的分裂。

延伸阅读:植物无糖组培技术应用中存在的问题

1. 需要精细而复杂的容器内环境控制技术

这需要对植物的生理特性及与外界环境的互动关系,容器内外的环境及物理调控有比较深入的了解。

2. 增加了环境调控费用

主要是增加了光照度和 CO_2 供应量。

3. 培养的植物材料受到限制

植物无糖组培需要高质量的芽和茎,需要一定的叶面积;适于继代和生根培养,不适于茎尖培养;适于以茎段增殖而不适于以芽增殖的植物。

第五节　植物试管开花

试管开花是利用植物组培的方法,使植物在培养容器中完成开花的过程。1946 年,罗士韦在菟丝子茎尖培养过程中发现了花器官的形成,至今试管开花技术已有大约 70 多年的发展历史。近些年,国内外都有试管开花的相关报道,迄今报道试管开花的植物约有 35 个科 100 多种。目前,试管开花的研究对象主要集中在花卉中,如月季、鸡冠花、波叶红果树、常夏石竹、春兰、春石斛、大岩桐、千日红、兰花、矮牵牛、芳香堆心菊、凤仙、大花蕙兰、菊花、孔雀草、葡萄风信子、万寿菊、勋章菊、长寿花和紫苏草等。

一、试管开花的意义

研究植物试管开花,有助于植物相关产品的多样化,提升经济附加值,探讨花芽分化规律,阐明开花调控机制,在理论、应用方面都具有重要意义。试管开花植株形体小,可满足人们对新奇观赏植物的追求,提升产品的观赏价值及经济附加值;试管开花不受季节限制,可随时诱导花器官发育,从而大幅度缩短从瓶苗到成花的时间,降低生产及管理费用。

(一)增加观赏价值

试管开花植株与大田植株开花相比形体小,但花的形状和颜色不变,具有一定的观赏价值,也可作为微型盆栽应用于花卉生产。试管开花为人们日益增长的观赏需求开辟了广阔的市场前景。随着微景观的流行,试管开花可为微景观制作提供稳定的植物材料来源,具有巨大的发展前景。

(二)植物开花研究系统

利用组培技术研究植物开花机制,具有操作简便、易控制、重复性强等优点,不受季节、地域限制,为研究植物开花的分子生物学机制提供了一个理想的实验系统。与正常植物开花相比,离体条件下研究花芽分化便于控制条件,利于探索成花机制。

(三)缩短育种周期

离体条件下研究植物花芽分化,易于控制条件。试管开花通常周期缩短、无季节性限制,又可以在试管中进行杂交育种,因此可以用工业化手段生产优良种子。

二、试管开花的技术现状

试管开花的研究主要集中在开花诱导和成花决定的表达2个方面。开花诱导是通过控制培养条件和培养基组成,研究外部因子对外植体花芽分化的影响,诱导处于营养生长期或生殖生长期的植物开花。成花决定的表达是从处于生殖生长的植株上采取花序、花柄、苞叶等作外植体,研究外部因子对花芽再生的影响。

组培条件下成花一般有3种方式:① 外植体直接分化形成花芽。② 外植体形成愈伤组织后,再由愈伤组织间接途径分化形成花芽。③ 外植体再生营养枝(苗)后,再生枝在试管内再形成花芽。花芽分化是植物从营养生长向生殖生长过渡的标志,直接影响开花时间。

关于诱导试管开花的技术研究,目前主要集中在3个方面:① 筛选适合进行试管开花的植物种类。② 对试管开花植物的内源激素进行定量,寻找激素与开花性状的关系。③ 诱导试管开花的各种环境条件,如基本培养基、碳源、激素、pH、温度和光照等培养条件。

三、影响植物试管开花的因素

高等植物调节开花转变的因素包括外植体年龄、光照、温度、激素和营养途径等,这些信号通过相互整合,最终控制开花相关基因的表达,决定植物是否成花。

(一)外植体对试管开花的影响

在诱导花器官过程中,外植体的取材部位、年龄以及生理状态等内部因素对试管开花研究极为重要。已经报道能够形成花芽的外植体类型有:营养芽(顶芽、侧芽)、茎段、叶柄、叶片、子叶、幼花芽、花器(花萼、花瓣)、花梗、花序苞叶、小叶和薄细胞层等。不同外植体,其生理状态不同,对诱导开花的影响有很大差异。

1. 外植体取材部位

外植体取材部位不同,其营养代谢、激素水平、组织发育程度均存在巨大差异。对于一般植物,同一茎段的顶芽比下部芽容易诱导花芽形成,开花频率高。这是因为来自顶芽和上部茎段的芽积累的成花物质多于下部茎段的芽,即在植物体内自上而下存在成花梯度的现象。如烟草、石竹茎段外植体,越接近顶端区越容易分化出花,而基部更容易分化出不定根,可能是成花物质积累、信号转导模式不同所致。

2. 外植体年龄

植物的个体和器官都有发生、发育成熟及衰老的过程,不同年龄的器官成花能力存在显著差异。例如,菊苣 100 d 以后的根为外植体,不经春化作用即可开花;而 100 d 之前的根为外植体,需经 4 周低温处理才能诱导开花。开花率与外植体的继代年龄也密切相关,植物必须进入成熟期后才能形成花芽。在不受外源信号的诱导下,成年植株的外植体要比幼年的外植体更易分化花芽。植物种子萌发以后,植株从幼年营养生长阶段逐步发育过渡到能进行开花结实的生殖生长阶段。对同一器官和组织来说,成年植株的外植体要比幼年的外植体更容易分化花芽。

3. 外植体生理状态

植物在试管等容器进行培养的过程中,可能受到多种非生物胁迫的影响,如碳饥饿、弱光、渗透胁迫、不适的温度及光周期等,造成生理状态的改变,通常具有提前开花的趋势。

4. 外植体的类型

不同类型的外植体由于组织、器官的发育程度不同,其营养生长及开花性状也存在差异。王光远发现 3 种不同外植体花芽形成频率依次为:原球茎>无根小苗>完整小植株,可能与外植体的形态结构、成花物质分布、诱导时间不同有关。

(二)基本培养基对试管开花的影响

不同植物种类对基本培养基的需求不同。多数植物试管开花的基本培养基为 MS,如月季、鸡冠花。常夏石竹的较佳基本培养基为 1/2MS,大岩桐开花诱导效果较好的培养基为 WPM。

(三)外源植物激素对试管开花的影响

1. 生长素类

生长素本身不能诱导成花,单独使用不能促使花芽形成,通常与细胞分裂素配合使用以促进花芽的形成,如 6-BA 和 NAA 组合利于多数植物试管开花诱导。通过外源生长素处理、内源生长素测定证实,低浓度的生长素是开花必需的,而生长素浓度增加对植物开花具有抑制作用,并且这种抑制作用具有梯度效应。

2. 细胞分裂素类

细胞分裂素对基因表达具有调控作用,可促进 RNA、蛋白质的生物合成。在离体培养条件下,一定浓度的细胞分裂素可以促进外植体营养芽分化,对外植体成花诱导具有显著效果。细胞分裂素对大多数植物试管开花具有促进作用,常用 6-BA,高浓度的 6-BA 可以使外植体提早开花,同时也促进营养芽的增殖。在试管开花诱导中,为改善花的质量,常将 6-BA 与其他激素配合使用,如 TDZ。不同植物对 TDZ 的敏感程度不同,高浓度的 TDZ 虽然可以促进部分植物提前开花,但是也容易导致花芽发育畸形。

不同植物对细胞分裂素的种类、浓度需求不同,在试管开花的研究过程中,需根据植物本身的特性,选择适宜的使用时期、种类及浓度,这样才能保障高质量的花芽诱导,以及合适的花期。

3. 赤霉素类

自然条件下,赤霉素可以代替低温或长日照诱导植物开花。离体条件下,不同植物对赤霉素反应程度不同,因此,对植物花芽诱导的效果也不同。部分植物在进行试管开花的过程中需要经过赤霉素处理,如诸葛菜、凤尾鸡冠等,而赤霉素对紫雪花、荔枝试管开花具有抑制作用。

4. 脱落酸

有实验证明,植物激素脱落酸(ABA)可影响花芽形成。ABA对兰花离体培养花芽诱导有明显影响,经ABA预处理,再转入含有6-BA的培养基上,可促进花芽诱导。ABA对花芽诱导的影响随浓度升高而转为抑制,如铁皮石斛,ABA浓度为0.5 mg/L时效果最佳,随着ABA浓度的增加,花芽诱导受到显著抑制。ABA对成花的作用主要在于抑制生长,通过促进细胞分裂素、淀粉和糖积累而诱导开花。

5. 乙烯

乙烯在促进花芽分化的同时可以促进开花植物衰老,通常在培养基中加入活性炭,减少乙烯含量,以延长开花期。

6. 激素相互作用

内源激素调控植物生长发育是一个复杂的网络调控过程,各种激素协同调控植物的生长发育,但不同植物中激素生长发育的调控方式也不尽相同。外源激素类物质的种类较多,多种激素均可影响试管开花,可能与激素之间的信号互作有关,如同时添加多效唑、TDZ和NAA利于石斛兰试管开花。

(四) 营养水平对试管开花的影响

1. 碳源

糖类的高水平积累对于开花十分必要。蔗糖为最常用的碳源,碳含量的提高一般通过增加培养基中蔗糖浓度来实现,在一定范围内,培养基的糖浓度越高,开花率越高。通常植物组织培养中最适宜的蔗糖质量分数是3%,4%蔗糖对鸡冠花开花诱导较有利,糖含量提高到5%和7%时,荞麦在8周内开花率达到100%。含糖量过高会抑制植物开花,可能是因为糖含量过高引起培养基的渗透压过高。

2. 氮源

氮源的总量及种类对试管开花也有影响。一些报道认为低氮促进开花,高氮抑制开花,降低氮的用量可以促进凤尾鸡冠花芽分化。在总氮量相同的情况下,铵态氮/硝态氮比值低时有利于鸡冠花试管开花,铵态氮/硝态氮比值高时对鸡冠花试管开花不利,甚至会造成植物铵中毒;硝态氮利于千日红试管开花,而铵态氮对其不利。

3. 碳氮比

"碳氮比"学说认为:足够的糖类,尤其是淀粉积累促进花芽分化,而氮素营养有利于植物体内蛋白质的合成,关系到花芽分化的数量。试管开花过程中营养水平的调节可以通过改变培养基中的碳、氮比例来实现。碳氮比能影响开花率、花的性别。提高蔗糖的浓度,可促进苦瓜开花,并且促进雄花的形成;降低氮的含量时,促进雄花的形成。虽然碳氮比高可促进植物开花,但也会抑制植物的营养生长。

4. 其他元素

磷、钾等必需元素以及植物天然营养物对试管开花也有影响。MS培养基中增加磷的含量可以提高月季花芽诱导率,低氮、高磷利于兰花试管开花,磷、钾加倍利于春石斛试管开花。此外,通常认为培养基中香蕉、椰汁、西红柿等附加物对开花频率没有显著影响,仅对少部分植物具有促进作用。

(五)环境因素对试管开花的影响

1. 温度

温度对于植物花芽分化作用明显,如春化作用,而有些植物需要高温诱导才能进行花芽分化。低温可以改变基因表达,通过降低 DNA 甲基化发生程度而促进开花。适度的低温和变温利于试管开花,如月季、垂盆矮牵牛最适培养温度分别为 21 ℃ 和 17 ℃,而变温处理利于兰花开花。

2. 光照

光照对试管开花有显著影响。光周期影响许多植物的试管成花,尤其是离体培养过程中,光周期的调节非常有效。适当增加光照度有利于试管开花,并提高开花质量。适度提高光照度利于青蒿、鸡冠花、月季试管开花,如月季较佳光照度为 6 400~8 000 lx,超过多数植物培养所需的光照度。通常随着光照度的提高,试管苗花色更加鲜艳。叶绿素的合成需要在复合光条件下完成,单色光对叶绿素合成有抑制作用。光质对试管开花具有显著影响,如鸡冠花成花最佳为红光,其次为白光、蓝光、绿光。此外,有报道称远红光可通过促进营养生长而促进开花质量。

3. 水分

在离体培养基中保持水分供给有利于开花。水作为生命物质,利于成花物质的溶解、吸收和运输。培养基水分不可过多,否则影响花芽形成,通常水分胁迫可促进试管开花,如石斛兰。

4. 气体

O_2 供植物呼吸,有利于植物的生长发育,促使植物成熟而开花。CO_2 为植物光合作用提供碳源,有利于光合同化产物积累,促进开花,可适当提高 CO_2 浓度。

5. pH

开花的培养基要求偏酸性或酸性条件,酸性条件有益金属离子的利用,促进开花。此外,pH 可以影响细胞内外生长素的合成和运输,通过调节激素信号平衡影响试管开花效果。

6. 微生物

自然界中微生物与植物存在巧妙的共生关系,尤其对一些菌根类的植物试管开花影响较大。研究发现,兰花在缺少菌根时可以促进试管开花。潘超美等研究表明,植物不同发育阶段可能需要与不同的真菌共生。郭顺星等发现其真菌诱导子对铁皮石斛组培物生长有不同程度的促进作用。

7. 培养容器

容器对试管开花也有影响,在月季的研究中,三角瓶作为容器,试管花开放率高于培养瓶。

植物开花是一个复杂的过程。内外因素通过多种诱导途径影响花芽分化与诱导,并决定成花数量、质量。试管开花由于其培养环境的特殊性,相关机制的研究相对较少。随着试管开花的价值逐渐被人们发现,相关研究也将逐渐增多,其开花机制也将逐渐被揭示。

技能训练 5-1　草莓的组培快繁技术

一、训练目标

会剥离草莓茎尖,能进行草莓组培快繁。

二、材料用具

1. 材料与试剂

草莓匍匐茎,洗洁精,0.1%氯化汞,MS培养基母液,生长调节剂母液。

2. 仪器与用具

超净工作台,高压蒸汽灭菌锅,解剖刀,解剖针,烧杯,枪状镊,手术剪,双目解剖镜等。

三、训练操作规程(表5-10)

表5-10 草莓快繁技术流程及操作技术要点

操作流程	操作技术要点
制备培养基	1. 配制初代培养基:MS+6-BA 0.5~1.0 mg/L+糖3%,pH 5.8 2. 制备无菌水、无菌纸
外植体选择及预处理	1. 选优良、健壮、无病虫害的草莓植株 2. 剪取新萌发尚未着地的匍匐茎顶端4~5 cm 3. 自来水冲洗2 min 4. 含洗洁精的水中浸泡10 min 5. 放入烧杯中,加盖纱布,自来水冲洗1~2 h
外植体消毒	1. 用0.1%氯化汞浸泡5~7 min,并不断搅拌 2. 无菌水冲洗材料3~5次
茎尖剥离	1. 在双目解剖镜下用花状镊和解剖针剥去外叶、幼叶 2. 用解剖刀切取0.5 mm茎尖接种到初代培养基上
继代增殖培养	1. 配制MS+IBA 0.05 mg/L+6-BA 0.5~1.0 mg/L培养基 2. 将丛生芽切分成单个芽接种于增殖培养基中
生根培养	1. 配制1/2MS+IBA 0.2~1.0 mg/L生根培养基 2. 丛生芽切分成单个芽接种于生根培养基中

四、训练报告

观察并记录草莓各阶段的生长情况,报告污染率、诱导率、增殖系数、生根率以及移栽成活率。

技能训练 5-2　组培苗的炼苗与移栽技术

一、训练目标

1. 能合理配制组培苗移栽基质。

2. 会正确炼苗和移栽组培苗。

二、材料用具

1. 材料与试剂

生根组培苗,高锰酸钾,多菌灵,蛭石,珍珠岩,泥炭,砂子等。

2. 仪器与用具

炼苗温室(或大棚),遮阳网,育苗盘或营养钵,喷雾装置等。

三、训练操作规程(表 5-11)

表 5-11　组培苗炼苗与移栽操作流程及操作技术要点

操 作 流 程	操 作 技 术 要 点
炼苗	1. 将已生根需要移栽的草莓组培苗搬到温室,先不打开瓶口,在自然光照下炼苗 3~4 d 2. 将封口膜(或瓶盖)打开,开口炼苗 2~3 d 3. 炼苗过程中防止培养瓶内温度过高,超过 30 ℃时要遮阳
配制基质	根据不同植物组培苗的要求,选择适当基质种类和配比。常用的配方为泥炭:蛭石:珍珠岩=2:1:1,也可用沙子:泥炭=1:1
基质消毒	1. 基质用 0.1%高锰酸钾溶液喷淋消毒,或采用高温灭菌 2. 将基质装入育苗盘或营养钵中
清洗组培苗	1. 从培养瓶中取出组培苗,用自来水洗掉根部黏着的培养基。注意清洗动作要轻,避免伤根 2. 将洗净的组培苗放入 800 倍 50%多菌灵溶液中浸泡 3~5 min
移栽	1. 基质浇一次透水 2. 捞出消毒后的组培苗,稍晾干 3. 用竹签在基质中插一小孔,然后插入小苗 4. 把苗周围基质压实,用 800 倍 50%多菌灵轻浇
移栽后的管理	1. 用竹竿等做支架,盖好薄膜和遮阳网 2. 温度控制在 15~25 ℃,空气相对湿度保持在 90%以上 3. 3 d 以后每天逐渐通风,慢慢地降低湿度和增加光照 4. 当长出 2~3 片新叶后就可以移栽到大田

组培苗的
炼苗

组培苗的
移栽

四、训练报告

1. 观察组培苗的长势状况,并做好相关记录,统计移栽成活率。

$$移栽成活率 = \frac{移栽成活苗数}{移栽苗数} \times 100\%$$

2. 探讨提高组培苗移栽成活率的措施。

技 能 训 练 5-3　设 计 一 种 植 物 的 组 培 快 繁 方 案

一、训练目标

1. 会查阅植物组培文献资料。
2. 能设计出植物组培快繁方案。

二、材料用具

图书馆,互联网。

三、训练操作规程（表 5-12）

表 5-12　组培快繁方案设计流程及操作技术要点

操 作 流 程	操 作 技 术 要 点
下达任务书	1. 将学生分为若干小组，每组选定 1 名组长 2. 组培快繁方案设计应包括以下内容 （1）快繁的目的和意义　组培快繁该植物的意义，目前该植物组培快繁技术的研究进展 （2）组培快繁需要的条件　包括设施、仪器、器皿、药品等 （3）确定技术路线　确定培养方法、分化途径、实验方法 （4）外植体的选择与预处理　外植体的种类及预处理方法 （5）消毒方法　使用消毒剂种类及消毒时间 （6）初代培养　基本培养基、生长调节剂组合实验设计 （7）培养条件的控制　温度、光照时间、光照度 （8）继代增殖和生根培养　基本培养基和生长调节剂组合实验设计 （9）异常情况的处理　污染、褐变、玻璃化、增殖率低、不生根等异常情况的处理方法
查阅资料	通过图书馆、互联网等途径查阅相关资料
编写方案	根据查阅到的资料，独立编写实验方案
讨论方案	小组讨论实验方案的可行性
小组汇报	各小组汇报实验方案
教师点评	教师对每一小组的方案进行点评

四、训练报告

上交设计的植物组培快繁实验方案。

技能训练 5-4　长寿花试管开花技术

一、训练目标

会利用长寿花带芽茎段进行组培快繁获得健壮试管苗，并进一步诱导试管苗开花。

二、材料用具

1. 材料与试剂

长寿花，洗洁精，无菌水，70% 乙醇，2% 次氯酸钠，MS 培养基母液，生长调节剂母液。

2. 仪器与用具

超净工作台，高压蒸汽灭菌锅，烧杯，解剖刀，枪状镊，手术剪，双目解剖镜等。

三、训练操作规程（表 5-13）

表 5-13　长寿花试管开花技术流程及操作要点

操 作 流 程	操 作 技 术 要 点
外植体选择 及预处理	1. 选优良、健壮、无病虫害的长寿花 2. 剪取长势健壮良好的带芽茎段 3. 室内用自来水冲洗 2 min 4. 在洗洁精水中浸泡 10 min 5. 放入烧杯中，加盖纱布，自来水冲洗 1~2 h

操作流程	操作技术要点
外植体消毒	1. 用 2% 次氯酸钠浸泡 15 min,并不断搅拌 2. 无菌水冲洗材料 3~5 次
制备培养基	1. 配制初代培养基 MS+NAA 0.5 mg/L+6-BA1.0 mg/L+糖 3% 2. 制备无菌水、无菌纸 3. 121 ℃ 高温灭菌 30 min
初代培养	1. 将长寿花带芽茎段切成 1~1.5 cm 接种于初代培养基上 2. 培养温度为 24 ℃±2 ℃,光照度为 2 000~3 000 lx,光照时间为 14 h/d
增殖培养	1. 配制增殖培养基 MS+NAA 0.2 mg/L+6-BA 1.5 mg/L+糖 3% 2. 将无菌苗接种到增殖培养基上 3. 培养温度为 24 ℃±2 ℃,光照度为 2 000~3 000 lx,光照时间为 14 h/d
壮苗培养	1. 配制壮苗培养基 1/2MS+NAA 0.1 mg/L+IBA 0.3 mg/L+CCC 2.0 mg/L+AC 0.4% 2. 将无菌苗接种到壮苗培养基上 3. 培养温度为 24 ℃±2 ℃,光照度为 2 000~3 000 lx,光照时间为 14 h/d
诱导花芽培养	1. 配制 MS+NAA0.1 mg/L+IBA 0.1 mg/L+6-BA 1.0 mg/L+糖 6% 2. 将生长健壮、长势一致,苗高约 5 cm 的试管苗接种于该培养基上 3. 培养温度为 18 ℃±2 ℃,光照度为 2 000~3 000 lx,光照时间为 8 h/d

四、训练报告

观察并记录长寿花各阶段的生长情况,统计污染率、诱导率、增殖系数、花芽诱导率等。

【单元技能考核建议】

本单元技能训练建议采取项目教学法,考核时注重过程考核、动态考核、跟踪考核,做到定性与定量考核相结合。考核的重点是组培苗的繁殖系数、污染率、移栽成活率以及苗的健壮程度。本单元技能考核方案见表 5-14。

表 5-14　单元五技能考核方案

考核项目	考核标准	考核方式
训练态度	训练前准备充分;训练中积极主动,操作认真;主动观察实验结果;训练后及时总结,撰写训练报告	随机观察 检查记录
草莓的组培快繁	能建立草莓的无性繁殖系;增殖系数高,污染率低,生根率高,组培苗生长健壮	现场检查
组培苗的炼苗与移栽	炼苗方法正确;基质配制合理;精心管理;移栽成活率高,组培苗生长健壮	现场操作 现场检查
设计组培快繁方案	方案科学合理,资料全面,可操作性强;有团队协作和创新意识,汇报效果好	批阅方案
长寿花的试管开花	长寿花各阶段生长情况好;污染率低,增殖系数高,花芽诱导率高	现场检查
训练报告	记录全面;结果翔实;正确分析实验结果	批阅报告

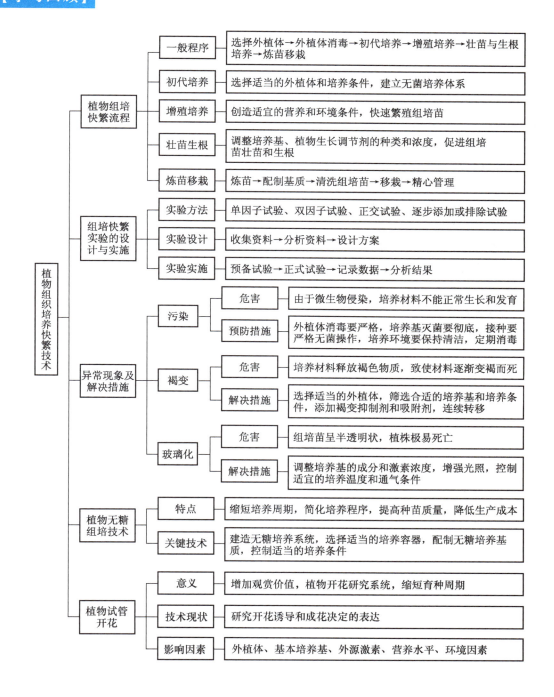

植物组织培养快繁技术	植物组培快繁流程	一般程序	选择外植体→外植体消毒→初代培养→增殖培养→壮苗与生根培养→炼苗移栽
		初代培养	选择适当的外植体和培养条件，建立无菌培养体系
		增殖培养	创造适宜的营养和环境条件，快速繁殖组培苗
		壮苗生根	调整培养基、植物生长调节剂的种类和浓度，促进组培苗壮苗和生根
		炼苗移栽	炼苗→配制基质→清洗组培苗→移栽→精心管理
	组培快繁实验的设计与实施	实验方法	单因子试验、双因子试验、正交试验、逐步添加或排除试验
		实验设计	收集资料→分析资料→设计方案
		实验实施	预备试验→正式试验→记录数据→分析结果
	异常现象及解决措施	污染 危害	由于微生物侵染，培养材料不能正常生长和发育
		污染 预防措施	外植体消毒要严格，培养基灭菌要彻底，接种要严格无菌操作，培养环境要保持清洁，定期消毒
		褐变 危害	培养材料释放褐色物质，致使材料逐渐变褐而死
		褐变 解决措施	选择适当的外植体，筛选合适的培养基和培养条件，添加褐变抑制剂和吸附剂，连续转移
		玻璃化 危害	组培苗呈半透明状，植株极易死亡
		玻璃化 解决措施	调整培养基的成分和激素浓度，增强光照，控制适宜的培养温度和通气条件
	植物无糖组培技术	特点	缩短培养周期，简化培养程序，提高种苗质量，降低生产成本
		关键技术	建造无糖培养系统，选择适当的培养容器，配制无糖培养基质，控制适当的培养条件
	植物试管开花	意义	增加观赏价值，植物开花研究系统，缩短育种周期
		技术现状	研究开花诱导和成花决定的表达
		影响因素	外植体、基本培养基、外源激素、营养水平、环境因素

1. 试述植物组培快繁的程序。
2. 比较植株再生途径的特点。
3. 影响组培苗增殖的因素有哪些？
4. 提高组培苗增殖速率的措施有哪些？
5. 影响组培苗生根的因素有哪些？
6. 生根阶段壮苗措施有哪些？
7. 组培苗的特点有哪些？
8. 炼苗移栽的注意事项有哪些？
9. 提高组培苗移栽成活率的措施有哪些？
10. 列举植物组培技术中常见的实验设计方法，并举例说明其中一种设计方法。
11. 什么是污染？污染的原因有哪些？如何防控污染发生？
12. 什么是玻璃化？玻璃化的影响因素有哪些？如何防控玻璃化发生？
13. 什么是褐变？褐变的影响因素有哪些？如何防控褐变发生？
14. 什么是无糖组培技术？无糖组培和常规组培比较有哪些优缺点？
15. 什么是试管开花？影响植物试管开花的因素有哪些？

单元六　植物脱毒技术

■　**知识目标**
- 了解植物脱毒的意义以及脱毒苗保存方法
- 掌握植物茎尖培养脱毒的原理、方法
- 熟悉脱毒苗鉴定和繁殖方法

■　**技能目标**
- 能正确剥离植物茎尖并进行培养
- 会进行脱毒苗的检测鉴定

植物病毒病严重影响果树、蔬菜、花卉和林木等植物的生长,造成产量降低,品质变劣,其危害仅次于真菌病害。受病毒侵染的植物终身带毒,目前尚无药物可以治愈,植物脱毒技术是解决植物病毒病的有效方法。

第一节　植物脱毒的意义

一、植物病毒的危害

植物病毒病是由病毒和类病毒等病原微生物引起的一类植物病害。能感染植物的病毒种类繁多(表 6-1),2012 年,国际病毒分类委员会(ICTV)第九次报告所确认的植物病毒已有 23 个科、103 属、1 169 种。随着栽培时间的延长,病毒的种类和数量都呈逐年上升趋势。

表 6-1　一些植物感染病毒的种类

植物	感染病毒种类/种	植物	感染病毒种类/种	植物	感染病毒种类/种
苹果	36	矮牵牛	5	菊花	19
柑橘	23	百合	6	康乃馨	11
葡萄	40	马铃薯	27	水仙	4
草莓	24	大蒜	24	唐菖蒲	5
桃	23	豌豆	15	风信子	3
梨	11	樱桃	44	月季	10

植物病毒侵入植物后,通过改变细胞的代谢途径使植物正常的生理机能受到干扰或破坏,从

而导致植物生活力降低、适应性减退、抗逆力减弱、产量下降和品质变劣甚至死亡。如 1955 年，遍布欧美的马铃薯退化病病毒被带入我国薯区后，仅河北省中部地区就减产 50%~70%，造成当地马铃薯不能留种，产量很低，给当地农民带来巨大损失。病毒病可造成马铃薯减产 50% 以上，苹果减产 15%~45%，葡萄减产 10%~15%，成熟期推迟 1~2 周；花卉病毒一般会影响花卉的观赏价值，其表现是花少而小，产生畸形、变色等。

植物病毒病一旦发生很难治疗，会造成较大经济损失，故有科学家称植物病毒病为"植物癌症"。对于有性繁殖的植物来讲，除豆科植物外，种子是不传播病毒的，可以通过世代的交替而脱除病毒。对于葡萄、草莓、百合、郁金香、马铃薯和生姜等无性繁殖的植物，病毒可以从母株传递给后代，并累积下来。

二、植物脱毒的意义

自发现病毒后，人们就在不断地寻找防治病毒病的方法。病毒的复制、增殖是在寄主体内完成，与寄主植物正常的生理代谢过程密切相关，目前生产上还没有有效的化学药物可以杀死植物体内病毒。如果病毒危害程度轻，范围小，可以通过拔除病株控制病毒蔓延。使用病毒抑制剂的同时对植物也有害，而且药效消失时病毒又很快恢复到原来的浓度。

国内外的系统研究和生产实践证明，培育和栽培无病毒种苗是防治植物病毒病的根本措施。所谓植物脱毒是指通过物理或化学的方法除去植物体内病毒，而获得无病毒植株的过程。这种无病毒植株可通过群体中未受病毒侵染的植株无性繁殖获得，也可通过种子繁殖获得。实际上要脱除植物体内所有病毒包括未知病毒是很难做到的，因此我们把通过脱毒处理而不再含有该植物已知特定病毒的种苗称为脱毒种苗，这是一种"特定无病毒苗"，亦称为"检定苗"。

经过脱毒获得的脱毒苗可恢复植物原来优良特性，增强生长势，明显提高产量、改善品质，在农业生产上产生了巨大的效益。资料显示，桃、李、杏、樱桃等脱毒苗在生产上表现出生长健壮整齐、结果早、果实大、可溶性固形物含量高等特点，总产量可提高 20%~60%；大蒜脱毒后植株生长繁茂，株高、茎粗、叶面积也比未脱毒对照明显增加，蒜头增产 32.3%~114.3%，直径大于 5 cm 大蒜头率增加 25%~50%，蒜薹增产 65.9%~175.4%，并消除了病毒感染引起的褪绿斑点。甘薯脱毒后增产幅度达 30%~50%，且脱毒甘薯表皮光滑、颜色鲜艳、薯形整齐、商品性状好；脱毒马铃薯可增产 50%~100%；菊花、百合、风信子等花卉脱毒后，叶片浓绿，茎秆粗壮、挺拔，花朵变大，花色变艳，观赏价值大大提高。

目前已有不少国家建立了无病毒良种繁育体系和大规模的无病毒苗生产基地，生产脱毒苗供大规模栽培所需。在地球生态环境污染日益严重的今天，栽培应用脱毒苗还能减少和消除农药的使用，对保护生态环境，生产健康优质的农产品，促进农业的可持续发展具有深远的意义。

第二节　植物脱毒方法

一、茎尖培养脱毒

茎尖培养也称为分生组织培养。自 Morel 等（1952）首先从感染花叶病毒和斑萎病毒的大丽花植株上切取茎尖分生组织进行培养,成功获得无病毒植株后,茎尖分生组织培养技术就广泛应用于植物脱毒方面。

(一)茎尖培养脱毒的基本原理

White 通过长期研究,在 1934 年提出"植物体内病毒梯度分布学说",认为病毒侵入植物体后是全身扩散的,但在不同的组织和器官,病毒的分布和浓度有很大差异。一般在成熟的组织和器官中病毒含量较高,越靠近顶端分生组织区域病毒含量越低,生长点 0.1~1 mm 区域则几乎不含或含病毒很少。Hollings(1964)切取不同大小茎尖提取汁液接种证实了康乃馨斑驳病毒在康乃馨茎尖中呈梯度分布(表 6-2)。通过电子显微镜和荧光抗体技术也证实茎尖顶端分生组织存在一个特殊的无毒区。

表 6-2 康乃馨不同大小茎尖培养与康乃馨斑驳病毒的脱除情况

茎尖大小/mm	培养数/个	茎尖鉴定的病毒			无病毒茎尖	
		总斑数/个	接种叶数/片	每叶平均斑数/个	数目/个	百分比/%
0.1	3	3	13	0.2	2	67
0.25	20	137	61	2.2	8	40
0.5	30	1 198	70	17.1	4	13
0.75	9	429	12	35.8	1	11
1.0	4	432	11	39.3	0	0
1.0 以上	5	1 971	20	98.6	0	0

茎尖顶端分生组织中不含病毒或病毒含量很少的可能原因是:① 病毒在寄主植物体内主要随维管系统(筛管)转移,而在分生组织中没有维管系统,病毒运动困难。② 有些病毒还可通过胞间连丝扩散,但分生组织细胞分裂旺盛,生命力强,病毒通过胞间连丝移动速度要远远落后于分生组织中细胞的分裂生长速度。③ 茎尖分生组织中存在高浓度的内源生长素,抑制病毒的增殖。所以,茎尖顶端分生组织中通常不带病毒或病毒很少。

(二)茎尖培养脱毒的技术环节

室内进行茎尖分生组织脱毒一般包括以下环节(图 6-1)。

1. 外植体选择与消毒

接种外植体要严格选择,用于脱毒的植株应生长发育正常、健壮,且患病相对较轻。果树、林木类植株应达到一定生育期,用其幼龄材料培养常会受到生育期延长的影响。要挑选杂菌污染少、刚生长不久的茎尖,这样不易污染且分生能力强。通常做法是取材前定期要给植株喷施多菌灵等内吸杀菌剂,并采取相应的保护栽培措施,如置于温室或大棚内栽培。对于枝条类材料,可以剪取插条,在干净室内插入 Knop 溶液中水培并杀菌后取得茎尖。至于用顶芽茎尖还是腋芽茎尖进行培养,在不考虑枝条上顶芽和腋芽数量的前提下,不同植物培养效果不同。如在菊花和石竹中,培养顶芽茎尖比腋芽茎尖效果好,在草莓上却没有这种差别。

茎尖分生组织由于有叶原基的保护,内部是无菌的。但为了保险,一般在剥离前还是需要进行表面消毒。对于叶片包被严紧的芽,如菊花、兰花、姜等只需在 70% 乙醇中浸蘸一下。对于叶片包被松散的芽,常用消毒方法是先流水洗涤干净,再于 70% 乙醇中浸泡数秒或 0.1% 次氯酸钠溶液中浸泡 10 min,最后无菌水冲洗数次后即可。在大蒜茎尖培养时,可将小鳞茎在 70% 乙醇中

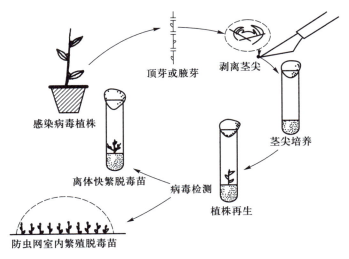

图 6-1　茎尖培养生产脱毒苗的流程图

蘸一下,然后烧去鳞茎表面的乙醇即可。

2. 茎尖剥离与接种

将消毒后的外植体放到铺有灭菌滤纸的培养皿中,置于解剖镜下解剖剥离茎尖。剥离需要在无菌条件下进行,逐层剥离叶原基,待露出一个呈闪亮半圆球形的茎尖分生组织时(图 6-2),用解剖刀小心将其切下来,不能损伤生长点。剥离时茎尖暴露的时间越短越好,取得茎尖后要迅速接种到诱导培养基上。有些植物茎尖容易变褐,所以可预先配制维生素 C 溶液,切下茎尖后即浸入保存,或在培养基中加入抗氧化成分,抑制茎尖氧化变褐。

3. 分化与增殖培养

茎尖分化增殖所需时间要视外植体大小而定,一般 2 个月左右形成芽,形成方式分为萌发侧芽和不定芽 2 种形式,因为在继代培养时外植体任何部位都可能形成不定芽,

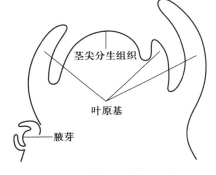

图 6-2　植物茎尖分生组织

所以通过不定芽增殖的增殖率较高。茎尖分化还可通过产生胚状体形成小植株的方式,理论上胚状体的形成其增殖潜能是最大的,但在实际培养技术上有难度,目前尚未达到大规模应用水平。

延伸阅读:二次脱毒技术

在生产实践中,一次茎尖培养脱毒效果往往不理想,可以通过从第一次茎尖培养组培苗上再次取茎尖(大于第一次切取茎尖)继续培养成苗来提高脱毒率。如以带有黄瓜花叶病毒(CMV)的东方百合栽培品种 Siberia 鳞茎为外植体,常规消毒后培养成苗,热处理后剥取较大的茎尖(0.4~0.6 mm)进行培养,待茎尖长成植株后再次剥取较大茎尖进行二次脱毒,经检测脱毒率可达 80%。

(三)影响茎尖培养脱毒的因素

1. 茎尖大小

茎尖培养脱毒中最主要的影响因素是所取茎尖大小。实践研究表明,茎尖培养脱毒的效果

与茎尖的大小呈负相关,培养茎尖的成活率则与茎尖的大小呈正相关。付宏岐(2005)等以甜樱桃嫩芽为外植体进行茎尖脱毒研究,0.5~0.8 mm 茎尖培养对苹果褪绿叶斑驳病毒和李矮缩病毒的脱毒率是 39.4%和 48.1%;0.5 mm 以下茎尖培养对二者的脱毒率分别达 75.8%和 78.6%。从脱毒的效果来看,培养茎尖越小越好,但操作技术难度大、培养成活率低,而且茎尖越小形成完整植株的能力越弱。因此,进行植物茎尖培养脱毒时,需要综合考虑,所取茎尖应大到足以脱毒,小至能够发育成完整植株,一般应切取带 1~2 个叶原基的茎尖作为培养材料,不同植物用于脱毒的适宜茎尖大小如表 6-3 所示。

表 6-3　不同植物用于脱毒的适宜茎尖大小

植物	病 毒 名 称	剥离茎尖大小/mm	植物	病 毒 名 称	剥离茎尖大小/mm
马铃薯	马铃薯卷叶病毒(PLRV)	1.0~3.0	百合	花叶病病毒	0.2~1.0
	马铃薯 Y 病毒(PVY)	1.0~3.0	鸢尾	花叶病病毒	0.2~0.5
	马铃薯 X 病毒(PVX)	0.2~0.5	菊花	各种病毒	0.2~1.0
	马铃薯 G 病毒(PVG)	0.2~0.3	康乃馨	各种病毒	0.2~0.8
	马铃薯 S 病毒(PVS)	0.2 以下	大丽花	花叶病病毒	0.6
甘薯	斑纹花叶病毒	1.0~2.0	大蒜	花叶病病毒	0.3~1.0
	缩叶花叶病毒	1.0~2.0	甘蔗	花叶病病毒	0.7~3.0
	羽毛状花叶病毒	0.3~1.0	草莓	各种病毒	0.2~1.0

2. 培养基

MS 培养基作为基本培养基适合很多植物的茎尖培养,但还需要添加相应外源植物激素。如在培养基中添加少量生长素对培养无叶原基的茎尖分生组织是必不可少的,因为据 Shabde 和 Murashige 的研究,自然条件下生长素可能由第二对幼叶原基合成。生长素中,NAA 稳定性强于 IAA,所以使用 NAA 效果更好;2,4-D 在组培中常用于诱导愈伤组织发生,故在茎尖培养时要避免使用。此外,培养基中加入适量间苯二酚,可促进幼茎的增殖和新根数的增加。除了 MS 培养基,White、Morel 等培养基也有广泛应用,尤其是提高培养基中的 K^+ 和 NH_4^+ 水平后。

茎尖培养一般使用固体培养基。在固体培养基能诱导外植体愈伤组织化的情况下,也可使用液体培养基。在进行液体培养时,需要通过纸桥法(图 6-3)进行培养。其特点是茎尖置于纸桥中央,依赖滤纸从培养基中吸取养分。这种方法的优点是利于透气和消除杂质对生长分化的影响。

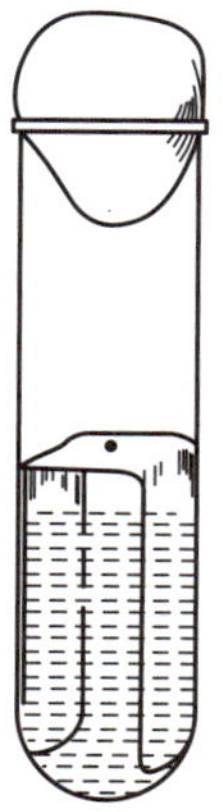

3. 培养条件

茎尖培养一般在温度 23~27 ℃条件下进行。除了必须要在黑暗条件下培养以减少酚类物质产生的植物(如天竺葵)外,茎尖培养需要光照,特别是在培养形成叶片能够进行光合作用时,要提高光照度。如在马铃薯茎尖脱毒培养过程中,最初光照度为 100 lx,4 周后增强到 200 lx,当苗高达到 1 cm 时,光照度要达到 4 000 lx。

图 6-3　纸桥培养

延伸阅读：茎尖培养过程中的常见问题

植物茎尖接种后，正常生长表现为生长点伸长，叶原基也同时发育，基本无愈伤组织形成，在 3～4 周内形成小芽，6～8 周长成为小植株。如不生长则表现为接种茎尖逐渐转变为褐色直到枯死，这通常和剥离过程茎尖受伤有关。如茎尖接种后能逐渐转绿，但仅是个绿色小点，体积增大缓慢，这说明茎尖生长缓慢，培养条件不合适，需要迅速调整培养基，通常要将培养基生长素 NAA 质量浓度调整到 0.1 mg/L 以上，同时适当提高培养温度。如接种茎尖后，茎尖基部产生大量疏松半透明的愈伤组织，但茎尖生长点基本不伸长，这时说明茎尖生长过速，需要将其及时转入无生长素的培养基，降低培养温度，抑制愈伤组织生长，促进其分化。

二、热处理脱毒

（一）热处理脱毒的基本原理

热处理脱毒又称为温热疗法，是植物脱毒应用最早的方法之一。早在 1889 年印度尼西亚爪哇人就会把甘蔗放在 50 ℃ 左右热水中浸泡 30 min 来防止甘蔗枯萎病的发生。Kassanis 应用热处理成功脱除了 PLRV，此后这项技术被广泛应用于防治植物病毒病。

热处理脱毒的基本原理是利用病毒和寄主植物对高温忍耐性的差异，将植株置于高于正常生长温度条件下，使植株内的病毒全部或部分钝化，病毒的扩散和增殖会受到抑制，浓度不断降低，而寄主植物基本不受到伤害，这样持续一段时间，植物体内的大部分病毒就会消除从而达到脱毒的目的。

必须清楚的是高温下植物同样会受到伤害，只是植物对高温的忍耐性超过病毒。Bake 研究发现，热水处理的植物组织常常会窒息死亡，在生理上会打破或延长植物的休眠期。伤害较轻的方法是采用热空气（35 ℃ 以上）处理植株一定时间进行脱毒。

（二）热处理脱毒的方法

1. 温汤浸渍处理脱毒法

将带毒植物材料置于一定温度的热水中浸泡一定的时间直接使病毒钝化或失活。常用处理方式是：在温度 50 ℃ 左右处理几十分钟或 35 ℃ 处理 30～40 h。这种方法对植物组织伤害大，到 55 ℃ 时大部分植物会被杀死。一般适于甘蔗、木本植物和植物休眠器官比如种子、块茎、休眠芽等的处理。

2. 热空气处理脱毒法

热空气处理脱毒是生产实践中常采用的方法，将受病毒感染的植物材料在 35～40 ℃ 热空气中暴露 2～4 周或更长时间，使病毒增殖扩散速度跟不上植物生长速度而达到脱毒目的。

该方法要求在开始阶段温度要缓慢上升，然后逐渐达到处理温度进行处理；要求被处理植株材料根系发达、生长健壮，贮备充足的营养以供消耗。实践中旺盛生长的健壮枝条适合用这种方法处理。一般程序是先 27～35 ℃ 预处理 1～2 周，然后进行热处理，然后立即切取处理过程中生长的新梢顶端嫩枝嫁接到无毒砧木上或扦插于扦插床中，这样培育出来的植株就是脱毒植株。

热处理脱毒对设备要求不高，操作简单，应用广泛，但存在脱毒时间长、脱毒不彻底等缺点，一般只能脱除球状病毒（如葡萄扇叶病毒、苹果花叶病毒）和类菌质体等，而无法脱除杆状病毒（如烟草花叶病毒）和线状病毒。所以热处理脱毒具有一定的局限性，并不能除去所有病毒。

（三）影响热处理脱毒的因素

1. 处理温度与时间

不同病毒种类脱毒温度和时间不同，一般在植物耐热能力允许范围内，热处理温度越高，时间越长，脱毒效果越好。如香石竹在 38 ℃ 温度下处理 2 个月可以脱除茎尖所含病毒，马铃薯卷叶病毒在 37 ℃ 温度下处理 20 d 即可脱除。

对于温度控制，现在采用变温处理实例较多。变温处理时植物体受持续高温损伤减小、死亡率大大降低，脱毒效果也要好于恒温处理。如洪霓（1995）对梨病毒的脱毒研究中采用恒温（37 ℃ ±1 ℃）处理和变温（32 ℃ 和 38 ℃ 每隔 8 h 交替一次）处理，结果表明变温处理植株死亡率低，脱毒率高。又如脱除柑橘碎叶病毒时，38 ℃ 恒温处理 16 周不能脱毒，采用白天 40 ℃ 温度，夜间 30 ℃ 温度处理 6 周和白天 44 ℃ 温度，夜间 30 ℃ 温度处理 2 周后成功脱毒。

2. 湿度与光照

采用热空气处理脱毒法时，热处理箱不能过分干燥，相对湿度要求为 70% ~ 80%，否则新梢生长困难。处理通常是在室内进行，光照不足时要补充人工光照，对生长有利。为了更好地调控湿度和光照，保证脱毒效果，现在一般在光照培养箱内进行培养。

三、其他脱毒方法

（一）热处理结合茎尖培养脱毒

热处理后植物顶端无毒区会扩大，再切取茎尖时就可以切取较大茎尖（1 mm 左右）从而提高茎尖培养成活率。另外，因为采用茎尖培养，植株的热处理时间也可缩短，这样对植物组织伤害会减轻。所以二者结合来脱毒，能克服茎尖分生组织脱毒存活率低和热处理脱毒时间长、不彻底的缺点。

如矮牵牛变温热处理 16 d 后，剥取 0.5 mm 茎尖培养的脱毒效果好于直接剥取 0.2 mm 的茎尖培养的效果；在 40 ℃ 处理康乃馨 6 ~ 8 周，再分离 1 mm 茎尖进行培养，成功地去除了病毒；将马铃薯块茎在 35 ℃ 温度条件下处理 6 周左右，再进行茎尖培养，可脱去一般直接培养难以去除的纺锤块茎类病毒。

另外，有报道指出，有些病毒能够侵入植物茎尖分生组织，已确认的此类病毒有烟草花叶病毒（TMV）、PVX、CMV。这种特殊情况下，就必须采用热处理与茎尖培养相结合的方法脱毒。实际操作时可选择先对母株进行热处理再切取茎尖分生组织培养，或者选择高温处理培养的茎尖的方法。

（二）愈伤组织培养脱毒

病毒在植物体内分布不均匀，从染病植株诱导的愈伤组织细胞并不都携带等量的病毒。因此，从愈伤组织再分化产生的小植株中，可以得到一定比例的脱毒株。如 Murakishi 和 Carlson（1976）以感染 TMV 的烟草叶片为外植体，培养获得 50% 无 TMV 的植株。Wang 和 Hang（1975）的研究结果显示，在马铃薯茎尖愈伤组织再生植株中，不含 PVX 的植株频率比由茎尖直接产生的植株中高得多。这些都说明愈伤组织的某些细胞实际上是不含病毒的，其可能原因：一是愈伤组织细胞分裂速度快于病毒粒子复制速度；二是愈伤组织细胞在诱导分化过程中，部分细胞发生突变，对病毒有抗性。

目前，愈伤组织培养脱毒产生无病毒苗的方法在很多植物上已先后获得成功，但也存在一些缺陷,如再分化植株遗传性状与亲本相比不稳定,可能会发生变异;有些植物愈伤组织分化困难,尚不能产生再生植株等。

(三) 珠心胚培养脱毒

这是蜜柑、甜橙、柠檬等柑橘类植物所特有的一种脱毒方法。柑橘类植物很多种类具有多胚现象,即种子中除了一枚合子胚之外,还存在由珠心细胞发育成的多个珠心胚。珠心胚为种子里面结构,病毒传播很难进入种子,所以珠心胚不含毒,用组培方法培养珠心胚就可以得到脱毒苗。又因为珠心胚是母体体细胞发育形成的,所以珠心胚培养成的脱毒苗还保留了和母株一致的遗传特性。实践中对柑橘珠心胚培养通常取花后 7 周左右的胚囊培养,1 个月后可形成球形胚和愈伤组织(蒋建国等,1992)。珠心胚培养技术对去除柑橘鳞皮病、速衰病、裂皮病、叶脉突出病等病毒十分有效。

珠心胚大多不可育,需要分离培养才能形成正常植株。此外,珠心胚苗生长时间长,结果迟,所以一般要将珠心胚培养的脱毒植株嫁接到三年生砧木上,促其提早结果。

(四) 花药培养脱毒

大泽胜次(1974)首次发现,草莓花药培养可产生无病毒植株,而且脱毒效率达到 100%。他认为花药培养的脱毒苗可省略病毒检测手续,建立了花药培养生产草莓脱毒苗的培养方法。乔奇(2003)利用草莓花药培养脱毒技术获得脱毒苗,田间试验产量比对照组提高 30.3% 和 34.3%。现在草莓花药培养脱毒已成为当前国内外草莓无病毒苗培育的主要方法之一。

(五) 微体嫁接脱毒

多年生的有些木本植物,茎尖培养很难成苗,即使成苗也难以生根。为解决这样的问题,可通过微体嫁接获得完整的脱毒植株。微体嫁接是将 0.1~0.2 mm 的茎尖作为接穗,嫁接到由试管中培养出来的无菌实生砧木上,在试管中培养获得完整植株。这是组织培养与嫁接相结合脱毒的一项技术,这一技术可脱除柑橘多种病毒,也解决了柑橘茎尖再生植株难生根的难题,在杏、桉树、山茶等植物的脱毒中也很有效。

第三节 脱毒苗的鉴定

采用脱毒方法处理(培养)得到的植株,必须经过鉴定才能确定是否真正脱除了病毒。传统的方法有直接观察法和指示植物鉴定法。随着分子生物学、免疫学、电子显微镜等理化技术的应用,产生了抗血清鉴定、分子生物学检测、电镜观察等先进的鉴定方法。

一、直接观察法

脱毒苗叶色浓绿,均匀一致,长势好。未脱毒苗出现花叶、黄化、矮化丛生等异常状态。如草莓出现叶面褪绿斑、叶小、叶柄短、叶片急性扭曲等状;马铃薯出现花叶或明脉、脉坏死、卷叶、植株束顶、矮缩等状;甘薯、康乃馨出现褪绿斑点。表现出病毒病症状的植株可初步判定为病株。

根据症状诊断要注意区分病毒病症状与植物的生理性障碍、机械损伤、虫害及药害等表现。如果难以区分,需结合其他诊断、鉴定方法,综合分析、判断。

二、指示植物鉴定法

指示植物是指对某种或几种病毒及类似病原物或株系具有敏感反应,并表现出明显症状的植物,也就是说,指示植物比原始寄主植物更容易表现出症状。

病毒的寄生范围不同,应根据不同的病毒选择适合的指示植物。如马铃薯病毒指示植物有千日红、黄花烟、心叶烟和毛叶曼陀罗,草莓病毒指示植物有野草莓、野红草莓,香石竹病毒指示植物有昆落阿藜、苋色藜,菊花病毒指示植物有矮牵牛、豇豆。

指示植物有草本和木本。对于草本指示植物,一般用汁液涂抹鉴定;木本指示植物由于采用汁液接种比较困难,通常采用嫁接法鉴定。

(一)汁液涂抹鉴定

参阅技能训练6-2。

(二)嫁接鉴定

木本指示植物嫁接的方法有如下2种。

1. 双重芽接法

先把待检测接穗的芽片嫁接在砧木基部,每株嫁接1~2个待检芽。再削取指示植物的芽片嫁接在待检芽的上方,两芽相距1~2 cm,嫁接后在指示植物接芽上方1~1.5 cm处剪除砧木的茎干(图6-4)。

2. 双重切接法

在休眠期剪取指示植物及待检植物的接穗,萌芽前将待检植物接穗切接在实生砧木上,而将带有2个芽的指示植物接穗切接在待检植物接穗上(图6-5)。为促进伤口愈合,提高成活率,可在嫁接后套上塑料袋保温保湿。该法的缺点是嫁接技术要求高,嫁接速度慢,成活率低。

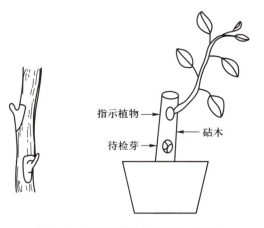

图6-4 双重芽接法(王国平,2002)

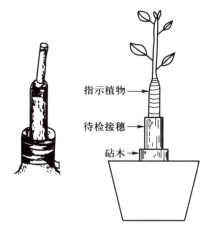

图6-5 双重切接法(王国平,2002)

嫁接完成后,加强肥水管理,每周定期观察指示植物表现,根据指示植物的症状反应,明确待测植物是否带有病毒。部分苹果病毒及类病毒的木本指示植物及相应症状见表6-4。

表 6-4　部分苹果病毒及类病毒的木本指示植物及相应症状

病 毒 种 类	指 示 植 物	症　　状
苹果褪绿叶斑病毒（ACLSV）	苏俄苹果（R12740-7A）	指示植物长出 3~5 枚叶片后,叶片上出现褪绿斑点,多发生于叶片一侧,病株叶片较健株叶片小,有的向一侧弯曲呈舟形叶。植株矮化,生长衰弱
苹果茎痘病毒（ASPV）	光辉（Radiant）	指示植物长出 2~3 枚叶片后,出现叶片反卷,并引起植株矮化
苹果茎沟病毒（ASGV）	弗吉尼亚小苹果（Virginia crab）	病株较健株矮小,叶片小而色淡,有的病株嫁接口周围肿胀,接合部内有深褐色坏死斑纹。木质部产生深褐色纵向凹陷条沟,严重时从外部即可辨认。在温室检测中,还可表现叶部黄斑或环状斑,叶片扭曲变形
苹果花叶病毒（APMV）	兰蓬王（Lord lambourne）	叶片上产生黄斑,沿叶脉出现条斑
苹果锈果类病毒（ASSV）	国光（Ralls）	茎中上部叶片向背面反卷、弯曲,导致叶片脱落,并在茎上产生不规则的木栓化锈斑

引自 NY329—2006 标准。

三、抗血清鉴定法

血清学检测具有高度专一、测定速度快和操作简单的特点,几分钟至几小时即可完成。目前,抗血清鉴定法已成为植物病毒鉴定常用和有效的方法,其主要环节是:抗原的制备、抗血清的制备和利用抗血清检测植物病毒。利用抗血清检测植物病毒的方法有凝聚扩散法、沉淀法、免疫扩散法和酶联免疫吸附法（ELISA）等,其中比较常用的方法是 ELISA。

ELISA 是把抗原与抗体的特异免疫反应和酶的高效催化作用有机结合起来的一种检测方法。通过化学处理将酶与抗体(抗原)结合制成酶标记物,这些酶标记物具有免疫活性,能与相应抗体或抗原发生血清反应,形成酶标记免疫复合物。在遇到底物时,免疫复合物上的酶催化无色底物,生成可溶性或不溶性的有色产物。如抗原量多,结合上的酶标记抗体就多,有色产物颜色深或浓度就大。根据有色产物的有无及浓度,即可推测被检抗原是否存在及数量大小,从而达到定性或定量的目的。本方法灵敏度高,特异性强,操作简便。

近年来在病毒快速检测方面研究出了很多病毒检测试剂盒。如双抗体夹心酶联免疫吸附（DAS-ELISA）试剂盒,可以检测马铃薯卷叶病毒、马铃薯 X 病毒、马铃薯 Y 病毒和马铃薯 S 病毒等。这样植物病毒鉴定时间就从几十天缩短到几小时,而且性能稳定,重复性、特异性良好。

延伸阅读:血清学反应

植物病毒是核酸和蛋白质组成的复合体,是一种很好的抗原物质。当动物被注射这种抗原物质时,在体内会产生特异的免疫球蛋白,称为抗体。抗体存在于血清之中,又叫作抗血清。抗原和抗体间能发生很强的特异性结合形成抗原-抗体复合物,称为"血清学反应"。因此,根据已知抗体与未知的抗原能否发生血清学反应就可以判断病毒是否存在,这就是抗血清鉴定病毒的原理。

四、分子生物学检测法

病毒抗原性的产生是因为病毒粒子外壳蛋白,有些植物病毒在某些情况下缺乏外壳蛋白(类病毒本身没有外壳蛋白),而且目前很多种植物病毒未能制备出特异抗血清,因此,血清学检测方法在应用范围上有很大的局限性。分子生物学技术的应用克服了血清学技术的局限性,与血清学技术相比,其灵敏度更高、特异性更强、适用范围更广,并且更加快速、简便。在植物病毒检测与鉴定方面应用的分子生物学技术主要包括双链 RNA 技术、核酸杂交技术和聚合酶链式反应技术等。

(一)双链 RNA(dsRNA)技术

RNA 病毒占植物病毒总数的 90% 以上,大多数植物病毒的基因组是单链 RNA(ssRNA),需要复制而繁殖。当病毒侵染宿主细胞时,以病毒 ssRNA 为模板合成一条与其互补的单链,然后以此互补的单链为模板合成病毒 ssRNA,最后与合成的蛋白质外壳组装成一个新的病毒颗粒。因此,RNA 病毒自我复制过程中,是会形成 dsRNA 中间体的。类病毒是一类裸露的环状闭合的 ssRNA 分子,其自我复制时,也会形成 dsRNA 中间体。dsRNA 对脱氧核糖核酸酶(DNase I)和核糖核酸酶(RNase)具有耐受性,一般不易降解。正常植物体内的 RNA 是由 DNA 转录而来的 ssRNA,理论上不存在 dsRNA。Morris 和 Dodds 的研究结果表明,某些正常植物体内会存在一些低分子量的 dsRNA(小于 1.0×10^6),但大分子量的 dsRNA(大于 1.0×10^8)的出现与含植物病毒的基因组有关,因此,dsRNA 可作为病毒检测的标志。取待检样品提取核酸,加入 DNase I 和 RNase 降解 DNA 和 ssRNA 后,再通过凝胶电泳分析待检样品中是否含有未被降解的 dsRNA 就可知样品中是否含有病毒、类病毒。

(二)核酸杂交技术

核酸杂交技术是根据具有一定同源性的 2 条核酸单链在一定条件下(适宜的温度和离子强度等)可按碱基互补原则退火形成双链(即杂交)的原理,将一段人工合成的核酸单链(如互补 DNA,即 cDNA)以某种方式加以标记,制成探针与待测病毒核酸杂交,带探针的杂交体显影(或显色)后可以指示病毒的存在。该技术的核心是使带有标记物的核酸探针与待测核酸形成杂交体。一旦形成杂交体,即可对其观察分析,这有赖于杂交前对核酸探针的有效标记和对携带有标记物的杂交体有效的检测(显示)技术。目前,用于检测植物病毒、类病毒的方法主要有核酸斑点杂交技术、Northern 印迹杂交技术等。

1. 核酸斑点杂交技术(NASH)

核酸斑点杂交技术,是将被检测的标本点样在膜上,烤干或在紫外线照射下固定标本,然后就可以进行杂交了。利用核酸斑点杂交技术,以荧光素、地高辛等非放射性标记物标记的探针检测植物病毒及类病毒时,一般按如下操作程序进行:RNA 的提取、点样至膜上并固定、预杂交、杂交、洗膜、封闭、结合抗体、漂洗、显影(或显色)及结果分析。

2. Northern 印迹杂交技术

Northern 印迹杂交技术,是将 RNA 样品通过琼脂糖凝胶电泳分离,再转移到固相支持物上,用同位素或生物素标记的核酸探针对固定于膜上的 RNA 进行杂交,将具有阳性的位置与标准的分子量进行比较,可判断 RNA 的分子量大小,根据杂交信号的强弱,可知 RNA 的量。其基本的步骤包括:RNA 的提取、RNA 的琼脂糖凝胶电泳、将凝胶上的 RNA 按原有的分布转移到固相支持物（如尼龙膜）上、膜上的 RNA 与探针分子杂交、除去非特异性结合的探针分子、显影（或显色）及结果分析。

（三）聚合酶链式反应（PCR）技术

PCR 技术是一种体外快速扩增特定的 DNA 片段的技术，于 1985 年由 Mullis 等发明。利用 PCR 技术，能将极微量的核酸快速扩增到检测量，能够在组织病毒含量很低、其他方法无法检测时进行病毒检测。正常 PCR 是以 DNA 为模板进行扩增的，而大多数植物病毒基因组为 RNA，它们必须在反转录酶的作用下反转录合成 cDNA 才能进行 PCR 扩增。因此，植物病毒 PCR 检测采用的方法是反转录 PCR（RT-PCR）。利用 RT-PCR 检测植物病毒的主要环节包括：RNA 的提取、RT-PCR、凝胶电泳及结果分析。

五、电镜观察法

电子显微镜（简称电镜）的问世，使人们对植物病毒的形态和结构有了更直观的认识。1939 年 Kausche 等首次用电子显微镜观察到了烟草花叶病毒的杆状病毒粒子，开启了运用电镜观察植物病毒的序幕。电镜观察法是运用电子显微镜（透射电镜、扫描电镜）观察待检植物体内有无病毒粒子的存在，并根据病毒粒子的形态、大小、结构以及病毒侵染寄主所引起的细胞显微结构的变化对病毒种类进行鉴定的方法。病毒粒子的形态主要有杆状、线状和球状等，不同形态病毒其大小往往不同。观察病毒常用的方法是负染色电镜法、超薄切片法和免疫电镜术（IEM）等。电镜观察法鉴定病毒直观性强、灵敏度高，但需要借助昂贵的电镜设备，并且操作较复杂，实验技术水平要求较高。

第四节　脱毒苗的保存与繁殖

一、脱毒原种的保存

脱毒后经鉴定不含特定病毒的植株可用作生产脱毒苗的繁殖材料，又称为脱毒原种。脱毒原种其抗病性并没有增加，在自然条件下很容易受病毒再次侵染。因此，对脱毒原种需要采取正确的方法保存。

（一）隔离保存

因为植物病毒的传播媒介主要是昆虫，为防止脱毒原种再次感染上病毒，脱毒原种一般保存在隔虫网室中。种植脱毒原种的母本园要建在相对隔离的山地、岛屿或未种植过该植物的适宜地区。母本园的土壤要经过消毒，保证脱毒原种是在与病毒严密隔离的条件下栽培的，并采用最优良的栽培技术措施。隔虫网室防虫的网纱以 300 目较好，可以防止蚜虫进入。隔虫网室内部环境要保持清洁，要定期喷药杀菌防虫。尽管采取以上隔离种植保存脱毒原种的措施，脱毒原种植株仍有被病毒重新感染的可能性，因此还要定期进行重感染病毒的检测，一旦发现隔离区内有感染病毒的植株，应采取果断措施排除，避免病毒再次传播。此方法通常可保存脱毒原种 5~10 年时间。

延伸阅读:植物病毒的传播方式

植物病毒可以通过媒介昆虫、直接接触、嫁接等多种途径传播,其中大多数的病毒是通过媒介昆虫传播而流行的。昆虫主要为蚜虫、叶蝉、飞虱、蚧类和粉虱等,昆虫对植物体造成伤口,病毒从伤口侵入植物体内。

(二)离体保存

离体保存的原理是采用组培方法,将脱毒原种器官或幼小植株接种到培养基上,低温离体长期保存(表 6-5)。

表 6-5　几种植物低温离体保存的效果

植　　物	材料类别	保存条件	保存时间
草莓	脱毒苗	4 ℃,每 3 个月加几滴营养液	6 年
葡萄	分生组织再生植株	9 ℃,低光照,每年继代一次	15 年
苹果	茎尖	1~4 ℃,不继代	1 年
四季橘	试管苗	15~20 ℃,1 000 lx 弱光	5 年

二、脱毒苗的繁殖

经检测无特定病毒的脱毒原种除需要保存之外,还要进行扩大繁殖,以满足生产需要。常用的繁殖方法有组培快繁、嫁接、扦插、压条、匍匐茎繁殖和微型块茎繁殖等。如对甘薯采用剪秧扦插法、对草莓采用匍匐茎繁殖法、对马铃薯采用茎节扩繁及微型薯诱导等繁殖方法。

在脱毒苗繁殖过程中,为防止再感染病毒,应当针对不同繁殖材料采取相应措施(表 6-6)。

表 6-6　防止不同繁殖材料再感染病毒的措施

繁殖材料	防止病毒再感染措施
原种苗	在网室内进行繁殖,防止蚜虫和叶蝉传播病毒
二级种苗	在隔离条件下的专用苗圃内进行繁殖,避免在重茬地繁殖脱毒苗
脱毒苗	培养土、繁殖器具设施、灌溉水使用前均要严格消毒 生长期内定期地喷洒农药,及时杀灭蚜虫和其他昆虫,避免昆虫咬食而传播病毒 田间生长时及时去除病株或弱株,避免病毒的传播

目前我国农作物脱毒苗繁育生产体系为如下模式:国家级(或省级)脱毒中心→脱毒苗繁育基地→脱毒苗栽培示范基地→作物无病毒化生产。脱毒中心负责作物脱毒、脱毒原种鉴定与保存和提供脱毒母株或穗条;脱毒苗繁育基地将脱毒母株或穗条在无病毒感染条件下繁殖生产脱毒苗;脱毒苗栽培示范基地负责进行脱毒苗栽培的实验和示范,在基地带动下实现作物无病毒化生产。

第五节 植物脱毒与检测实例

一、马铃薯茎尖脱毒

（一）茎尖剥离前的准备工作

1. 配制植物生长调节剂

为使用方便,将常用的植物生长素和细胞分裂素统一配成 0.1 mg/mL 溶液,通常配 100 mL。

2. 制作诱导培养基

培养基配方参照本单元技能训练 6-1 的诱导培养基。剥离茎尖的培养基比组培苗的培养基略软点为佳,每升培养基比标准 MS 培养基少放 0.5 g 凝固剂,使 pH 在 5.8~6.0。

3. 配制消毒剂

75% 乙醇、10% 次氯酸钠。

4. 物品准备

滤纸、小烧杯(每一个剥离芽配备 2 个小烧杯,1 个用于乙醇处理,1 个用于次氯酸钠处理)、大烧杯(通用、存放废弃物)、剪子、镊子、专用解剖针、手术刀、无菌水(将桶装水装到三角瓶中,不能太满,占容器的 1/3,pH 在 5.8~6.0,EC 值在 10 以下)。

5. 灭菌

滤纸装入培养皿内,接种器械、烧杯等其他物品均用牛皮纸或报纸包好,放入高压灭菌锅内灭菌。

6. 外植体

选择品种(系)农艺性状典型、健壮、没有明显病毒症状的单株,备选挂牌做标识,到收获时取其所结的块茎,先用小毛刷刷洗干净后,再用小纸箱装好,单收单藏,自然通过休眠期。或采取人工打破休眠期,块茎在 35 ℃ 恒温培养箱,每天光照 16 h,光照度为 2 000 lx,放置 30 d 左右后,用 0.01~0.02 mg/mL 赤霉素溶液浸泡 20~30 min,做催芽处理。当薯块出芽时,将其放置在光照度 3 000 lx 条件下,出的芽比较坚挺,取芽时,比较容易操作(图 6-6)。从薯块上取下的芽,放入玻璃烧杯内,先用淡淡的加酶洗衣粉液浸泡 1~2 min,同时不停振荡,冲刷芽上的尘土,然后在烧杯上扎块纱布,放在水龙头下,采用小水流冲洗,持续冲洗 2~3 h。控干水后送达无菌室。

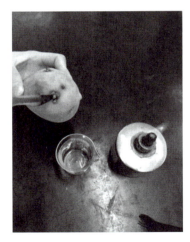

图 6-6 马铃薯薯块取芽

（二）茎尖剥离步骤

1. 具体操作步骤

无菌室提前灭菌处理,通常 2 人配合操作。1 人辅助,负责掌握外植体消毒时间、绑扎试管或瓶口及标号记录。另 1 人具体操作,步骤如下:第一步,在超净台内先用 75% 乙醇浸泡 30~45 s,

并不断振动,让消毒剂作用到芽的每个部位;第二步,用无菌水冲洗 3 次,控净水;第三步,根据不同的品种和芽的大小,在 10% 次氯酸钠中浸泡 5~10 min,或用 5% 漂白粉溶液浸泡 5~10 min,药剂浓度和浸泡时间应根据品种不同需要而定;第四步,无菌水清洗 4~5 次,将外植体放在高压灭菌过的滤纸上吸干水分(滤纸在使用前,用镊子夹住滤纸在酒精灯上转圈烤一下,能充分吸走外植体上的水分,降低污染率);第五步,在 40 倍的立体双筒解剖镜下(图 6-7),用消过毒的专用解剖针剥去外层叶片,再用手术刀剥取 0.1~0.3 mm、带 1~2 个叶原基的茎尖分生组织(图 6-8),移植于诱导培养基中培养。

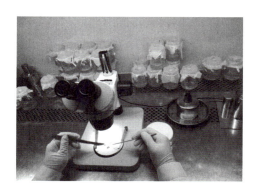

图 6-7　解剖镜下剥取马铃薯茎尖

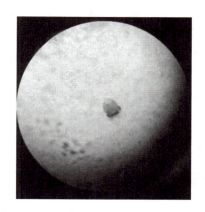

图 6-8　马铃薯茎尖分生组织(来自薯块)

2. 注意事项

当茎尖剥离操作结束,凡是茎尖剥离所用的器械、烧杯容器等都需及时用洗衣粉清洗后灭菌,将超净台面收拾干净,并用 75% 乙醇喷洒台面,再用面巾纸或毛巾擦拭干净,以免交叉感染。

(三)普通培养条件

培养温度白天为 24 ℃±1 ℃,晚上为 18 ℃±1 ℃。光照时长白天保持在 14 h,晚上保持在 10 h,光照与温度变化同步。在愈伤组织形成和长出生长点时光照度在 1 500~2 000 lx。每隔3~5 d 观察一下,先有愈伤组织,然后长出生长点,再抽出茎叶,及时剪出生长点,转移到 MS 培养基上。

(四)无菌苗的再次剥离

常规的茎尖剥离获得的试管苗脱毒率不能达到100%,因为薯块的首次剥离培养可获得 2 种剥离苗,一种剥离苗首次剥离成功,并通过脱毒检测,进入程序的下一步,重复检测,成为核心苗,可继代繁殖。另一种剥离苗未通过脱毒检测,组培苗为无菌苗,但未完全将病毒脱除干净,并存在已知的病毒。这种状况需要开展二次剥离,并采用药物与变温的方法处理二次剥离的茎尖。从无菌的组培苗的生长点或腋芽上获得茎尖(无需外植体消毒这个环节),只带 1 个叶原基或不带叶的分生组织,大小在 0.1~0.15 mm,接入含抗病毒药物的培养基上(培养基配方中加入利巴韦林喷剂 40~60 mL/L),并进行变温处理,腋芽上剥离的叶原基,通常不产生愈伤组织,直接慢慢成苗。

(五)变温钝化培养条件

将二次剥离好的茎尖接入含抗病毒药物培养基并放入光照培养箱中培养。培养条件设置温度为25 ℃,20~21 h;温度为40 ℃,4~5 h,其中1 500~2 000 lx光照12 h,黑暗12 h,钝化培养时间在4~6周。6周后及时将药物和钝化处理的芽转接到MS培养基上,经常观察,不断调整,慢慢形成苗,进入检测阶段。

二次剥离茎尖、采用药物与变温相结合处理,能有效脱除PLRV(马铃薯卷叶病毒)、PVY(马铃薯Y病毒)、PVX(马铃薯X病毒)、PVM(马铃薯M病毒)、PVA(马铃薯A病毒)和PMTV(马铃薯帚顶病毒)等病毒,脱毒率达99%。但该方法脱除PVS(马铃薯S病毒)脱毒率在80%左右,因此要脱除PVS需重复剥离茎尖、钝化、成苗、检测,多次循环。有些材料连续剥离钝化处理多次,仍达不到理想的效果,则需要在变温钝化培养时不断调整杀病毒药剂的浓度和延长钝化时间。二次剥离小芽变温钝化4~6周后,可采用2种方法从培养箱中移出剥离小芽。一是直接送到培养室,慢慢成苗,达到检测质量标准。二是钝化处理后,再次将茎尖切小,只剩分生组织,再送到培养室,成苗后送至检测。第二种途径脱除PVS的脱毒率比第一种送去培养的脱毒率高,但是对成苗率有些影响。曾有个别含PVS的品种经历了多次反复剥离和钝化处理,花了2年多时间,才通过重复3次检测,获得健康脱毒苗。

剥离茎尖的大小与成苗率和脱毒率有密切的关系。茎尖切得越大,其成苗率越高,脱毒率相对低;茎尖切得越小,其成苗率越低,脱毒率相对高。同时,不同品种对激素反应有所差异,使用的激素种类和浓度不能一概而论,需勤观察,勤调整。

二、马铃薯脱毒苗检测

剥离的芽生长成苗后,可剪出二叶一心的生长点,逐渐单株扩繁,等繁殖出4株苗以上,可以进行第一次检测。

(一)双抗体酶联免疫吸附测定法(DAS-ELISA)

这种方法可检测8种病毒和1种细菌性病害,它们是PVX、PVY、PLRV、PVM、PVS、PVA、TMV、TSWV(番茄斑萎病毒)和CMS(环腐)。

(二)植物生物芯片技术(GeneTop PVB Kit)

这种技术可检测7种病毒PVA、PVM、PVS、PVX、PVY-O、PVY-N、PLRV和PMTV,1种类病毒PSTVd,4种细菌性病害CMS(环腐)、RS(青枯)、Ech(软腐)和Pcs(黑胫)。具体检测流程如下。

1. 植物RNA提取

(1)取0.35 g马铃薯组织加入Rapid EB Ⅰ试剂袋。

(2)隔着试剂袋将组织研碎并与Rapid EB Ⅰ试剂混合均匀。

(3)吸取100 μL组织均质液到0.2 mL PCR操作管中。

(4)将样品置于PCR仪中99 ℃加热2 min、85 ℃加热13 min最后保存于4 ℃。

(5)离心机快速离心30 s。

(6)小心吸取25 μL上清液加入预先装有475 μL Rapid EB Ⅱ试剂的1.5 mL微量离心管。

(7)在涡旋仪上将液体振荡混合均匀,继续快速离心数秒,管中液体即为检测用RNA样品。

2. 对提取的RNA立即进行RT-PCR实验

分别吸取10 μL RT-PCR混合试剂、2 μL RNA样品加入PCR操作管中,按照表6-7条件进行PCR扩增反应,将病毒生物信号扩增成230倍。

表 6-7　扩增反应条件

反 应 温 度	时　间	
45 ℃	30 min	
94 ℃	2 min	
94 ℃	15 s	
58 ℃	40 s	30 个循环
72 ℃	40 s	
72 ℃	7 min	

3. 杂交反应

利用芯片上的特异性探针获取病毒信号,用以鉴定检测结果。

（1）打开杂交烘箱并预热至温度 55 ℃。

（2）将 RT-PCR 产物于 PCR 仪中 95 ℃加热 3.5 min 后降温至 4 ℃,取出置于冷冻保温盒中备用。

（3）将备用 RT-PCR 产物离心数秒,取 100 μL HA Buffer 至生物芯片中,再将 10 μL RT-PCR 产物加入 HA Buffer 中,最后贴上胶膜。

（4）将生物芯片盘放置恒温振荡器中 55 ℃,1 000 r/min,并反应 30 min。

（5）倒掉杂合反应液,加入 200 μL Wash Buffer 清洗 2 次,最后 1 次静置 1 min。

（6）取 100 μL Blocking Reagent 混合液加入生物芯片中。

（7）将生物芯片盘放置恒温振荡器中 55 ℃,1 000 r/min 并反应 30 min。

（8）倒掉反应液,加入 200 μL Wash Buffer 清洗 1 次,倒掉 Wash Buffer。

（9）加入 100 μL C Buffer 润湿生物芯片,并静置 1 min 后,倒掉并于擦手纸上拍干。

（10）取 100 μL Detection Reagent 混合液加入生物芯片盘中反应。

（11）将生物芯片盘放置恒温振荡器中 55 ℃,1 000 r/min 并反应 7 min。

（12）倒掉反应液,用大量自来水清洗测试盘,于 55 ℃温度干燥,并且判读结果。

4. 结果判读

根据试剂盒判读说明,利用肉眼或判读仪直接进行生物芯片结果判读（图 6-9、图 6-10）。

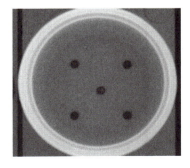

图 6-9　无病害

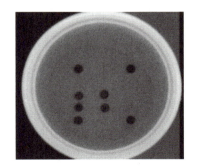

图 6-10　有病害

每间隔 3 周左右继代繁殖 1 次,检测 1 次,继代繁殖 3 次,连续检测 3 次,才能通过。在大田进行农艺性状的观察,如符合品种特性,才可以安全地作为核心苗,扩大繁殖,用于生产。

技能训练 6-1　植物茎尖剥离与培养

一、训练目标

1. 会正确使用解剖镜,能剥离出植物茎尖。
2. 会培养植物茎尖。

二、材料用具

1. 材料与试剂

马铃薯块茎,无菌水,70%乙醇,2%次氯酸钠。

2. 仪器与用具

光照培养箱,解剖镜,解剖刀,镊子,解剖针,剪刀,滤纸,培养皿,烧杯,2 cm×15 cm 平底试管。

三、训练操作规程

表 6-8 为马铃薯茎尖剥离与培养操作技术要点。

表 6-8　马铃薯茎尖剥离与培养操作技术要点

操 作 流 程	操作技术要点
催芽	1. 将马铃薯块茎种于高压灭菌的湿沙中催芽 2. 当芽长到 4~5 cm 时,可剪取用于剥离茎尖
配制培养基	1. 配制诱导培养基:MS+KT 0.05 mg/L+IAA 0.5 mg/L+蔗糖 3%+琼脂 5 g/L,pH 5.8 2. 培养茎尖的容器可使用 2 cm×15 cm 平底试管或小三角瓶
消毒	1. 除去枝条上较大的叶片,自来水下冲洗 30 min,剪成单芽茎段 2. 用 70%乙醇浸泡 5~10 s,无菌水冲洗 1 次 3. 用 2%次氯酸钠处理 8~10 min,用无菌水冲洗 3~5 次 4. 放入铺有滤纸的无菌培养皿中待用
剥取茎尖	1. 在超净工作台上先把解剖镜放大倍数调到较小 2. 将培养皿置于解剖镜中央,调节旋钮,使茎尖在视野中清晰 3. 一只手用镊子将茎芽固定,另一只手用解剖针逐层剥去幼叶和叶原基 4. 当圆亮半球形的茎尖生长点充分暴露出来时,用解剖刀切下 0.1~0.5 mm,带 1~2 个叶原基的茎尖 5. 在剥离时动作要快而准确,防止茎尖水分挥发,同时注意不要损伤生长点
接种	将剥取后的茎尖直立向上接种到诱导培养基上,每管接 1 个茎尖

马铃薯茎尖脱毒材料的选取与预处理

马铃薯嫩茎消毒

马铃薯茎尖剥离与接种

操 作 流 程	操作技术要点
初代培养	在温度 23~27 ℃、光照度 1 000~3 000 lx、光照时间 16 h/d 条件下培养
继代增殖	1. 配制继代培养基：MS+NAA 0.1 mg/L+蔗糖 3%+琼脂 5 g/L，pH 5.8 2. 将分化成苗的马铃薯幼苗切段转入继代培养基中
病毒检测	1. 当试管苗扩繁到一定数量后，进行病毒检测（见技能训练 6-2、技能训练 6-3） 2. 经病毒检测确定脱毒后，再进行大量扩繁用于生产

四、训练报告

1. 观察马铃薯茎尖生长、分化及污染情况，记录并统计相关数据。
2. 整理实训内容，提交实训报告。

技能训练 6-2　指示植物鉴定法鉴定脱毒苗

一、训练目标

会用指示植物鉴定法鉴定脱毒苗。

二、材料用具

1. 材料与试剂

感染病毒马铃薯植株，脱病毒马铃薯植株，指示植物（千日红、烟草），金刚砂，0.1 mol/L 磷酸缓冲液。

2. 仪器与用具

光照培养箱，研钵，防虫网室。

三、训练操作规程

鉴定不同的植物病毒应选择相应的指示植物，本次实训以鉴定马铃薯脱毒苗为例介绍其操作过程（表 6-9）。

表 6-9　指示植物鉴定法鉴定马铃薯脱毒苗

操 作 流 程	操作技术要点
准备工作	1. 在 15~25 ℃ 的防蚜温室内培养指示植物（千日红或心叶烟、普通烟、香料烟） 2. 配制 0.1 mol/L 磷酸缓冲液
取样	取 8~10 片待检马铃薯叶片，置于等容积磷酸缓冲液中，用研钵将叶片研磨成匀浆
接种	1. 在千日红、烟草等指示植物的叶片上撒少许 600 号金刚砂 2. 将待检植物的叶汁涂于其上，适当用力摩擦（不要损伤叶片） 3. 约 5 min 后，用水轻轻冲去接种叶片上的残余汁液

操 作 流 程	操 作 技 术 要 点
培养	把接种后植物放在温室或防虫网室内于温度 20~24 ℃ 培养,株间及与其他植物间要留一定距离
观察	3~7 d 后逐日观察症状,观察植物叶片是否出现病毒症状(表 6-10)

表 6-10　马铃薯病毒在主要指示植物上的症状

检 测 病 毒	接毒后检查时间/d	指 示 植 物	表 现 症 状
PVX	5~7	千日红	叶片出现红环枯斑
PVM	12~24	千日红	叶片出现紫红色小圆枯斑
PVS	14~25	千日红	叶片出现橘红色略微凸出的圆或不规则小斑点
PVG	20	心叶烟	系统白斑花叶症
PVY	7~10	普通烟	初期明脉,后期沿脉出现纹带
PVA	7~10	香料烟	微明脉

四、训练报告

观察记录指示植物的生长变化情况。

技能训练 6-3　酶联免疫吸附法鉴定病毒

一、训练目标

会用酶联免疫吸附法(ELISA)检测植物病毒。

二、材料用具

1. 材料与试剂

感染病毒马铃薯植株,脱病毒马铃薯植株,酶标抗体,NaCl,KH_2PO_4,$Na_2HPO_4 \cdot 12H_2O$,KCl,Tween-20,Na_2CO_3,NaN_3,脱脂奶粉,聚乙烯吡咯烷酮(PVP,分子量 24 000~40 000),二乙醇胺,4-硝基苯酚磷酸盐。

2. 仪器与用具

聚乙烯微量滴定板,微量可调进样器(2~10 μL、10~50 μL 和 10~200 μL 3 种规格,并附有相应规格的塑料枪头),冰箱,保温箱,玻璃或白瓷制造的小研钵,酶联免疫检测仪。

三、训练操作规程

应用双抗体夹心酶联免疫吸附法检测马铃薯脱毒苗是否带有 PVX、PVY、PVS 和 PLRV 等主要马铃薯病毒(表 6-11)。

表 6-11　双抗体夹心酶联免疫吸附法检测马铃薯脱毒苗

操 作 流 程	操 作 技 术 要 点
配制试剂	所用试剂为分析纯,用水为蒸馏水 1. 抗体免疫球蛋白和酶标记抗体:从某一马铃薯病毒抗血清提取的免疫球蛋白,将其质量浓度调为 1 mg/mL,作为包被微量滴定板的抗体。用辣根过氧化物酶标记的某一病毒的免疫球蛋白的酶标记抗体,一般使用浓度常在 1∶1 000 以上。贮藏于 4 ℃ 条件下备用 2. 包被缓冲液:1.59 g 碳酸钠(Na_2CO_3),2.93 g 碳酸氢钠($NaHCO_3$)加水到 1 L,pH 9.6 3. PBST 缓冲液:8 g 氯化钠($NaCl$),0.2 g 磷酸二氢钾(KH_2PO_4),2.2 g 磷酸氢二钠($Na_2HPO_4 \cdot 7H_2O$)(或 2.9 g $Na_2HPO_4 \cdot 12H_2O$),0.2 g 氯化钾(KCl),加水到 1 L,然后加 0.5 mL Tween-20,pH7.4。用于洗涤微量滴定板 4. 样品缓冲液:取 PBST 缓冲液 100 mL,加 PVP 2 g 5. 底物缓冲液:取 0.2 mol/L $Na_2HPO_4 \cdot 12H_2O$ 溶液 25.7 mL 加 0.1 mol/L 柠檬酸溶液 24.3 mL,加水 50 mL,pH5.0(现用现配)。临用前加磷苯二胺 40 mg,30%过氧化氢(H_2O_2)0.15 mL,混匀,避光放置。该底物缓冲液应为白色或微黄色溶液 6. 终止液:0.2 mol/L 硫酸溶液。用 1 体积浓硫酸加 9 体积水配制而成
包被滴定板	把免疫球蛋白用包被缓冲液按 1∶1 000 稀释,用微量可调进样器向微量滴定板的每一样品孔内加入稀释的免疫球蛋白 200 μL。在温度 37 ℃ 条件下孵育 1 h,或在温度 4 ℃ 条件下过夜
洗板	甩掉微量滴定板中的免疫球蛋白稀释液,再在一叠吸水纸上敲打微量滴定板,以除尽残留的溶液。向微量滴定板的样品孔中加满 PBST 缓冲液,停留 3 min,甩掉洗涤缓冲液,共洗涤 3 次,以除尽未被吸附的免疫球蛋白
取样	在无菌条件下,从试管苗上剪下长 2 cm 茎段,放在小研钵内,把取样的试管苗放回到试管中,封好管口。把样品编好号,以便按检测结果决定取舍
样品制备	向小研钵中加样品缓冲液,加入的量依每个样品上样的孔数而定。例如,每个样品准备上样一个样品孔时,可加入 0.4 mL 样品缓冲液,研磨后可得 200 μL 清液,够上一个样品孔用
加检测样品	在编好号、洗涤完的微量滴定板的样品孔内,按样品编号、逐个加入提取的样品液 200 μL。每一块微量滴定板上,可设置 2 个阳性对照孔、2 个阴性对照孔和 2 个空白对照孔
孵育	把加完样品的微量滴定板,在温度 37 ℃ 条件下孵育 4~6 h,或在温度 4 ℃ 条件下过夜
洗板	在微量滴定板的样品孔中加满 PBST 缓冲液,停留 3 min,甩掉 PBST 缓冲液,共洗涤 3 次
加酶标记抗体	将酶标记抗体用样品缓冲液按 1∶1 000 稀释 在每个样品孔中加入 200 μL 稀释的酶标记抗体
洗板	在微量滴定板的样品孔中加满 PBST 缓冲液,停留 3 min,甩掉 PBST 缓冲液,共洗涤 3 次,以除掉未结合的酶标记抗体

操 作 流 程	操作技术要点
加底物	在每一样品孔内加底物缓冲液 100 μL 或 200 μL（使用国产酶标检测仪测定光密度时，如底物量多，常污染检测镜头，使测得的光密度值不准确，一般加 100 μL 底物缓冲液；如应用 Bio-Rad550 型等进口酶标检测仪时则可加入 200 μL 底物缓冲液）
终止反应	当观察到阳性对照孔与阴性对照孔显现的颜色可以明确区分时（辣根过氧化物酶标记的酶标记抗体显现橘红色，碱性磷酸酶标记的抗体显现鲜黄色）；或未设对照样品孔的微量滴定板的一些样品孔之间显现的颜色可以明确区分时，每孔加入 30 μL 终止液，如加入 200 μL 底物缓冲液时则可加入 50 μL 终止液（碱性磷酸酶标记的抗体一般可不加终止液）
目测观察	显现颜色的深浅与病毒相对浓度成正比。显现无色表明为阴性反应，记录为"-"；显现淡橘红色即为阳性反应，记录为"+"；依色泽的逐渐加深记录为"++"和"+++"
测定 OD 值	将酶标板置于酶标仪中，于 405 nm 下测定光密度值（OD_{405}） 当 $\dfrac{检测样品\ OD\ 值}{阴性对照\ OD\ 值} \geqslant 2$ 时，可判定此样品阳性反应（阴性对照孔的 OD 值应 $\leqslant 0.1$）

资料来源：中华人民共和国国家标准（马铃薯种薯 GB 18133—2012）。

四、训练报告

报告 ELISA 检测结果。

【单元技能考核建议】

植物茎尖剥离与培养和指示植物鉴定法鉴定脱毒苗需要时间较长，建议采取项目教学法。教师加强宏观指导，考核时注重过程考核、动态考核、跟踪考核，做到定性与定量考核相结合。考核的重点是操作规范性、熟练性和结果准确性。本单元技能考核方案见表 6-12。

表 6-12　单元六技能考核方案

考 核 项 目	考 核 标 准	考 核 方 式
训练态度	训练前准备充分；训练中积极主动，操作认真；经常主动观察实验结果；训练后及时总结，撰写训练报告	随机观察
植物茎尖剥离与培养	消毒方法适宜，剥离的茎尖大小适宜，培养基适当，切割、接种操作规范、准确、熟练，污染率低，建立起无性繁殖系	现场操作 现场检查
指示植物鉴定法鉴定脱毒苗	操作规范、准确、熟练，观察认真；会根据现象判断脱毒效果	现场操作 现场检查
酶联免疫吸附法鉴定病毒	操作程序正确，操作规范、准确，数据全面、真实、准确，结论正确	现场操作 现场检查
训练报告	撰写认真，记录全面，结果翔实	批阅报告

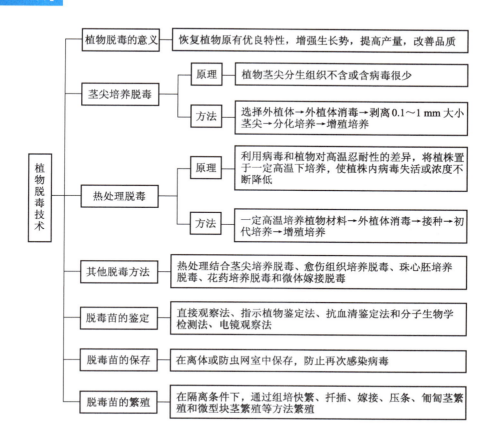

【思考与探究】

1. 植物脱毒的方法有哪些,各有何优缺点?
2. 简述植物茎尖脱毒原理及其关键技术。
3. 为什么对脱毒处理后产生的植株必须进行病毒鉴定?
4. 脱毒苗鉴定的方法有哪些?

 **单元七** 主要经济植物脱毒与快繁技术

■ **知识目标**
- 熟悉常见果树、蔬菜、花卉、树木等植物的脱毒与快繁工艺流程
- 掌握香蕉、马铃薯、甘薯、草莓、兰花等植物的脱毒与快繁技术

■ **技能目标**
- 会对苹果、葡萄、草莓、马铃薯、甘薯等植物进行脱毒
- 会对主要经济植物进行快速繁殖,并能进行炼苗移栽

第一节 果树脱毒与快繁技术

一、苹果脱毒与快繁技术

苹果属蔷薇科仁果亚科苹果属,是世界上栽培面积较广、产量较高的树种之一。苹果一直采用压条、分株和扦插等方法繁殖营养系砧木,用嫁接方法繁殖苹果品种,这些方法需要的繁殖材料多,繁殖速度慢,无法彻底解决病毒感染问题。20世纪70年代,苹果的茎尖培养取得较大突破,大幅度加快了苹果苗木繁殖速度,有效脱除了病毒,茎尖培养现已广泛应用于苹果生产中。

(一)脱毒技术

目前,世界上已发现苹果病毒30多种,我国发生危害的主要有6种,其中苹果锈果病毒病、苹果绿皱果病毒病、苹果花叶病毒病有明显症状,肉眼可见,为非潜隐病毒病;苹果褪绿叶斑锈果病毒病、苹果茎痘病毒病、苹果茎沟槽病毒病为潜隐病毒病。苹果脱毒工艺流程如图7-1所示。

1. 脱毒方法

(1)茎尖培养脱毒 剪取新梢尖端2~3 cm,用70%乙醇浸泡30 s后,再用0.1%氯化汞消毒5 min,无菌水冲洗3~5次。放入无

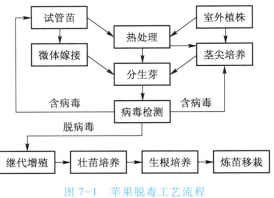

图 7-1　苹果脱毒工艺流程

菌的培养皿中,置双目解剖镜下仔细剥离幼叶,切取0.1~0.2 mm茎尖分生组织,接入MS+6-BA

0.5～1.0 mg/L+IAA 0.2～0.5 mg/L+GA$_3$ 0.1～0.5 mg/L 培养基上。在 25 ℃±2 ℃、光照度 1 500～2 000 lx、光照时间 10 h/d 的条件下培养。每个月换一次培养基,3～4 个月后可分化出新芽。

（2）热处理脱毒　苹果热处理脱毒技术如图 7-2 所示。

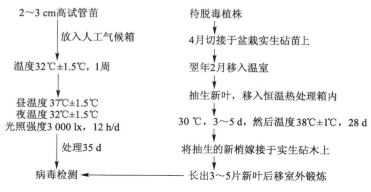

图 7-2　苹果热处理脱毒方法

（3）热处理结合茎尖培养脱毒　热处理结合茎尖培养是一种常用的脱毒方法(图 7-3),它既可提高脱毒效果,又可提高培养成功率。

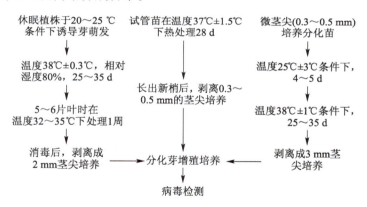

图 7-3　苹果热处理结合茎尖培养脱毒方法

2. 病毒检测技术

（1）指示植物鉴定法　用指示植物鉴定法检测苹果病毒时,多采用弗吉尼亚小苹果(Virginia crab)、国光(Ralls)、光辉(Radiant)等作为砧木,通过嫁接后观察表现症状来判断其是否携带病毒。指示植物鉴定法比较可靠,操作简单,但需要时间较长(2～3 年),在温室中也需 10 个月才能完成。操作详见 NY329——2006 标准。

（2）酶联免疫吸附法(ELISA)　采用酶联免疫吸附法一般 1～2 d 内可以完成对病毒的检测,具有简单、快速等优点。

（二）快繁技术

苹果快繁可以茎尖、茎段或叶片为外植体,其快繁流程如图 7-4 所示。

1. 外植体的选择与消毒

（1）茎尖、茎段　茎尖和茎段是苹果快繁中常用的外植体。茎尖一般在早春叶芽刚萌动或长出 1～1.5 cm 时消毒后剥取,长度 0.5～2 mm;也可对休眠枝条在 20～25 ℃ 条件下水培催芽,待芽萌动后剥取。茎段在春季新梢长至 40~50 cm 时,用末端木质化或半木质化部分。

剪取早春枝条,用流水冲洗尘土,茎尖培养的枝条,芽刚萌动的剥去外鳞片,用抽生的新梢直接消毒;茎段培养枝条剪成带单芽的茎段消毒。消毒的方法是:用 70% 乙醇浸泡 10~20 s,再用 0.1% 氯化汞+0.1% Tween-20 消毒 3~15 min(视生理状态而异),无菌水冲洗 3~5 次。

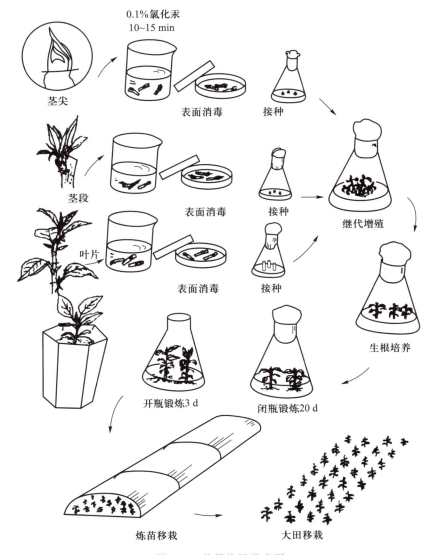

图 7-4 苹果快繁示意图

(2)叶片 摘取试管苗生长健壮、完全展开的整片幼叶,置于无菌纸上,用解剖刀在叶背横划几刀,不切断叶片,将背面平放在培养基上。也可用田间或温室中材料,剪取枝条中上部完整叶片,用流水冲洗尘土,用洗洁精液浸泡 10 min,流水冲洗 30 min,再用 0.1% 氯化汞+0.1% Tween-80 消毒 6~8 min,无菌水冲洗 3~5 次后将叶片剪成 0.5~1 cm² 方块接种。

2. 试管苗的培养

(1)培养基 将茎尖接种到 MS+6-BA 2.0 mg/L 培养基培养 1 周后,茎尖逐步增大,长高,然后分化形成丛生芽。茎段在 MS+6-BA 0.5~1.5 mg/L+NAA 0.01~0.05 mg/L 培养基上,7 d

左右芽开始萌动,然后形成新的幼茎。叶片用 MS+6-BA 3.0~4.0 mg/L+NAA 0.1~0.5 mg/L+KT 0.3~0.5 mg/L 培养基,首先在叶基或叶块基部中脉处形成愈伤组织,继而再生出芽或直接在伤口处再生丛生芽。

将初代培养形成的芽,转移到 MS+6-BA 0.5~1.0 mg/L+NAA 0.05~1.0 mg/L 培养基中进行丛生芽诱导或使芽继续生长。丛生芽诱导时,6-BA 浓度越高,芽形成数量越多,但有效芽越少,且易形成玻璃化苗。

苗长至 2~3 cm 时,转移到 MS+IBA 0.5~1.0 mg/L+NAA 0.05 mg/L 培养基中诱导生根,10 d 左右出现根原基,20~30 d 后根可生长到炼苗移栽所需长度。

(2)培养条件 除初代培养的叶片进行暗培养 10~15 d 外,其他均在光照度 1 000~3 000 lx、光照时间 12~16 h/d、温度 25 ℃±2 ℃ 条件下培养。

3. 炼苗移栽

生根培养 20~25 d 后,选择具有 3 条根以上、根长 1 cm 左右、叶大、浓绿、幼茎粗壮、发育充实的试管苗进行炼苗。将培养瓶移至日光温室中,直射光下不打开瓶盖 20 d,然后打开培养瓶盖 2~5 d,取出试管苗,洗去根部培养基,移栽至疏松透气的基质中。移栽后覆盖塑料膜小拱棚,注意保湿、保温和遮阳,萌生新叶后,去除小拱棚,长到 10 cm 左右时可移栽到大田。

二、草莓脱毒与快繁技术

草莓属蔷薇科草莓属,是多年生宿根草本植物,主要采用葡匐茎繁殖和分株繁殖,效率低,不利于优良品种的推广,且长期的无性繁殖易积累多种病毒,导致种苗退化,使产量下降,品质变劣。利用组织培养技术不仅可以短时间内大量繁殖种苗,而且也可脱除病毒和培育抗病高产良种。

(一)脱毒技术

危害草莓的主要病毒有草莓斑驳病毒、草莓皱缩病毒、草莓镶脉病毒、草莓轻型黄边病毒等,脱除草莓病毒的方法主要有茎尖培养法、热处理和茎尖培养相结合法以及花药培养法(图 7-5)。

1. 脱毒技术

(1)花药培养脱毒 春季选择未开放、花萼略长于花冠或花冠刚露白、花冠白色或淡绿色且不松动、花药微黄而充实、4 mm 左右的草莓花蕾(此时花粉处于单核后期),用乙酸洋红染色压片镜检花粉发育时期。当发育至单核后期时,将花蕾放入培养皿中置于 3~4 ℃ 冰箱中预处理 24 h。其消毒程序是:70%乙醇 10~15 s→0.1%氯化汞 5~8 min→无菌水冲洗 5 次。

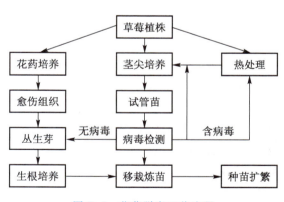

图 7-5 草莓脱毒工艺流程

草莓花药培养是在 1974 年由大泽胜次首先获得成功的。大量实验表明花药培养的植株 95%是能开花的多倍体,生长发育都优于母体,且经愈伤组织阶段培养出来的花药植株都不带病毒,可以省去病毒鉴定工作,又能快速应用于生产。

（2）茎尖培养脱毒　每年6—8月在草莓匍匐茎大量发生时,选取生长充实的匍匐茎,剪取5 cm左右长的新梢,用手剥去外层大叶,流水冲洗2~6 h。用70%乙醇处理3~5 s,再用0.1%氯化汞浸泡2~10 min,无菌水冲洗3次,然后置于解剖镜下剥去幼叶,切取带有1~2个叶原基、0.1~0.3 mm的茎尖分生组织接种于MS+6-BA 0.5~1.0 mg/L培养基上。

（3）热处理结合茎尖培养脱毒　将盆栽草莓苗或试管苗置于高温热处理箱中,白天温度38 ℃处理16 h,夜晚温度35 ℃左右8 h,箱内相对湿度60%~80%,时间28~35 d。热处理后剪新长出的匍匐茎进行消毒处理和茎尖剥离,切取的茎尖可稍大些,一般带2~4片叶原基,长度为0.4~0.5 mm。

2. 病毒检测技术

指示植物小叶嫁接法:常用于草莓病毒检测的指示植物有EMC系、UC系、弗吉尼亚草莓中的King和Ruden。

采用指示植物小叶嫁接法时,首先从待检测的草莓植株上采集生长较嫩的新叶,除去两边的小叶,中间的小叶带1~1.5 cm长的叶柄,把叶柄削成楔形作接穗。去除指示植物中间小叶,在中间小叶叶柄位置用竹签或刀片切入1~1.5 cm,将接穗插入,包扎结合部,罩塑料膜或置于湿度大的室内。嫁接后1~2个月,待草莓新叶展开后,便可根据症状来判断待测植物是否含有病毒（图7-6）。

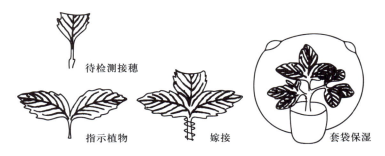

待检测接穗　　指示植物　　嫁接　　套袋保湿

图7-6　草莓指示植物小叶嫁接法示意图

（二）快繁技术

1. 外植体的选择与消毒

草莓离体快繁常用匍匐茎为外植体。每年6—8月份,在无病虫的田块,连续3~4 d放晴后,从新萌发尚未着地的匍匐茎顶端剪4~5 cm,用水冲洗后,用洗洁精液边浸泡边搅拌10 min,流水冲洗2 h后,用0.1%氯化汞消毒5~7 min,无菌水冲洗3~5次。在解剖镜下剥离外叶,切取0.5 mm茎尖接种。

2. 试管苗的培养

接种培养基可采用茎尖培养的培养基,培养条件也同前所述。接种培养1~2个月后,茎尖形成愈伤组织并分化丛生芽,将丛生芽切割成单个芽转到MS+IBA 0.05 mg/L+6-BA 0.5~1.0 mg/L培养基上进行增殖培养,一部分可转移到1/2MS+IBA 0.2~1.0 mg/L或IAA 0.5~1.0 mg/L培养基上进行生根培养,也可增殖几代后进行生根培养。

3. 炼苗移栽

挑选具有3~5条根、根长2~3 cm的试管苗进行炼苗移栽。将苗置于温室中,打开培养瓶瓶盖,5~7 d,然后取出苗,洗去根部培养基,移栽至珍珠岩和蛭石配比1:1的基质中,喷雾浇透水,覆盖小拱棚。初期遮光 50%,1 周后逐渐增加光照,并保持湿度在 90% 以上。

> **延伸阅读:草莓无糖组培技术**
>
> 将草莓丛生芽切成单个芽(3~4 片叶,株高 1~1.3 cm),在无糖的条件下进行生根培养。培养基质为珍珠岩、蛭石、岩棉、聚乙烯发泡材料等,基质浸透无糖的 MS 生根培养基后进行灭菌。转苗前对培养容器和培养室进行消毒,然后将灭菌后的培养基质装入苗盘进行转苗。转苗后温度为 25 ℃±2 ℃,光照度 8 300 lx,光照时间 14 h/d,湿度 70%,CO_2 700 μL/L。培养 20 d 后出苗。

三、香蕉脱毒与快繁技术

香蕉属芭蕉科芭蕉属,是多年生大型草本单子叶植物,也是世界性水果之一。生产上主要利用球茎发生的侧芽进行繁殖,繁殖速度慢,且长期无性繁殖会使病害世代传播。自 1960 年 Cox 等采用组织培养方式繁殖香蕉组培苗以来,大大提高了繁殖速率,保持了品种的优良特性,目前,世界上香蕉主要生产国均采用组织培养进行香蕉苗的繁殖。

(一)脱毒技术

香蕉感染的病毒主要有香蕉束顶病毒、香蕉花叶心腐病毒、香蕉条纹病毒、香蕉苞叶嵌纹病毒等。在我国主要是香蕉束顶病毒和香蕉花叶心腐病毒。香蕉的脱毒工艺流程如图 7-7 所示。

图 7-7　香蕉脱毒工艺流程

1. 脱毒方法

(1)茎尖培养脱毒　取香蕉种苗,用水洗净后,剥去老叶鞘和球茎的大部分,用 70% 乙醇浸泡 10 s,用 0.1% 氯化汞消毒 10~12 min,无菌水冲洗 3 次,在解剖镜下剥离茎尖分生组织,切取带 1~2 个叶原基、长 0.3~0.5 mm 的分生组织接种到改良 MS+KT 2.0 mg/L+CM 0.1% 培养基上,置于温度 24~26 ℃、光照度 1 000~2 000 lx、光照时间 15 h/d 的条件下培养。30 d 后可长成 1~3 个小芽,将小芽转移到相同成分的培养基上,2 个月继代一次,3 个月后形成小植株。

(2)热处理结合茎尖培养脱毒　将香蕉的地下茎置于温度为 35~43 ℃ 的湿热空气中处理 100 d,切取侧芽上长出的茎尖分生组织,消毒后,进行分生组织剥离,切取带有 1~2 个叶原基的分生组织接种于培养基上。27 ℃ 温度条件下连续光照,分化芽后,转移到生根培养基上,2 个月后形成健壮小苗。

2. 病毒检测技术

氯化三苯基四氮唑检测法(TTC 检测法)、指示植物鉴定法、抗血清鉴定法、电子显微镜检测法等都可应用于香蕉脱毒苗的鉴定。其中,TTC 检测法较为简便,其方法是将香蕉叶浸渍于 1% TTC(2,3,5-氯化三苯四氮唑)溶液中,温度为 36 ℃ 保温 24 h。然后在显微镜下观察,患香蕉束顶病植株叶的切片呈砖红色或红褐色,其中维管组织呈紫红色,其他组织为红褐色。患香蕉花叶心腐病植株的整个叶切片呈黑褐色。无病毒植株叶切片无色。该方法的缺点是灵敏度低,只有植株体内的病毒繁殖到一定数量时才能检测出来。

(二)快繁技术

1. 外植体的选择与消毒

(1)茎尖 春季或秋季的晴天,选含有侧芽的球茎,将球茎修整成长 5～8 cm,按图 7-8 所示方法进行消毒处理后接种到初代培养基上。

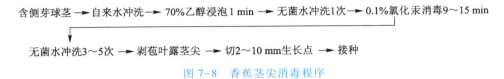

图 7-8 香蕉茎尖消毒程序

(2)花序轴切片 在香蕉果穗已完全抽出后,取上部未结实的果穗,按图 7-9 所示方法进行消毒后接种在初代培养基上。

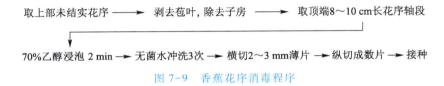

图 7-9 香蕉花序消毒程序

2. 试管苗的培养

(1)培养基 无论是茎尖或花序轴切片,香蕉初代和增殖培养均采用 MS 或改良 MS+6-BA 2.0～5.0 mg/L 培养基。将茎尖接种于此培养基中,1 个月左右会形成芽苗,将芽苗转移到新鲜的培养基中,可以达到芽苗数量迅速增殖的目的。花序轴切片接种后 1 个月,切片体积增加 4～5 倍,在花序轴和子房结合处会长出许多类似芽的结构,然后转移到新鲜的培养基上,可形成幼芽。

香蕉比较容易生根,在 1/2MS 不添加任何激素或添加少量的 NAA 或 IAA 0.1～0.5 mg/L 培养基上均能诱导生根。培养基中如果添加 0.25%～0.5% AC、15% CM,可使试管苗长得更加健壮。

(2)培养条件 温度 25～27 ℃,光照时间 12～16 h/d,光照度 1 000～2 000 lx。

3. 炼苗移栽

试管苗长到高 4～5 cm、有 4～5 片叶、根系发育良好时,便可进行炼苗移栽。炼苗在日光温室中进行,去除培养瓶瓶盖,经过 3～5 d 锻炼后,取出苗洗去培养基,栽植于营养土与蛭石配比 1：1 的穴盘中,盖上小拱棚,成活后移入大田定植。

四、葡萄脱毒与快繁技术

葡萄属葡萄科葡萄属,是多年生落叶藤本植物。传统的葡萄繁殖为扦插、嫁接和压条,繁殖效率低,且长期无性繁殖致使品种退化严重,带病和发病严重。采用植物组织培养技术快速繁殖葡萄不仅加快了优良品种的繁殖和推广,而且可获得脱毒苗木和实现优良种质资源的离体保存。

（一）脱毒技术

葡萄病毒种类约40种，其中危害较大的有葡萄卷叶病毒、葡萄茎痘病毒、葡萄栓皮病毒和葡萄扇叶病毒4种。葡萄的脱毒工艺流程如图7-10所示。

图7-10　葡萄脱毒工艺流程

1. 脱毒方法

（1）**热处理脱毒**　将盆栽苗或生根试管苗移入人工气候箱中，在温度35~40 ℃条件下处理1~3个月，然后切去新萌发的嫩梢，嫁接在盆栽砧木上或进行试管苗继代繁殖。

（2）**茎尖培养脱毒**　取当年生葡萄嫩梢，经过消毒后，在解剖镜下剥去鳞片和幼叶，切取0.2~0.3 mm、带有2~3片叶原基的茎尖分生组织接种到1/2 MS+6-BA 0.5~1.0 mg/L+NAA 0.2 mg/L+KT 1.0 mg/L培养基上，2个月后可形成丛生芽，然后继代培养。

（3）**热处理结合茎尖培养脱毒**　将预先脱毒的葡萄砧木或栽培品种的盆栽苗放在温度25~28 ℃条件下促其抽枝快长，待新梢长出2~3片叶后，室温升至37~40 ℃，光照度升至4 000~6 000 lx，相对湿度60%~80%，30~35 d后，对新梢消毒后进行茎尖剥离，切取0.5~1 mm长的分生组织接种到培养基上。

2. 病毒检测技术

葡萄脱毒苗检测的方法主要有指示植物鉴定法、抗血清鉴定法、电镜检测法等。作为指示植物进行检测的葡萄品种有沙地葡萄、圣乔治、LN-33、巴柯、密笋等，常用嵌芽接和绿枝接的方法，嫁接后1个月开始观察症状反应，连续观察1年。

（二）快繁技术

1. 外植体的选择与消毒

早春，将休眠的一年生枝插入水中，放置在温暖、洁净的条件下，待新梢长出后，剪其嫩梢，也可从田间剪取生长的葡萄嫩梢。剪取的葡萄嫩梢，去幼叶，剪成3~5 cm长带芽茎段，用洗洁精液浸泡10 min，流水冲洗1~2 h，70%乙醇浸泡10~20 s，无菌水冲洗1次，再用0.1%氯化汞浸泡5~10 min，无菌水冲洗3~5次。用剪刀剪除受伤面，将单芽茎段正插接种到培养基上。

2. 试管苗的培养

初代接种在MS或B_5+6-BA 0.5~1.0 mg/L+IAA 0.1~0.3 mg/L培养基上培养，温度25~28 ℃，光照时间16 h/d，光照度1 500~2 500 lx。10~15 d后可出现绿色芽点和小的不定芽，30 d左右，会长出丛生芽。

将单个丛生芽转移到MS或B_5+6-BA 0.4~0.6 mg/L培养基上，20 d后可长成高4 cm左右无根苗，可将无根苗反复剪成单芽茎段转移到新鲜培养基上繁殖，也可转接到1/2MS或B_5+IBA 0.1~0.3 mg/L培养基上进行生根诱导。

3. 炼苗移栽

挑选具有3条以上根、根长1 cm、5~7片叶的试管苗，在温室中打开瓶盖炼苗7 d左右。然后取出苗，洗去培养基，移栽到蛭石中，加盖小拱棚，成活后移栽到大田。

第二节　蔬菜脱毒与快繁技术

一、马铃薯脱毒与快繁技术

马铃薯为茄科茄属植物,是全世界栽培的重要作物。分布于全国各地,种植面积列世界第二位。马铃薯营养丰富,生长期短,单产高,适应性强,耐贮藏和运输,用途也很广泛。

(一)脱毒技术

马铃薯退化的主要原因是病毒侵染。危害马铃薯的病毒有 20 余种,在我国,马铃薯的危害病毒主要有:马铃薯 X 病毒、马铃薯 Y 病毒、马铃薯 A 病毒、马铃薯 S 病毒、马铃薯卷叶病毒和马铃薯纺锤块茎类病毒。茎尖脱毒组织培养是解决马铃薯病毒危害的有效途径。马铃薯的脱毒工艺流程如图 7-11 所示。

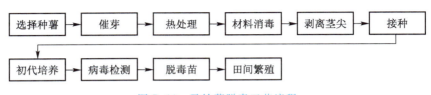

图 7-11　马铃薯脱毒工艺流程

1. 脱毒方法

(1)茎尖培养脱毒　选取具有本品种典型性状休眠期过后的块茎,于温室中催芽。芽长至 4~5 cm、叶片未充分展开时,剪取 1~2 cm 长顶芽,放在烧杯里,自来水冲洗 1 h,置于超净工作台上。用 10%漂白粉溶液浸泡 5~10 min,无菌水冲洗 3~5 次。在解剖镜下用解剖针将叶片和叶原基逐层剥掉,待半球形的顶端分生组织露出后,切取带有 1~2 个或不带叶原基、0.1~0.3 mm 的茎尖分生组织,迅速接种到 MS 培养基上。把接种好的试管放在温度 21~25 ℃、光照度 3 000~4 000 lx 的条件下培养。

(2)热处理结合茎尖培养脱毒　马铃薯 S 病毒和马铃薯 X 病毒能侵染茎尖分生区域,经过普通茎尖脱毒培养后仍然带毒,所以,在马铃薯生产中常用热处理结合茎尖培养脱毒,才能达到彻底清除病毒的目的。

采用热处理结合茎尖培养脱毒可以在茎尖剥离后进行热处理,也可对母株进行热处理后剥离较大茎尖接种。一般在温度 35~38 ℃下处理 8~18 周。

2. 脱毒鉴定技术

参阅技能训练 6-2。

(二)快繁技术

马铃薯脱毒苗主要采取无菌短枝扦插的方法进行繁殖。在无菌条件下,将脱毒苗切成带 1~2 个腋芽的茎段,腋芽向上插于 MS 培养基上。在温度 22~25 ℃、光照度 1 000~2 000 lx、光照时间 16 h/d 的条件下培养,25 d 左右即可长成具有 7~8 节的植株,再次进行剪切扦插即可达到快速增殖的目的。

马铃薯比较容易生根,在 MS 培养基或 1/2MS 上均能产生大量根,为了提高移栽成活率,一般在培养基中加 10 mg/L B$_9$ 或 CCC,降低温度至 15～18 ℃,提高光照度到 3 000～4 000 lx,光照时间 16 h/d。

炼苗时将组培苗放到散射光强的地方,幼苗经过 5 d 左右即可移栽。也可将瓶塞取下,注入少量自来水,几天后移栽细沙:腐熟马粪:园土=1:2:3 的营养土钵中,保持温度 20 ℃,苗株高达 10～15 cm 时,放入网室定植。

(三)脱毒马铃薯繁育体系

脱毒马铃薯的繁育分为原原种、原种、良种 3 级繁育体系(图 7-12)。

脱毒苗 → 快速繁殖 → 原原种 → 一代原种 → 二代原种 → 一代种薯 → 二代种薯

图 7-12 脱毒马铃薯繁育体系

1. 原原种生产

用脱毒苗在容器内生产的微型薯和在防虫网、温室条件下生产的符合质量标准的种薯或小薯为原原种。由于生产的马铃薯质量一般为 1～30 g,故通常称为微型薯。

(1)试管生产原原种(微型薯)　将带有 1～2 个叶片和腋芽的茎段接种到 MS+香豆素 50～100 mg/L+蔗糖 3%+琼脂 0.6% 培养基上,可以在试管中诱导产生微型薯(图 7-13)。

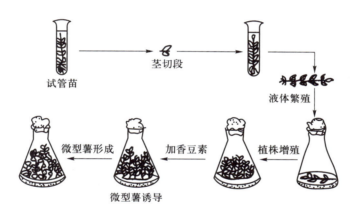

图 7-13 微型马铃薯的生产

(2)温室生产原原种(微型薯)　移栽的试管苗在移栽成活后,经过 60～90 d 的生长,可在基部产生微型薯。

原原种的繁育应具备 3 方面的条件:第一,所用苗必须是经过严格检测的无病毒试管苗;第二,必须在防虫网棚内生产原原种;第三,所用基质必须无病原。

2. 原种生产

原种分一代原种和二代原种。用原原种作种薯,在隔离条件下生产出的符合质量标准的种薯称为一代原种;用一代原种作种薯,隔离条件下生产出的符合质量标准的种薯称为二代原种。用原种繁育时应特别注意,所用地块 3 年以上没种过带毒马铃薯,繁殖田每 15 d 喷洒防蚜虫药剂,以防蚜虫传毒。

3. 良种生产

良种生产包括一代种薯生产和二代种薯生产。一代种薯是用二代原种作种薯,在隔离条件下生产出的符合质量标准的种薯;二代种薯是用一代种薯作种薯,在隔离条件下生产出的符合质量标准的种薯。良种生产得到的种薯可以直接进行推广,作为栽培薯使用。

二、大蒜脱毒与快繁技术

大蒜为百合科葱属多年生宿根草本植物。生产上只能用鳞茎进行无性繁殖,病毒侵染后易导致品种退化、老化,产量下降,商品价值降低。防治大蒜病毒病的有效方法就是利用组织培养进行脱毒。

(一)脱毒技术

侵染大蒜的病毒主要有大蒜花叶病毒、大蒜潜隐病毒、洋葱黄矮病毒、大蒜褪绿条斑病毒和大蒜退化病毒等。大蒜的脱毒工艺流程如图 7-14 所示。

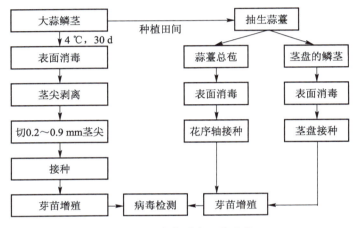

图 7-14　大蒜脱毒工艺流程

1. 脱毒方法

(1)茎尖培养脱毒　选经过休眠处理的大蒜鳞茎,去除外围鳞片,剥成单个蒜瓣,用 0.1%氯化汞浸泡 10~15 min,无菌水冲洗 4 次,解剖镜下剥取 0.2~0.9 mm 长茎尖,接种在 MS+6-BA 2.0 mg/L+NAA 0.6 mg/L 培养基上。在温度 25 ℃±1 ℃、光照度为 1 200~2 000 lx、光照时间 12 h/d 条件下培养,40 d 后开始分化,形成侧芽,100 d 后形成丛生芽。

(2)花序轴培养脱毒　晴天采摘蒜薹总苞段,自来水冲洗 10 min,置于超净工作台上,用 70%乙醇浸泡 10~30 s,再用 0.1%氯化汞浸泡 7~9 min,无菌水冲洗 3~5 次,剥去外层苞叶,横切花序轴顶部,去除花茎部分,接种到 MS+NAA 0.1 mg/L+6-BA 2.0 mg/L 培养基上。

(3)茎盘培养脱毒　在大蒜蒜瓣形成发育期,取地下部分,预处理后用自来水冲洗 2 h,再将整个鳞茎切成立方体小块,用 70%乙醇消毒 3~5 min,无菌水冲洗 2 次,切取茎盘(每个茎盘分成 4 份),接种到 LS 固体培养基上。

2. 病毒检测技术

(1)直接观察法　大蒜病毒病主要表现出花叶、扭曲、矮化、褪绿条斑和叶片开裂等症状。根据这些症状,观察植株在田间的表现,直接剔除病株。

(2)指示植物鉴定法　鉴定大蒜病毒用的寄主主要是茄科、藜科、十字花科和百合科等植物。具体鉴定方法参考马铃薯指示植物鉴定法。

（二）快繁技术

1. 外植体的选择

经过病毒检测后不含病毒的脱毒苗可作为种苗进行快繁,快繁时常用的培养材料有鳞茎盘和茎尖。

（1）鳞茎盘　在试管苗的鳞茎盘上部 1 cm 处切去假茎及叶片,在贴近鳞茎盘底部,切去 0.2~0.3 mm 木栓化组织,将切好的带鳞茎盘底苗基部接种到培养基上。

（2）茎尖　从试管苗上剥离带 1~2 个叶原基的芽接种到培养基上。

2. 试管苗的培养

（1）培养基　鳞茎盘在 MS+6-BA 0.1~3 mg/L+NAA 0.1~0.3 mg/L 培养基中,经过 4~6 周培养后,可获得 3~6 株芽簇块,将芽簇块分割为含 1~2 个芽的小块芽簇块接种到 MS+6-BA 2.0 mg/L+NAA 0.1 mg/L 培养基中进行增殖培养,也可在 MS+IAA 2.0 mg/L 培养基上诱导生根。茎尖在 MS+6-BA 1.5 mg/L+NAA 1.0 mg/L 培养基上培养,1 个月后形成丛生芽,将丛生芽切成单个芽接种于增殖培养基中,增殖 2~3 代后转入生根培养基中诱导生根。

（2）培养条件　温度 21~25 ℃,光照度 1 000~3 000 lx,光照时间 14~16 h/d。

3. 炼苗移栽

试管苗生根后,根长达 2 cm 左右时,可移入带纱网的温室或大棚中,打开瓶口锻炼 3~5 d 后直接移栽到温室中。

诱导产生的蒜头在隔离条件下,连续繁殖 2~3 代后可在生产中推广。

三、姜脱毒与快繁技术

姜属姜科姜属植物,不开花或很少开花,长期无性繁殖,会使体内侵染和积累大量病毒,导致种性退化,抗逆性下降。

（一）脱毒技术

姜的脱毒工艺流程如图 7-15 所示。

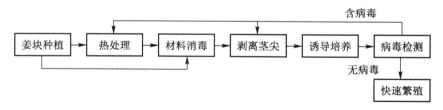

图 7-15　姜的脱毒工艺流程

1. 脱毒技术

（1）茎尖培养脱毒　将姜块放入盛有细沙的花盆中,在温度 20~25 ℃ 条件下催芽。在姜芽伸出土面 2~3 cm 时,用刀片切取 1 cm 茎尖,自来水冲洗表面沙土后,用 0.1% 氯化汞消毒 5~7 min,无菌水冲洗 3 次。在解剖镜下剥离茎尖,切取 0.1~0.3 mm 茎尖,接种到 MS+KT 1.0 mg/L+NAA 1.0 mg/L培养基上。将接种后试管苗放在温度 24~28 ℃、光照时间 12 h/d、光照度 4 000 lx 条件下培养。

（2）热处理与茎尖培养相结合脱毒　将催芽姜块放在温度 36~38 ℃ 的人工气候箱内 5~6

周,切取茎段,消毒后剥离茎尖,切取 0.1~0.3 mm 长茎尖接种。

2. 病毒检测技术

（1）直接观察法　根据长势、形态等植物学特征上的差异来鉴别。未脱毒苗长势弱,叶片卷曲,叶色淡且出现花叶斑纹、局部枯斑、褪绿斑点等。

（2）指示植物鉴定法　鉴定姜病毒的指示植物有心叶烟、曼陀罗、苋色藜、昆诺藜等。采用汁液摩擦方法接种待检植物汁液于指示植物上,3~4 d 后开始观察记录,若发现有系统花叶、局部枯斑、褪绿、皱缩等症状,表明未脱毒。

（二）快繁技术

1. 材料的切分

在超净工作台上,将由茎尖培养产生的丛生芽用手术剪或手术刀分割成单株重新接种到新的培养基上进行繁殖。继代培养 3~5 代后转入生根培养基上进行生根。

2. 材料的培养

（1）培养基　增殖培养基：MS+6-BA 1.0 mg/L+IAA 0.1 mg/L,生根培养基：MS+IAA 0.2 mg/L。所用培养基中均添加 3%蔗糖,pH 5.5~6.0。

茎尖培养中从外植体姜块中产生的丛生芽,切分后在增殖培养基中又可以产生丛生芽。姜的组培苗比较容易生根,在生根培养基中,1 个月后,可产生 3~6 条根,根长 2~5 cm。

（2）培养条件　温度 23~27 ℃,光照度 1 500~3 000 lx,光照时间 12~16 h/d。

3. 炼苗移栽

待试管苗根长到 2~3 cm 时移入温室进行炼苗,炼苗过程中逐渐增加光照度,时间为 5~20 d。炼苗结束后,洗去根部培养基,移栽到疏松透气、营养丰富的基质中。

四、甘薯脱毒与快繁技术

甘薯为旋花科甘薯属一年生植物。甘薯属于杂种优势作物,长期采用营养繁殖会导致病毒蔓延,致使地上部分长势弱,结薯少,薯块小,皮色淡,表皮粗糙、龟裂,种性退化,品质和产量降低。20 世纪 70 年代末,我国利用甘薯茎尖培养获得植株,并证明了甘薯脱毒苗可大幅度提高产量和品质,甘薯茎尖培养技术现已在生产上得到广泛应用。

（一）脱毒技术

侵染甘薯的病毒有 10 多种,如甘薯羽状斑驳病毒、甘薯潜隐病毒、甘薯脉花叶病毒、甘薯轻斑驳病毒、烟草花叶病毒和烟草条纹病毒等。甘薯的脱毒工艺流程如图 7-16 所示。

甘薯茎尖脱毒材料的选取与预处理

甘薯嫩茎消毒

图 7-16　甘薯脱毒工艺流程

1. 脱毒技术

选择高产、优质、生长健壮的母株,剪带 1 个腋芽或顶芽的茎段,去除叶片,自来水冲洗后,用 70%乙醇浸泡 10~20 s,再用 0.1%氯化汞消毒 10 min,无菌水冲洗 5 次。在解剖镜下,用解剖刀剥去顶芽或腋芽上较大的幼叶,切取 0.3~0.5 mm、含 1~2 个叶原基的茎尖,接种在 MS+IAA 0.1~0.2 mg/L+6-BA 0.1~0.2 mg/L 培养基上。于温度 25~28 ℃、光照度 1 500~2 000 lx、光照时间 14 h/d 条件下培养。10 d 左右茎尖膨大并转绿,20 d 左右茎尖形成 2~3 mm 的小芽点,且在茎部逐渐形成绿色愈伤组织。这时将培养物转入 MS 培养基上,使小芽生长和生根。

2. 病毒检测技术

（1）直接观察法　甘薯感染病毒后,薯叶上的主要症状有翠绿斑点、花叶、皱缩、明脉、脉带、紫色斑、枯斑和卷叶等;薯块上的主要症状为薯块表面褐色裂纹排列成横带状,或薯块完好而内部薯肉木栓化,剖视薯块可见肉质部有黄褐色斑块。

（2）指示植物鉴定法　将待测植物嫁接于指示植物巴西牵牛上,或将待测植物汁液涂抹到苋色藜或昆诺藜上,15 d 后观察,出现症状表明未脱除病毒。

（3）抗血清鉴定法　将待检测的茎尖苗叶片制样,用几种病毒的抗血清做琼脂双扩散酶联免疫或点酶联免疫检测,呈阳性反应的为带毒苗。

（二）快繁技术

经过病毒检测的甘薯试管苗,可通过无菌短枝扦插迅速增殖。待试管苗长到 5~6 cm 时,切成 1 节 1 叶的短枝,插于 1/2MS 培养基中,或采用浅层液体培养。2~3 d 后,切段茎部可产生不定根,30 d 左右长成具有 6~8 片展开叶的完整试管苗。

生根试管苗在防虫温室内炼苗 5~7 d 后,洗去培养基,栽植于肥沃疏松的基质中,成活后剪秧扦插,以苗繁苗,短期内可获得大量脱毒苗。

（三）甘薯脱毒种薯繁育

甘薯脱毒种薯的繁育分为原原种薯、原种薯、生产用种薯 3 个种代。原原种薯是将脱毒组培苗栽植在 40 目的防虫网室内,当年收获的薯块。原种薯是用原原种薯块育苗,建立采种圃,从采种圃采苗后夏插,秋季收获的薯块。生产用种薯是在春季用原种薯苗建立采种圃、从采种圃采苗夏插后、秋季收获的薯块,一般可使用 1~2 年。

延伸阅读:甘薯无糖组培技术

甘薯无糖组培是将带一个节和一个叶的甘薯茎段作为材料,蛭石作为基质,用除去糖、琼脂、维生素、植物生长调节剂、有机物的 MS 培养基,在大型培养容器中进行培养。在整个无糖培养期间,CO_2 为 1 500 mg/kg,光照度为 8 300 lx,光照时间为 16 h/d,温度为 28 ℃±1 ℃,相对湿度为 75%~85%。

第三节　花卉组织培养快繁技术

一、兰花组培快繁技术

兰科约有 450 属 2 000 余种植物,是单子叶植物中最大的一个科,在世界各地均有分布,特别是热带、亚热带地区。兰花花色鲜艳,形态各异,品位优雅,备受人们的喜爱。兰花的传统繁殖方法主要靠分株繁殖,繁殖速度慢,致使许多名贵品种不能快速繁殖。同时长期采用无性繁殖导致病毒感染,引起品种退化,严重影响了兰花的生长和观赏价值。兰花的种子极小,且胚发育不完全,萌发率极低,也很难满足生产需要。因此,利用组织培养技术快速繁殖优良兰花具有重要意义。

(一)蝴蝶兰组培快繁技术

蝴蝶兰组培快繁工艺流程见图7-17。

图7-17 蝴蝶兰组培快繁工艺流程

1. 外植体的选择与消毒

蝴蝶兰的种子、花梗侧芽、花梗节间、茎尖、茎段、叶片和根尖等部位均有培养成功的报道,方法各异,难度各有高低。蝴蝶兰是单茎性气生兰,只有一个茎尖,如直接从花植株上取茎尖或茎段,就会牺牲整个植株。以花梗侧芽或花梗节间为外植体,就不会牺牲母株,而且消毒比较容易。一般可先从花梗侧芽得到无菌植株,然后取试管苗的叶片、茎尖、根等器官再培养,易获得成功。

(1)花梗侧芽或顶芽 蝴蝶兰为总状花序,近顶端的节着生花蕾,近基部的几个节,常具有苞叶覆盖的腋芽。对于花梗侧芽的切割有两种方法:一是切割芽上 0.5 cm 和芽下 1.0 cm 带侧芽的茎段,另一种是切取不带花梗组织的茎尖。剪下花梗,冲洗干净,以节为单位切成 1.5 cm 长的小段,除去花梗上苞叶,用 0.1%氯化汞浸泡 8~10 min,再用无菌水冲洗 3~5 次。

(2)茎尖 将去除叶的茎用流水洗干净,用 10%漂白粉溶液表面消毒 15 min,除去叶原基,再用 5%漂白粉溶液消毒 10 min,用无菌水冲洗干净。在解剖镜下切取 2~3 mm 茎尖或叶基部侧芽。

2. 试管苗的培养

(1)初代培养 将花梗节段接种到 MS+6-BA 3.0~5.0 mg/L+NAA 1.0 mg/L +CM15%培养基或 Kyoto 培养基上。培养条件:温度 24~26 ℃,光照度 1 500 lx,光照时间 10~16 h/d。接种到培养基上的外植体 7 d 左右侧芽膨大并向外伸长。在 Kyoto 培养基上,侧芽多长成单株小苗,MS培养基上侧芽萌发形成丛生芽。根据褐变情况,可附加 AC 或 10%香蕉汁等物质,同时根据褐变程度,及时进行转接,抑制褐变所造成的危害。

通过花梗侧芽诱导出试管小苗后,利用小苗的叶片继续诱导原球茎。将试管苗的嫩叶整片或横切成上、中、下 3 段,接种在 MS+6-BA 4.0~6.0 mg/L+IBA 0.5~1.0 mg/L+胰蛋白胨 2 g,附加香蕉汁或椰乳汁 40 g 的培养基上。培养温度 25~28 ℃,光照度 1 500~2 000 lx,光照时间 10 h/d。20 d 后,可见叶片弯曲,嫩叶基部或断裂口凹凸不平,逐渐出现愈伤组织状的早期原球茎。

(2)原球茎继代增殖 原球茎增殖是实现蝴蝶兰工厂化生产的关键。不同部位诱导培养所产生的原球茎,均要通过继代培养扩大繁殖,以建立快速无性繁殖系。基本培养基可采用 MS、1/3MS、改良 KC 等,生长调节剂组合为 6-BA 1.0~5.0 mg/L+NAA 0.2~0.5 mg/L,6-BA 的浓度对于原球茎的生长和增殖有很大影响,6-BA 的浓度较低时,可以明显促进原球茎的分化;6-BA 的浓度较高时,可以明显促进原球茎的增殖。添加 0.1%~0.3% AC 可减少褐变,有利于原球茎增殖和生长,有机附加物如 10%椰子汁、香蕉汁、苹果汁也可促进原球茎生长,使原球茎生长饱满、粗壮。

将分化出来的原球茎切割成小块,转入继代培养基上,培养一段时间后,再进行切割转移。通过不断继代培养可使原球茎成倍增长。切割原球茎的团块时不可过小,每块应在 0.5 cm² 以上,接种块过小会导致生长缓慢,甚至死亡。不需继代的原球茎在继代培养基或生根培养基上延长培养时间可分化出芽,并逐渐发育成丛生小植株。切离丛生小植株时,基部未分化的原球茎及刚分化的小芽不要丢弃,收集起来接入另一瓶继代培养基中,一段时间后,将长大的种苗进行生根培养,小苗及原球茎可继续增殖与分化。这样既能得到大量的种苗,又能得到大量不断分化的试管苗。

蝴蝶兰也可以丛生芽方式进行增殖,将无根试管苗接种在 MS+6-BA 3.0~5.0 mg/L 培养基中,50 d 左右即可获得 3~4 个丛生芽。

(3)生根培养　将增殖的健壮芽接种到 1/2MS+IBA 1.5 mg/L+蔗糖 2% 的生根培养基上,20 d 后芽基部长出小根,40 d 后根变得粗壮,生根率达 95% 以上。生根培养基可选用继代培养基,加入一定量复合添加物可促进小植株的生长,如香蕉匀浆或椰子汁等,也可加入少量生长素,以促进根的生长,当试管苗具有 3~4 条粗壮根时,即可移栽。

3. 炼苗移栽

将已生根的试管苗置于炼苗室内自然光下 1 周后取出,洗净根部的培养基,移栽到疏松的苔藓或松树皮基质中,注意温度、湿度及光照管理,当新叶长出、新根伸长时,可喷施 0.3%KH₂PO₄ 溶液,成活率可达 90% 以上。

(二)大花蕙兰组培快繁技术

大花蕙兰色泽鲜艳,花茎直立,花期长,花大且多,是盆花和切花的良好材料,具有很高的观赏价值,是热带兰中非常流行的类型。大花蕙兰是最早用茎尖进行组培获得再生植株的兰科植物,大花蕙兰的快繁工艺流程如图 7-18 所示。

图 7-18　大花蕙兰组培快繁工艺流程

1. 外植体的选择与消毒

(1)侧芽或顶芽　取假鳞茎上新生侧芽为外植体,用肥皂粉刷洗表面,并用流水冲洗干净。在无菌条件下,剥去外层苞片,露出芽体,用 70% 乙醇浸泡 5~10 s,然后放入 0.1% 氯化汞中消毒15~20 min,再用无菌水反复冲洗干净。

(2)茎尖　将健壮的侧芽离基部 5~6 cm 处切断,剥去最外面几枚叶片,留 3 cm 左右的芽,于流水下冲洗 30~60 min。在无菌条件下,置于 70% 乙醇中浸泡 10 s,无菌水洗 1 次,转入 0.1%氯化汞中消毒 6~8 min,再用无菌水荡洗 3~5 次。

2. 试管苗的培养

(1)初代培养　无菌条件下切下 5 mm 左右的茎尖接种到 MS+6-BA 4.0 mg/L+ NAA2.0 mg/L培养基上诱导原球茎。大花蕙兰茎尖不易引起褐变,可直接在培养瓶中进行诱导培养,不需要频繁转瓶。接种 2 周后,略见膨大。1 个月后,有的外植体上出现颗粒状物质及原球茎,有的外植体上长出小芽。在 NAA 浓度一定时,随着 6-BA 浓度的增加,诱导率逐渐增大,但浓度过大就会抑制原球茎的诱导。

(2)继代培养　将原球茎和小芽丛切割转至 MS+6-BA 0.5~2.0 mg/L+NAA 0.2~1.0 mg/L

继代培养基上进行培养。精氨酸、天冬氨酸、酵母提取物对大花蕙兰原球茎和植株的生长有促进作用。原球茎快速增殖,同时分化出小芽,形成兰花组培中常见的原球茎与丛生芽同时存在的状况。

（3）生根培养　原球茎增殖一定程度后,转入成苗培养基 MS＋NAA 1.0 mg/L＋香蕉汁 30 g/L＋AC 0.2%中,经一段时间培养,出现幼叶并长出根。光照度对大花蕙兰组培苗生根影响较大,强光下培养的瓶苗生根率比弱光下高得多。同时强光下的瓶苗壮,移栽后成活率高,而在弱光下培养的瓶苗弱且不分化叶片,移栽后成活率低。

3. 炼苗移栽

当试管苗生长至 10 cm 左右、根 2~3 条时即可移植。将试管苗带瓶移入温室锻炼 3~5 d,打开瓶塞炼苗 3 d,取出苗用水冲洗掉琼脂,以免发生霉菌腐烂。将苗吸干水分阴凉 1 h 后再定植于树皮或水苔育苗盘中。刚定植的植株最好避光 50%,温度 20 ℃左右,保持一定湿度,且注意通风。大花蕙兰试管苗对基质的要求不太严格,泥炭和蛭石的混合物、水苔等都可作为基质,一般移栽成活率可达到 95%以上。

（三）中国兰组培快繁技术

中国兰属地生兰,主要有春兰、建兰、蕙兰、墨兰和寒兰等,其花葶直立,花朵细小,花色淡雅,有高雅的芳香。极细的叶形构成极其美丽的曲线和丰满的株形,即使不在开花期仍具有极高的观赏价值。中国兰的组培快繁工艺流程见图 7-19。

图 7-19　中国兰组培快繁工艺流程

1. 外植体的选择与消毒

中国兰的侧芽、茎尖、种子等均可作为外植体,应视材料来源难易程度和培养目的来选择。为培育优良品种,多选用茎尖或侧芽,一般茎尖优于侧芽,处于中上部的侧芽又优于基部侧芽。

茎尖消毒流程:剪取 6~13 cm 新芽,除去基质、根、外包叶 2~3 片→用自来水冲洗干净→将材料剪成长 3~6 cm→用 0.1%氯化汞消毒 10 min→用无菌水洗 3~5 次→用 0.1%次氯酸钠消毒 3~5 min→用无菌水洗 5 次→在解剖镜下切取 1~5 mm 的茎尖。

种子消毒流程:采集基本成熟的蒴果→用 70%乙醇浸泡 1 min→用无菌水洗 1 次→用 0.1%氯化汞消毒 15 min→用无菌水洗 5~6 次→剖开蒴果→接种到培养基上。

2. 试管苗培养

（1）初代培养　随中国兰品种、外植体取材部位、培养基的不同,原球茎诱导成功率差异较大。建兰诱导成功率较高,春兰诱导比较困难;以种子作为外植体的诱导成功率最高。对于多数中国兰而言,MS 仍然是茎尖培养的最好基本培养基,几种中国兰原球茎诱导培养基见表 7-1。培养条件:培养温度 25 ℃,春兰、建兰接种后几天内置于黑暗中培养,然后转入光照度 1 000~2 000 lx、光照时间 12~16 h/d 条件下培养。

中国兰芽端具有较高的多酚氧化酶,在诱导阶段褐变非常严重,通常需采用较大外植体接种,降低培养温度,避免高温季节取材接种,实行暗培养,以及在培养基中添加抗氧化剂或配合使用活性炭等综合措施,降低褐变。

表 7-1　中国兰原球茎诱导培养基

品　　种	外植体类型	诱导培养基
墨兰	种子	1/2MS+NAA 0.5 mg/L+CM 10%
	茎尖	MS+6-BA 0.5 mg/L+NAA 0.5 mg/L+AC 0.5%
春兰	茎尖	White+6-BA 1.0 mg/L+NAA 5.0 mg/L+CM 8.5%
蕙兰	种子	1/2MS+6-BA 0.5 mg/L+IAA 1.5 mg/L
建兰	茎尖	MS+6-BA 3~4 mg/L+NAA 1.5~2 mg/L

（2）继代培养　原球茎增殖是规模化生产的关键时期,继代培养基大多与诱导培养基基本相同(表 7-2),只是对生长调节剂浓度稍作调整。最佳切割方式是掰开法,即将大丛的原球茎顺势掰成小丛,这样对原球茎损害最小,原球茎恢复生长快,增殖系数更高。原球茎的分割不可太小,继代时间不宜太长,否则原球茎生长不良,甚至死亡。继代间隔时间一般 20~30 d,但不同品种有差异,有些需要更长时间。培养条件:温度 23~25 ℃,光照度 1 000~2 000 lx,光照时间10 h/d。

表 7-2　中国兰原球茎继代培养基

品　　种	继代培养基
墨兰	MS+6-BA 2.0 mg/L+IBA 1.0 mg/L+AC0.5%
春兰	1/2MS+6-BA 1~1.5 mg/L+NAA 1.0 mg/L
蕙兰	1/2MS+6-BA 1.0 mg/L+NAA 0.5 mg/L
建兰	MS+6-BA 2~3 mg/L+NAA 1~2 mg/L

继代培养可采用液体培养或固体培养。液体振荡培养通气好,可使原球茎与培养基充分接触,更好地吸收营养,因而有利于原球茎分化,可以缩短培养时间,提高繁殖率,但不利于根状茎分枝、增殖,对培养的无菌条件要求高,污染率较高。固体培养可充分利用培养室空间,但诱导分化成完整小植株的时间较长,分化的整齐度也不如液体培养。目前大规模生产中以固体培养为宜,或者采用固体和液体交替培养。

（3）原球茎分化　原球茎增殖到一定数量后,需接种到分化培养基(表 7-3)上分化成苗,有些兰花品种不需要经过单独的成苗阶段,如建兰可以直接在诱导增殖的同时分化出完整小苗。诱导原球茎分化时,要选择生长健壮、长度在 1 cm 以上的较大原球茎进行培养,并适当增强光照或延长光照时间。

表 7-3　中国兰原球茎分化培养基

品　　种	分化培养基
墨兰	1/2 MS+6-BA 5.0 mg/L+NAA 0.5 mg/L+CM5%
春兰	B_5+6-BA 2.0~3.0 mg/L+NAA 0.2 mg/L
蕙兰	MS+6-BA 1.0 mg/L+IAA 0.5 mg/L
建兰	MS+6-BA 2~3 mg/L+NAA 1~2 mg/L

（4）生根培养　待芽长到 2～3 cm 时,转移到生根培养基上(表 7-4)诱导生根,经过 20～40 d 的培养,苗基部可形成 3～4 条根。当生根的小苗长至 6～7 片叶、3～4 条根时就可以移栽。

表 7-4　中国兰生根培养基

品　　种	生根培养基
墨兰	1/2MS+6-BA 2.0 mg/L+NAA 1.0 mg/L+AC 0.5%
春兰	1/2MS+6-BA 2.0 mg/L+NAA 1.0 mg/L+AC 0.5%
蕙兰	MS+6-BA 1.0 mg/L+IAA 0.5 mg/L
建兰	MS+6-BA 2～3 mg/L+NAA 1～2 mg/L

3. 炼苗移栽

移栽前先炼苗 2～3 d,取出试管苗,洗去根部培养基,移栽到苔藓:腐殖土为 1:1 的混合基质上。移栽后保温保湿,置于散射光下培养,1 个月后可转移到光线比较强的地方培养。

（四）卡特兰组培快繁技术

卡特兰又名卡特利亚兰,为兰科卡特兰属植物,其花朵硕大,花形优美,色彩艳丽丰富,有香味,并且长势强健,适应性较强,是世界上栽培最多、最受人们喜爱的洋兰之一。卡特兰和其他兰科植物一样,分株繁殖速度慢,组培快繁技术为其主要繁殖方式。

1. 外植体选择与消毒

在冬、春季节,选取观赏性状优良、生长健壮的植株作为母株,先将母株置于温室中培养,2～3 周后,从母株上切取新生假鳞茎上的芽或萌蘖中的茎尖、侧芽作为外植体,长度 5～10 cm,用洗洁精溶液浸泡 10～15 min,流水冲洗 30 min,从外侧按顺序剥除外部叶片,用刀片切掉基部切口,再用水冲洗干净,剪除上部幼叶。在超净工作台上,用 70%乙醇浸泡 5～8 s,再用 10%次氯酸钠溶液浸泡 10 min,无菌水冲洗 3～5 次。将消毒好的材料,置于解剖镜下进行茎尖剥离,切取 0.5～2 mm 的生长点接种于初代培养基中。

以种子为外植体材料的,用未成熟的种子较成熟的种子效果好,因为未成熟的种子在蒴果内部基本是无菌的,且更容易萌发。具体选择和消毒方法为:采摘未开裂的蒴果,用洗涤精溶液浸泡并用刷子轻轻刷洗,然后用自来水冲洗干净,在超净工作台上,用 0.1%氯化汞浸泡 20 min,无菌水冲洗 4～5 次,剥开种皮,取出未成熟的种子接种到培养基中。

2. 试管苗培养

（1）初代培养　卡特兰茎尖的启动培养基为 MS+NAA 1.0 mg/L+6-BA 1.0 mg/L+KT 0.2 mg/L+椰乳 10%+蔗糖 2%。培养条件为:初始培养温度为 15～20 ℃;成活后温度 20～26 ℃,光照时间 12～16 h/d,光照度 1 500～2 000 lx。经过 6～8 周可产生原球茎。卡特兰种子萌发采用 1/2MS 培养基,15 d 即可萌发产生绿色原球茎。

（2）继代培养　将原球茎接种到 MS+6-BA 0.5 mg/L+KT 0.5 mg/L 中进行增殖培养,在最初 1 个月内原球茎增殖很快,到 60 d 左右可形成一丛根和叶完整的小植株,增殖可达 5～8 倍。将产生的丛生芽分割成单个芽苗,接种到 KC+6-BA 0.5 mg/L+NAA 0.05 mg/L+香蕉泥 100 g/L+AC 0.1%中继续进行增殖,40～50 d 增殖系数可达 7～8。

将种子萌发形成的原球茎接种于 1/2MS+6-BA 0.5 mg/L+NAA 0.2 mg/L 培养基中,10 d 左右原球茎开始萌动,50 d 后开始增殖,增殖系数一般在 15～20。

（3）生根培养　把丛生芽苗分割成单个芽苗，接种到 MS+NAA 1.0 mg/L+AC 0.1%生根培养基中，培养 30 d 左右，每棵苗可产生 2~4 条根。

3. 炼苗移栽

当试管苗长到 5 cm 左右、具有 3 片以上叶和 2~3 条根时，即可进行移栽。移栽前，先闭瓶炼苗 5~7 d，然后开瓶炼苗 3 d，将苗从瓶中取出，用清水洗去根部附着的培养基。用水苔等基质包裹根部栽入准备好的营养钵中，喷洒 800 倍多菌灵溶液。适当遮阳，保持温度 22~25 ℃，每周喷水 1 次保湿，1 个月后移入光线强的地方。

二、红掌组培快繁技术

红掌是天南星科花烛属多年生常绿草本植物。肉质根，叶从根茎抽出，花朵独特，单花顶生，明艳华丽，色彩丰富，花期长，尤其供切花水养可长达 1 个月，也可作盆栽供室内观花赏叶，深受消费者青睐。红掌用常规分株繁殖难以扩大生产；播种繁殖，要经人工授粉才能获得种子，耗费人力。组培是红掌快速繁殖的最佳方法。红掌组培快繁工艺流程如图 7-20。

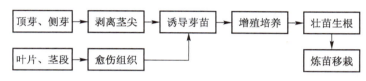

图 7-20　红掌组培快繁工艺流程

1. 外植体的选择与消毒

（1）叶片、茎段　红掌的叶片、茎段都可以作为外植体。以红掌幼苗刚展开的叶片为外植体，将叶片放在盛有洗洁精的烧杯中搅拌 10 min 后用自来水冲洗 15 min，除去洗洁精及表面的污物，接着在无菌条件下，先用 70%乙醇处理 30 s，再在 0.1%氯化汞中浸泡 8~10 min，用无菌水冲洗 5~6 次，将叶片切成 1.5 cm^2 的小块接种于诱导培养基上。

（2）茎尖　切取植株基部分生的侧芽，去掉多余的叶片，并保留茎尖及 1~2 片嫩叶。将试材用自来水冲洗 30 min，在超净工作台上用 70%乙醇浸湿 30 s，取出后再用 2.8%次氯酸钠水溶液消毒 15 min，然后用无菌水冲洗 3~5 次，最后用无菌吸水纸吸干。一般对于茎尖可预先接种到含抗生素（如硫酸链霉素等）的 MS 培养基上，预培养 14 d 后再转接培养。

2. 试管苗的培养

（1）初代培养　用芽尖或芽培养可直接诱导出不定芽或侧芽，经切段可以不断增殖。诱导培养基为 MS+6-BA 0.8 mg/L+IBA 0.3 mg/L。叶片、叶柄或茎段初代培养以诱导愈伤组织为目的，诱导愈伤组织培养基为 ZS（即改良 MS，把 NH$_4$NO$_3$ 改为 412 mg/L，FeSO$_4$·7H$_2$O 改为 9.3 mg/L）+6-BA 1.0 mg/L+2,4-D 0.1 mg/L，红掌愈伤组织的诱导及形成十分缓慢，培养 1 个月后叶片切口处会出现少量的黄色泡状愈伤组织，45 d 后，泡状愈伤组织形成黄绿色瘤状突起，60 d 后不断扩大连成一片。愈伤组织诱导出来后，转接到同样的培养基继续进行分化培养，每 5~6 周继代 1 次，可不断增殖，经 2 次以上继代培养以后，部分愈伤组织上可见到红色不定芽分化。培养温度 25~27 ℃，光照度 1 500~2 000 lx，光照时间 8~10 h/d。

（2）增殖培养　将不定芽剪切、接种到 MS+6-BA 1.0 mg/L+KT 1.0 mg/L 增殖培养基上，培养 2 个月后可长成具有明显茎叶结构的新梢。然后即可采用丛生芽方式扩大繁殖，增殖倍数可达 4.0。

（3）生根培养　当新梢长到 2.5~3.0 cm、具有 3~4 片叶时,可将其切成单株在 1/2MS+NAA 0.2 mg/L+IBA 2.0 mg/L+AC 0.2% 生根培养基上进行生根培养。

3. 炼苗移栽

当试管苗长出 3~4 条根时,即可在温室内开瓶炼苗。5 d 后将试管苗从瓶中移出,洗净根上附带的培养基,再用 0.5 g/L 的高锰酸钾蘸根消毒,移栽到表土与腐殖土混合的基质上,基质 pH 以 5.5 为宜。空气相对湿度 80%~95%,温度 25 ℃±1 ℃。10 d 后打开保湿罩,逐渐降低湿度,并增强光照,30 d 后成活率可达到 90% 以上。

三、仙客来组培快繁技术

仙客来属报春花科仙客来属多年生球根草本花卉,肉质茎呈扁圆球状或块状。单叶丛生于球茎顶部,叶面有美丽斑纹。花梗自叶腋抽生,天生丽质,花姿高贵,因花瓣翻卷向上,酷似兔耳,因此又被形象地称为"兔耳花""兔子花"。仙客来的常规繁殖方法是播种和分割球茎两种。播种繁殖从播种至开花约需 15 个月,而且发芽不整齐,易受病菌感染,同时后代的花色和叶斑变异较大,不能很好地保持其良好的性状;分割球茎也易造成感染,不宜多加采用。通过组培建立无性繁殖体系,解决了播种繁殖中出现的诸多问题,既可保持其优良品种的特性,又可提高繁殖系数。仙客来组培快繁工艺流程如图 7-21 所示。

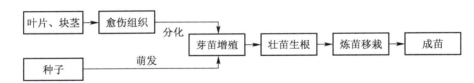

图 7-21　仙客来组培快繁工艺流程

1. 外植体的选择与消毒

（1）种子　先将仙客来种子用清水清洗干净,再用 70% 乙醇浸泡 0.5~1 min,无菌水清洗 3 次,0.1% 氯化汞处理 1~2 min,无菌水清洗 6 次,每次约 1 min。

（2）嫩叶、块茎　在晴天的时候,选择长势良好、健壮无病植株的嫩叶和块茎。嫩叶按常规方法消毒后备用;由于块茎生长在土壤里,所携带的杂质、污染物较多,所以应先在流水下冲洗块茎,用软毛刷轻轻刷掉其上附着的泥土及杂质,然后用适量的肥皂水或洗衣粉溶液浸泡约 10 min,彻底冲洗干净,接着用 70% 乙醇（20~30 s,无菌水冲洗 3~4 次）,2% 次氯酸钠（15~20 min,无菌水冲洗 5~6 次）,0.1% 氯化汞（8~10 min,无菌水冲洗 6 次）依次进行消毒。

2. 试管苗的培养

（1）初代培养　将消毒后的种子直接播种在 MS 培养基上,种子萌发即形成无菌小苗。把嫩叶切成大小为 3~4 mm² 的小块,小块茎则对剖为 4 等份,接种在芽诱导培养基 MS+6-BA 1.5 mg/L+NAA 1.0 mg/L 或 MS+6-BA 2 mg/L+KT 0.1~0.2 mg/L+NAA 0.1~0.2 mg/L 上。接种后,可先暗培养 1 周,这样有利于侧芽伸长,提高繁殖系数。约 20 d 后,接种的叶片切块上可见叶脉组织膨大,出现了浅色的愈伤组织,再经过 10 d,愈伤组织的表面出现绿色的叶原基。块茎的切段会愈合成球形,并继续产生瘤状的愈伤组织。培养温度 20~25 ℃,光照时间 12~16 h/d,光照度

1 500~3 000 lx。

（2）增殖培养　初代诱导培养 6~8 周后，就可以将已分化的外植体分切，转接在继代增殖培养基上，经过约 20 d 后，叶片的愈伤组织和块茎上的瘤状体都可以分化出丛生苗。

（3）生根培养　将丛生苗切开，把由块茎瘤状体所自行分离而成单独的球体选出，接种到生根培养基 MS+IBA 0.1~0.2 mg/L 上，20 d 后可在苗的基部形成幼根，并在 10 d 左右长至 2~8 mm 长。但球茎愈伤组织生长缓慢，生根较难。

3. 炼苗移栽

当试管苗高约 3 cm、生有 3~4 条 1 cm 左右长的新根时，即可进行移栽，基质可采用经过灭菌处理的混合培养土，常用成分为泥炭∶珍珠岩∶沙为 1∶0.2∶0.3。移栽前期，要使环境的空气湿度保持在 70%~80%，遮光率为 60%~70%，环境温度控制在 18~20 ℃。经过 1~2 个月的常规管理后，即可定植在富含腐殖质的沙质土壤中。

四、非洲菊组培快繁技术

非洲菊又名扶郎花，属菊科扶郎花属，多年生宿根草本观赏植物。其植株风韵秀美，花色艳丽多彩，花期长，产花量高，是切花和盆花兼用的优良观赏花卉。非洲菊传统栽培方法为播种、分株繁殖。种子繁殖极易产生变异和退化，并且其结实率低，种子寿命短，发芽率也很低；分株繁殖繁殖系数低，1 株母株 1 年仅能分株 5~6 株，难以满足花卉市场需求，且易于传播病害使种性退化。采用组培法对具有优良品种特性的非洲菊进行快速繁殖，可在短期内生产出大量整齐均匀的健壮种苗。非洲菊组培快繁工艺流程如图 7-22 所示。

图 7-22　非洲菊组培快繁工艺流程

1. 外植体的选择与消毒

选取新鲜饱满的非洲菊 F_1 种子并将其用纱布包好，在无菌条件下，用 70% 乙醇浸泡 1 min，再用 0.1% 氯化汞表面灭菌 10 min 后，用无菌水冲洗 4~6 次，滤干水分。

2. 试管苗的培养

（1）初代培养　将消毒后的种子接种到 1/2MS+AC 0.2% 培养基中，先暗培养 5~7 d，再进行光照培养，3 周后，小苗长出 3~4 片真叶。将长 3~4 cm 无菌苗的根系切除，再分切成 0.5 cm 左右的带芽短缩茎，接种到 MS+6-BA 3.0 mg/L+NAA 0.1 mg/L 培养基上，在温度 25 ℃±2 ℃、光照度 1 500~2 000 lx、光照时间 12 h/d 条件下培养 4~6 d 后，茎段基部膨大，15~20 d 后萌发新芽。随着芽苗的不断生长，丛生苗基部新芽不断萌发。

（2）继代培养　在无菌条件下，将初代培养中诱导出的高 3~5 cm 的芽苗切成带芽短缩茎，转接到 MS+6-BA 3.0 mg/L+NAA 0.2 mg/L 培养基上，同样条件培养 25 d。非洲菊的增殖系数较高，且成苗健壮舒展。通常 6-BA 和 NAA 的激素组合均能使芽苗增殖，提高 6-BA 浓度能显著提高增殖系数，在生长过程中非洲菊芽苗对 NAA 比较敏感，浓度稍高即发生叶片褪绿、细长、缺刻深。所以增殖培养时 NAA 质量浓度不宜超过 0.2 mg/L。

（3）生根培养　将高 3~3.5 cm 的无根苗转接于 1/2MS+2,4-D 0.2 mg/L 生根培养基上，

1 周左右均可陆续生根,平均根数达 3 条以上。

3. 炼苗移栽

当幼苗生根 4~5 条、根长 1~2 cm 时,将幼苗移出培养室,打开瓶盖,置于散射光下炼苗 3~5 d后,取出瓶苗,洗去根部培养基,移栽至消毒过的混合基质(腐殖土∶蛭石∶泥炭 = 1∶1∶1)中,盖上塑料薄膜,保温保湿,避免阳光直射。1 周后揭去塑料薄膜,逐步加强日照,并视苗的情况喷施稀薄营养液,防治病虫害。15 d 后幼苗成活率可达 95%以上,且生长健壮。

五、香石竹脱毒与快繁技术

香石竹别名康乃馨,为石竹科石竹属多年生草本植物。其茎叶清秀,花朵雍容富丽,姿态高雅别致,色彩绚丽娇艳,清香幽雅,观赏价值极高。香石竹在生产中往往采用侧芽扦插来扩大繁殖,但侧芽扦插存在插穗来源不足、繁殖系数低、速度慢的问题,同时长期扦插繁殖也会使病毒严重积累,危害严重,以致切花质量下降。

(一)脱毒技术

香石竹脱毒工艺流程如图 7-23 所示。

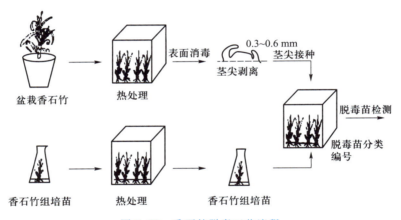

图 7-23 香石竹脱毒工艺流程

1. 脱毒技术

(1)**热处理** 将 15 d 苗龄的试管苗或定植 1~2 个月后的盆栽植株置于人工气候箱中,在温度 36~38 ℃条件下处理 2 周,或每天在温度 30 ℃(8 h)和温度 36 ℃(16 h)条件下处理30 d,光照 16 h/d,光照度为 3 000 lx。

(2)**消毒** 选择基部粗壮、干净的新芽,最好是首次打顶后萌发出来的嫩芽。用利刀切去茎段及叶梢,保留顶芽 1.0 cm 左右,并用清水洗净。再在无菌条件下放入 0.1%氯化汞溶液中消毒 15~20 min,也可在 2%次氯酸钠溶液中消毒 15 min,取出后用无菌水冲洗 3 次。

(3)**剥离茎尖** 在无菌条件下,逐层剥去叶片,切取含有 1 对叶原基、0.3~0.5 mm 的茎尖接种到诱导培养基上。

(4)**茎尖培养** 将茎尖培养在 MS+6-BA 2.0 mg/L+NAA 0.2 mg/L 的培养基上。培养条件为温度 23~25 ℃,光照时间 16 h/d,光照度 2 000 lx。茎尖接种后 3~4 d,芽点开始转绿,1 周后膨大,25~40 d 后开始展叶。

2. 病毒检测技术

通过茎尖培养获得的组培苗,还需要进行病毒检测。香石竹常见的病毒有叶脉斑驳病毒、隐症病毒和斑驳病毒,后两者为线状病毒,比较容易除去。目前,香石竹茎尖苗病毒检测时常以检测叶脉斑驳病毒为主。

(二)快繁技术

1. 外植体的选择与消毒

选取品种优良、健康、生长势强的植株,切取长约 2.5 cm 带侧芽的茎段,用洗衣粉溶液洗刷 3 min,用水冲洗干净,在超净台上用 70% 乙醇浸泡 30 s,用无菌水冲洗 2~3 次,再用 0.1% 氯化汞浸泡并不时搅拌 5 min,用无菌水冲洗 5 次。

2. 试管苗的培养

(1)初代培养　香石竹对激素适应性较广,一般采用适当浓度的 6-BA、NAA 和 IBA 培养基均可正常生长。在 MS+6-BA 1.5 mg/L+NAA 0.1 mg/L 初代培养基上进行初代培养。培养温度为 23~27 ℃,光照时间为 12 h/d,光照度为 1 500~2 500 lx。在接种 1 周后,侧芽膨大,随后有小嫩芽出现。2 周后,叶片陆续展出。

(2)继代培养　将初代培养基中长出的侧芽切下,接种于增殖培养基中,增殖培养基要求保证芽苗生长质量的同时还要达到一定的增殖系数,在 MS+6-BA 0.5 mg/L +NAA 0.1 mg/L 增殖培养基上增殖系数达到 3.4,且芽苗健壮、玻璃化少。继代增殖培养的适宜温度为 18~25 ℃,光照度要求在 2 000~3 000 lx。继代周期以 25~30 d 效果最好,继代代数不要超过 5 代,代数越长,苗长势越弱且突变越多。为提高培养效果,还可将培养基中白糖用量提高到 40 g/L,并适当加入 0.4% 活性炭,加强对有害物质的吸附作用。

(3)生根培养　将高度达到 2 cm 左右、生长正常的小芽切下,接种于 1/2 MS +NAA 0.2 mg/L 生根培养基中,培养基中可添加 0.1% 活性炭以促进生根率。在接种 10 d 左右可长出根原基和细根,12~15 d 后试管苗可出瓶炼苗移栽。

3. 炼苗移栽

当小苗根长 0.5~1 cm 时,可进行炼苗。将培养瓶置于温室 10 d 左右,然后揭开瓶盖2~3 d,用镊子取出试管苗,洗净根部培养基,栽入透气性良好的蛭石、珍珠岩或沙中,温度控制在温度 24~28 ℃,空气相对湿度在 90% 左右,强光时遮阳,2 周左右成活。为降低试管苗成本,扩大繁殖系数,一般试管苗移栽后 40~60 d、分枝长到 5~7 cm 时,可以摘头扦插,每隔 30 d,又可重复扦插复壮,大批生产。

六、观赏凤梨组培快繁技术

观赏凤梨属于凤梨科多年生单子叶植物,是一类新型室内观花、观叶、观果的盆栽花卉。观赏凤梨叶姿和花形独特,花期持久。近年来,我国规模化生产凤梨的种苗主要靠国外进口,价格昂贵。应用组培技术进行观赏植物繁殖,具有繁殖速度快、不受季节影响等特点,对于优良品种的引进和推广意义重大。观赏凤梨组培快繁工艺流程如图 7-24 所示。

1. 外植体的选择与消毒

对于子蔓属中康泰凤梨、丽穗凤梨属中八宝剑凤梨,选取母株基部侧芽为外植体,光萼荷属中蜻蜓凤梨以短缩茎为外植体。先去掉凤梨叶鞘,于超净工作台上用 70% 乙醇消毒 15 s,再用

图7-24　观赏凤梨组培快繁工艺流程

0.1%氯化汞消毒10 min左右,用无菌水冲洗5次,最后将材料竖立浸泡在无菌水中待用。

2. 试管苗的培养

(1)初代培养　诱导培养所用基本培养基可用MS,附加相应生长素和细胞分裂素,也可不加。如康泰凤梨侧芽接种至MS+6-BA 1.5 mg/L培养基上,40 d后形成愈伤组织,愈伤组织在MS+6-BA 1.0 mg/L+IBA 0.5 mg/L培养基上诱导形成丛生芽。蜻蜓凤梨以短缩茎为外植体,经消毒后,接种在MS培养基上就可诱导侧芽萌发。在诱导培养方式上有些种类宜选用液体培养,如八宝剑凤梨以母株基部长出的健壮侧芽作为外植体,接种于MS+6-BA 2.0 mg/L+NAA 0.2 mg/L培养基中进行液体培养,50 d后新生丛生芽即可切块增殖。培养条件为:温度25~28 ℃,光照度1 500 lx,光照时间12 h/d。

(2)继代培养　对于初期诱导形成愈伤组织随后愈伤组织分化形成的丛生芽种类,可继续采用分化培养基进行继代培养,40 d继代一次,如上述的康泰凤梨、八宝剑凤梨则是将新的丛生芽切成块,移至MS+6-BA 1.0 mg/L+NAA 1.0 mg/L培养基上进行浅层液体培养,25 d继代一次。蜻蜓凤梨是在MS+6-BA 4.0 mg/L+NAA 1.0 mg/L+IAA 1.0 mg/L培养基上继代增殖。

(3)生根培养　当丛生芽长到2 cm左右即可进行生根培养。康泰凤梨是将不定芽转入MS+IBA 0.5 mg/L+NAA 0.5 mg/L培养基上生根,八宝剑凤梨是将丛生芽移至1/2MS+NAA 0.1~0.2 mg/L固体培养基上生根,蜻蜓凤梨的不定芽在MS+IBA 0.1 mg/L培养基上培养15 d即开始生根。

3. 炼苗移栽

小苗高3~4 cm并长有3~4条根时即可移栽。移栽前将长好根的瓶苗打开瓶盖,室内炼苗3~4 d,取出小苗,洗净培养基后移栽到育苗盘中,育苗盘中的基质为80%泥炭加20%珍珠岩。栽植前浇透水,栽植后遮阳保湿,环境温度保持在25 ℃左右。小苗存活率达到95%以上。

七、彩色马蹄莲快繁技术

彩色马蹄莲属天南星科马蹄莲属多年生花卉。其花形为肉穗花序,色彩艳丽。多数彩色马蹄莲的绿叶带有白色斑点或条纹,花和叶片雅致大方,近几年的国内外花卉市场上,常作为切叶、切花或盆花栽培。彩色马蹄莲的组培快繁工艺流程如图7-25所示。

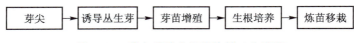

图7-25　彩色马蹄莲组培快繁工艺流程

1. 外植体选择与消毒

组培快繁彩色马蹄莲的外植体主要是芽尖。选取块状根茎,刮去芽表面褐色皮层,用流水冲洗干净,在无菌条件下,围绕芽眼切成1.5 cm²的组织块,用70%乙醇浸泡2 min,切除四周少许组织,用 0.1%氯化汞消毒 20 min 左右,再用无菌水冲洗 5 次。

2. 试管苗培养

（1）初代培养　将消毒后的芽接种到 MS+6-BA 1.0~2.0 mg/L+NAA 0.1 mg/L 诱导培养基中。30 d 左右芽便可萌发,并有部分丛生芽分化。继续培养 60 d 后,在部分芽块基部可形成具有许多生长点的愈伤组织块,并有大量不定芽长出。

（2）增殖培养　可从基部切下较大的不定芽,转入 MS+6-BA 0.2~0.5 mg/L+NAA 0.2~0.5 mg/L继代培养基中。

（3）生根培养　将丛生芽中 1.5 cm 以上芽剥离成单芽,转入 1/2 MS+NAA 0.3 mg/L 生根培养基中,尽量减少切割伤口,否则在生根植株基部产生许多愈伤组织,不利于后期移栽。10~15 d后即可诱导出健康的根系。

3. 炼苗移栽

将出瓶后的生根苗按常规方法冲洗处理后,移栽入泥炭:蛭石:沙=1:1:1的基质中或土质较好的沙壤土中。移栽 1 个月内,注意保水和遮阳。1 个月后,幼苗开始迅速生长,可适当增加光照,并辅助喷施叶面肥。幼苗移栽以春、夏季成活率高,且生长期长,休眠时已形成 2~3 小块茎;如果移栽迟,则成活率稍低,形成块茎很小,甚至未形成块茎,但到第二年春,小苗仍会萌发生长。

八、百合组培快繁技术

百合为百合科百合属球根草本花卉,花色、花形丰富,许多种类还具有芳香,常常被人们视为纯洁和幸福的象征。有些百合还具有食用价值,因食用的鳞茎产于地下,受病虫害侵染概率少,故是优良的绿色蔬菜和保健食品。百合受病毒侵染后,其花形和花色均表现出退化现象。采用组培手段,既可进行百合脱毒,防止品种退化,又能实现名优新品种的快速繁殖。百合组培快繁工艺流程如图 7-26 所示。

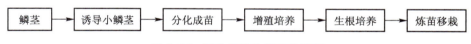

图 7-26　百合组培快繁工艺流程

1. 外植体选择与消毒

优选生长健壮、开花性状良好的植株,取饱满鳞茎作为外植体。先将鳞茎清理干净,用清水冲洗 30 min。然后在无菌条件下,放入 70%乙醇处理 20~30 s,再转入 0.1%氯化汞溶液中消毒 8~13 min,无菌水洗 4~5 次。

2. 试管苗培养

（1）初代培养　将鳞茎切割成 0.5~1.0 cm² 的小块,靠近鳞茎盘的一端作为形态学下端接种到 MS+6-BA 2.0 mg/L+NAA 0.5 mg/L 的诱导培养基中。培养条件为温度 23~27 ℃,光照时间10~12 h/d,光照度 1 500~2 000 lx。培养 10~15 d 后,在鳞片内表面诱导出小鳞茎。

（2）分化、增殖培养　将诱导出的小鳞茎转接到 MS+6-BA 2.0 mg/L+NAA 0.5 mg/L 的分化培养基中,小鳞茎有所增殖,并抽出叶片,成为丛生幼苗。当苗高 3~4 cm 时,将芽丛分割成单芽,转接到 MS+6-BA 2.0 mg/L+NAA 0.2 mg/L 的增殖培养基中。

（3）生根培养　将长 2.0~3.0 cm 的无根苗切下,除去愈伤组织,接种到 1/2 MS+NAA

0.1 mg/L的生根培养基中,10~15 d即可诱导出健康的根系。在继代培养中,若延长继代转接的时间或降低6-BA的使用浓度,可将增殖与生根同时进行,但幼苗根部有肿胀现象。

3. 炼苗移栽

移栽基质选用蛭石与泥炭等体积混合,瓶苗无需炼苗过渡,可直接移栽入温室管理,加强病虫害预防,移栽成活率可达98%以上。

第四节　树木组织培养快繁技术

一、杨树组培快繁技术

杨属是杨柳科的一个属,通常所说的杨树是指杨属所有树种的统称。杨树具有生长快、易栽培、树干粗大挺直、木材易于加工、经济价值高等优点。杨树多数树种可插条繁殖,但有一些树种插枝生根困难,通过组培技术进行快速繁殖,不仅可以保持树种原有的优良特性,而且可以快速扩大优良树种的数量。

(一)毛白杨组培快繁技术

毛白杨是我国的特有种,扦插繁殖生根困难。20世纪80年代初,我国学者首次解决了毛白杨的组培快繁问题。目前,毛白杨的组培快繁技术已在造林育苗的生产实践中推广应用,其组培快繁工艺流程如图7-27所示。

图7-27　毛白杨组培快繁工艺流程

1. 外植体选择与消毒

取当年生直径为5 mm左右的枝条,解剖刀切成长度为2 cm左右的节段,每节带1个休眠芽。将外植体置于自来水下冲洗30 min,再于超净台上用70%乙醇消毒30 s,无菌水冲洗1次,然后再用5%次氯酸钠溶液消毒7~8 min,最后用无菌水冲洗3~4次,用无菌纱布吸取残留水分备用。在解剖镜下剥取2 mm左右、带2~4个叶原基的茎尖接种。

2. 试管苗培养

(1)初代培养　为防止外植体消毒不彻底,可先将单个茎尖接种到MS+6-BA 0.5 mg/L+水解乳蛋白100 mg/L培养基上预培养。经1周后,选择无污染茎尖接种到正式诱导培养基MS+6-BA 0.5 mg/L+NAA 0.02 mg/L+赖氨酸100 mg/L上。培养条件:温度23~28 ℃,光照度1 000 lx,连续光照。培养2~3个月,部分茎尖可分化出绿色小芽。

(2)继代增殖　将经茎尖诱导的幼芽从基部切下,转接到MS+IBA 0.25 mg/L继代培养基上,蔗糖用量减少至1.5%。培养约一个半月,可长成带6~7片叶的完整小植株。选择健壮小苗,切取顶芽段带2~3片叶,以下各段只带1片叶,继续转接到继代培养基上。待侧芽萌发并伸长至带有6~7片叶时,可再次切段繁殖,直至达到一定数量的试管苗。以后再切段时只切取顶段扩大繁殖,下部各段可用来生根。

（3）生根培养　将健壮小苗转接到改良 MS(维生素 B_1 质量浓度为 10 mg/L)+IBA 0.25 mg/L+蔗糖 1.5%生根培养基上培养,1 周后可见根出现,培养 10 d 后根长至 1~1.5 cm。壮苗培养一段时间后即可移栽。

3. 炼苗移栽

生根苗经过 3~5 d 炼苗后,便可移栽到河沙∶壤土∶草木灰=1∶1∶1 的基质中,要注意加盖塑料薄膜保温保湿。10 d 后可以揭去塑料薄膜,成活率达 90%以上。

（二）青杨组培快繁技术

青杨作为一种地域性杨树品种,主要分布在黄河中上游海拔 500~1 000 m 的河谷丘陵地带,具有广泛的适应性和抗逆性,被广泛地用作一些城市和乡村的行道树。但青杨难以在盐碱地带生长,并且抗虫性较差,这些都需要进行彻底的遗传特性的改造,而且以常规的嫁接方法进行繁殖不适合大规模的生产经营。组培技术的建立不但能解决营养繁殖慢并且受季节限制的问题,而且还为青杨的遗传育种提供必要的研究基础。青杨组培快繁工艺流程如图 7-28 所示。

图 7-28　青杨组培快繁工艺流程

1. 外植体选择与消毒

取 1~3 年生青杨茎尖切段或当年抽的枝条茎尖切段作为组培材料。将新切下的枝条插入含有蛭石和充足水的营养钵中 24 h 以上,使其在弱光下迅速长出嫩枝。用清水冲洗,并用软刷在流水中清洗表面约 10 min,避免用强力洗涤剂,以免损害植物组织细胞;随后在 70%乙醇中浸泡 10~12 s;最后用 0.1%氯化汞消毒约 8 min 或用 5%次氯酸钠消毒约 1 min,然后用无菌水清洗 5~6 次。

2. 试管苗培养

（1）初代培养　在超净工作台上将茎尖和侧芽切成 4~8 mm 小段。接种到 MS+6-BA 1.0 mg/L+NAA 0.2 mg/ L+IBA 0.1 mg/L 诱导培养基上,培养条件为温度 23~25 ℃,光照时间 16 h/d,光照度 3 000 lx。21 d 后约有 2/3 的外植体能被诱导成芽。

（2）继代培养　当从外植体上诱导出的幼苗长至 2~3 cm 时,将其切成带节间的小段接种到 1/2MS+6-BA 0.3 mg/L+NAA 0.05 mg/L 分化增殖培养基上,每个小段可以分化成 5~8 个幼苗。

（3）生根培养　选择生长状态良好、直立、长 3~4 cm、带有 2~3 个主要节间的幼苗用于生根培养。把选择的幼苗接种到 MS+IBA 0.3 mg/L 生根培养基上,培养 14~21 d,能有效诱导根的生成。但通常生长状态不好、弯曲、微黄的幼苗不易生根。

3. 炼苗移栽

生根苗经过 3~5 d 炼苗后,便可移栽到河沙∶壤土∶草木灰=1∶1∶1 的基质中,要注意加盖塑料薄膜保温保湿。10 d 后可以揭去塑料薄膜,成活率达 90%以上。

二、桉树组培快繁技术

桉树属桃金娘科桉属,生长快、适应性强、用途广,世界上百余个国家和地区广泛引种栽培,是目前世界上重要的木纸浆原材料。桉树是异花授粉的多年生木本植物,种间天然杂交现象非常频繁,实生苗后代严重分离,难以保持优良种树的特性。同时,桉树的成年树插穗生根困难,采用扦插、压条等传统的无性繁殖方法繁殖速度缓慢,远远不能满足生产上大面积种植对种苗的需求。桉树的种类很多,下面以柠檬桉为例说明桉树组培快繁流程(图7-29)。

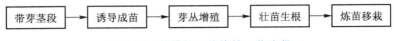

图7-29　柠檬桉组培快繁工艺流程

1. 外植体选择与消毒

取柠檬桉幼树基部健壮萌芽条嫩枝作材料。先用清水洗净,用吸水纸吸干表面水分,经70%乙醇消毒10 s,再用0.1%氯化汞消毒10~12 min,然后用无菌水冲洗4~5次。

2. 试管苗培养

(1)初代培养　将消毒后的嫩枝剪成含1~2个侧芽的茎段,接种到改良 MS+6-BA 1.0~2.5 mg/L+NAA 0.1~0.5 mg/L 的诱导培养基上,于温度22~28 ℃,光照度2 000 lx,光照时间12 h/d 的条件下培养。由于柠檬桉茎段富含单宁,在培养基中加入适量抗坏血酸或活性炭,有利于诱导率的提高。外植体接种4周后腋芽即可伸长至2~3 cm,侧芽伸长前常常伴随着接触到培养基的外植体基部愈伤组织的发育。外植体取材时间对诱导率有明显影响,以3—4月份取材诱导率最高,6—9月份取材的外植体基本不能诱导侧芽伸长生长。

(2)继代增殖　外植体经3~4周培养,侧芽可伸长至2~3 cm,切下侧芽转接到改良 MS+6-BA 0.5~3.0 mg/L+NAA 0.1~1.0 mg/L 的增殖培养基上,经20~30 d 培养,单芽开始分化出丛生芽。

(3)生根培养　进行生根的继代芽要求粗壮、展叶正常,这样生根率才会高。所以在继代过程中使用较低浓度的细胞分裂素,维持较低的继代增殖率,使继代丛生芽每代都处在生长旺盛、展叶正常的状态;或者继代时保持相对较高的增殖率,但生根前两代改用低增殖率的培养基,使试管丛生芽恢复健壮生长的正常状态。一般在丛生芽长至高3~4 cm 时,切下顶芽段接种到1/2改良 MS+IBA 0.5~2.0 mg/L 的生根培养基上。经20 d 左右培养,在试管苗切口处可诱导出3~5条健壮的根。生根率可达70%。

3. 炼苗移栽

在生根苗移栽前揭开瓶盖2~3 d,让幼苗在室温下适应一段时间。移栽时向瓶内倒入一定量清水,并摇动几下以松动培养基,然后小心将幼苗取出,用清水彻底洗去根上黏附的培养基,最后将试管苗移栽于苗床或营养袋中。苗床或营养袋中的土壤以沙质壤土为好。移栽后浇透水,并设塑料拱棚保湿,相对湿度在85%以上,温度保持在25~30 ℃。用遮阳网搭荫棚,避免直射阳光暴晒,并防止塑料拱棚内温度过高,移栽后15~20 d 逐渐降低湿度到自然条件。幼苗成活后即可把荫棚拆掉,此阶段要加强水肥管理和病、虫、草害防治。经1~2月精细管理,当苗高15~20 cm 时即可用于造林。

三、美国红栌组培快繁技术

美国红栌是漆树科黄栌属的芽变品种植物,其叶色在温差小的温室内为绿色,早春在室外为血红色,夏、秋两季为紫红色,是当今世界城市绿化中净化、香化、美化及彩化效果较好的观叶树种。美国红栌组培快繁工艺流程如图7-30所示。

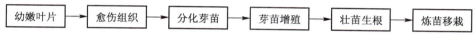

图 7-30　美国红栌组培快繁工艺流程

1. 外植体选择与消毒

从美国红栌健壮母株上取春季新发幼叶片为外植体,将幼叶在加有少量洗洁精的水中浸泡 5 min,经自来水冲洗 30 min 后,再用 75 % 的乙醇浸 10 s,随后用无菌水冲洗 3~4 次;再放入饱和漂白粉水中消毒 10 min,无菌水冲洗 4~5 次;最后在 0.1% 氯化汞中消毒 6 min,用无菌水冲洗 5 次。在无菌条件下,借助手术刀将消过毒的材料(用无菌滤纸吸干水分)切成 0.5 cm大小备用。

2. 试管苗培养

（1）初代培养　将叶片接种在 MS+6-BA 1.5 mg/L+NAA 0.5 mg/L 诱导培养基上,培养温度 25 ℃,光照度 2 000~3 000 lx,光照时间 12 h/d。外植体接种 15 d 后,叶片边缘开始萌动出现愈伤组织,长势快;初代培养 30 d 后愈伤组织为颗粒状,即可转入分化培养基 MS+6-BA 1.0 mg/L上进行芽分化,1 周后可出现芽的分化。

（2）继代增殖　将丛生芽分切到 MS+6-BA 1.0 mg/L+NAA 0.2 mg/L 增殖培养基上,可保持较高的分化率,平均 40 d 为一个周期。

（3）生根培养　剪取分化培养约 2 cm 的茎段,接种在 1/2MS+6-BA 0.1 mg/L+ NAA 0.1 mg/L+IAA 0.15 mg/L 生根培养基上。2 周后生根率能达到90%以上,且根系较粗。

3. 炼苗移栽

将生根试管苗闭瓶炼苗 2 周,光照度从 2 000~3 000 lx 逐步过渡到 8 000 lx,以提高试管苗的光合作用能力,然后开瓶 1 d,降低湿度。将试管苗从瓶中取出,洗去培养基,用 0.1%甲基托布津浸泡 10 min,晾干后移入穴盘中,采用泥炭:珍珠岩= 2:1 的基质。将移栽好的穴盘苗用 1/10MS 大量元素浇透后移入湿度为 80%~90%、温度为 25 ℃的温室中进行培养。

四、樱花组培快繁技术

樱花是蔷薇科樱属木本观赏植物,全世界共 120 余种,主要分布在北半球的亚洲、欧洲和北美的温暖地带。樱花为落叶乔木,高 5~25 m,其树姿洒脱伸展,色佳形好,花色丰富,花期整齐,是重要的园林绿化树种。利用组培技术可以大量而迅速地繁殖优良樱花种苗,满足市场需求。樱花组培快繁工艺流程如图7-31所示。

图 7-31　樱花组培快繁工艺流程

1. 外植体选择与消毒

剪取当年生樱花嫩枝,用自来水冲洗表面泥土,剪成 2~3 cm 带芽茎段,放入洗衣粉溶液中浸泡 15 min,再用自来水冲洗干净。置于超净工作台上用 70%乙醇浸泡 10 s,然后用 0.1%氯化汞(加吐温 2 滴)浸泡 6~8 min,无菌水冲洗 3~5 次,剪成带 1 个芽的茎段。

2. 试管苗培养

(1)初代培养 将消毒后的樱花茎段接种到 MS+6-BA 0.5~1.0 mg/L+IBA 0.05 mg/L + AC 0.2%初代培养基中。培养温度 25~27 ℃,光照度 2 000~3 000 lx,光照时间 12~16 h/d。一般 7 d 后腋芽萌动,15~20 d 开始形成丛生芽。

(2)继代培养 将丛生芽分割成单苗,接种于 MS+6-BA 1.0 mg/L 培养基中进行增殖,每 25~35 d 继代一次,增殖倍数达 5~8 倍。

(3)生根培养 将高度超过 1.5 cm 的小苗切下,插入 1/2 MS+IBA 0.5 mg/L +NAA 0.1~0.3 mg/L生根培养基中,6~8 d 后开始生根,露出白色根尖,随后根逐渐生长,20 d 就可以形成完整根系,生根率达到 100%。

3. 炼苗移栽

将已经生根的植株移入温室,闭瓶炼苗 4~5 d 后,开口炼苗 12 d,然后洗去附着在根部的培养基,定植在蛭石∶泥炭=1∶1 的混合基质中。浇透水,盖膜保湿,适当遮阴,7 d 后逐渐揭膜通风。

第五节 药用植物组织培养快繁技术

一、浙贝母组培快繁技术

浙贝母为百合科多年生草本植物。其常规繁殖主要用种子和鳞茎繁殖,繁殖系数低、速度慢。采用组培技术繁殖,可以显著地提高浙贝母的纯度和繁殖速度,实现规模化生产。浙贝母的组培快繁工艺流程如图 7-32 所示。

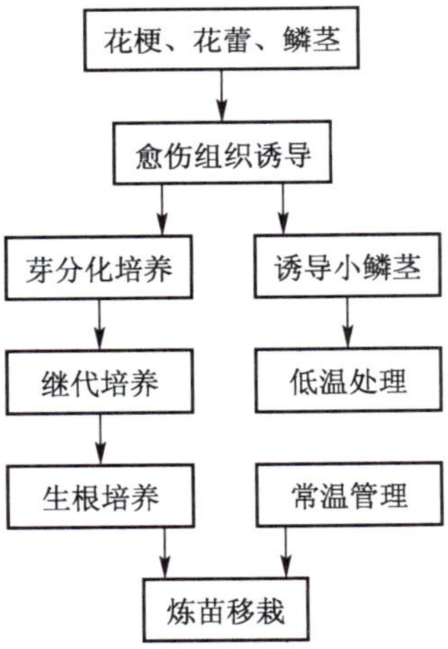

1. 外植体选择与消毒

春季开花前剪取花梗和花蕾,用 70%乙醇消毒 20~40 s,0.1%氯化汞消毒 10~15 min,无菌水洗 2~3 次,将幼叶、花梗、花被及子房等取下,切成 2~4 cm² 大小接种于诱导培养基上。采用鳞茎或心芽作外植体,先刮去鳞片上的栓皮,自来水洗净后,用 0.1%氯化汞消毒 16~20 min,再用无菌水冲洗 3~4 次,将鳞片切成 5 mm² 的小块,接种到诱导培养基上。

2. 试管苗培养

浙贝母对基本培养基要求并不十分严格,在 MS、N₆、B₅ 等基本培养基上附加一定的生长调节剂均可产生愈伤组织。在 MS+NAA 0.5~2.0 mg/L+KT 1.0 mg/L 诱导培养基上,10~15 d 后愈伤组织陆续从外植体切口上出现。NAA 质量浓度低于 0.1 mg/L 时,只有很少量的愈伤组织形成或没有肉眼可见的愈伤组织。

图 7-32 浙贝母组培
快繁工艺流程

将愈伤组织转移到 MS+IAA 2.0 mg/L+6-BA 2.0~4.0 mg/L 培养基上培养,可由愈伤组织分化出白色的小鳞茎,并有根发生。所分化出的小鳞茎,在形态上与栽培得到的小鳞茎并无区别。4 个月内再生小鳞茎较大的直径约 12 mm,相当于种子繁殖所得到的 2~3 年生鳞茎的大小。

愈伤组织也可不经鳞茎阶段而直接进行再生芽的诱导。把愈伤组织转移到 MS+6-BA 2.0 mg/L+KT 1.0 mg/L+NAA 0.5 mg/L 培养基上,20~30 d 后,可以看到在愈伤组织表面形成许多绿色的芽点,有的已分化成小芽。

从愈伤组织上分化形成的苗,株高 3 cm 以上的转入 1/2 MS+IAA 0.1~0.2 mg/L 培养基上生根。较小的苗和刚分化形成的芽转入 MS+6-BA 0.5 mg/L+KT 0.3 mg/L 培养基上壮苗,然后再转入生根培养基。

浙贝母试管苗的培养条件为:温度 18~25 ℃,光照度 1 000~3 000 lx,光照时间 12 h/d。

3. 炼苗移栽

将生根的试管苗,放入温室中,打开瓶口炼苗 10~15 d,期间逐渐增加光照度。炼苗结束后,移栽到肥沃疏松的基质中。

组培再生的小鳞茎,在生长到足够大小时就可以直接从瓶中取出,置于 2~15 ℃ 低温和黑暗条件下放置 2~3 周之后,再转入常温光照下,可从鳞茎中央长出健壮小植株。一般说来,这种经低温处理打破休眠而萌发的试管植株,生长比较健壮,移入土壤后,可以继续生长。

二、枸杞组培快繁技术

枸杞是茄科枸杞属落叶灌木。枸杞的果实甘甜,含有蛋白质、维生素和微量元素等营养物质,有抗衰老的枸杞多糖和铁、铜或锌的过氧化物歧化酶,具有增强造血功能和免疫功能、抗肿瘤、降低血糖和血脂等作用,是一种"药食同源"的食品。要加快枸杞的繁殖速度,通过常规途径是无法解决的,只有采用组培技术才有可能满足市场的需求。枸杞的组培快繁工艺流程如图 7-33 所示。

图 7-33　枸杞组培快繁工艺流程

1. 外植体选择与消毒灭菌

在春、秋两季取生长健壮,较幼嫩的带叶枝条,带回室内,剪去叶片。自来水冲洗 5~10 min,在无菌条件下,用 70% 乙醇浸泡 10~20 s,倒掉乙醇,无菌水冲洗 1 次,加入 0.1% 氯化汞消毒 8~10 min,无菌水冲洗 3~5 次,最后用无菌滤纸吸干水分。将枝条切成长 0.5~1.0 cm,带有 1 个腋芽的小段,接种到初代培养基上培养。

2. 试管苗培养

将茎段接种到 MS+6-BA 0.5~1.0 mg/L+NAA 0.1 mg/L 培养基上,在温度 25~28 ℃、光照时间 10~12 h/d、光照度 2 000~3 000 lx 条件下培养。1 周左右腋芽开始萌动,2 周形成绿色丛生芽,随后绿色丛生芽逐渐抽茎长叶。

将丛生芽切分成单个芽或含几个芽的小块,接入 MS+6-BA 0.5 mg/L+IAA 0.1~0.2 mg/L 继代培养基上,经 30~40 d 培养,每个芽又分化出 2~4 cm 高的无根苗。无根苗接种到 1/2MS+IAA 0.1 mg/L 培养基中诱导生根,也可将顶芽切下转换到新的继代培养基上。在生根培养基中大约 7 d,基部就有白色突起产生,15 d 后长成 1 cm 左右的根,形成完整植株。

3. 炼苗移栽

挑选具有 3~4 条根,根长 1 cm 的试管苗,移至温室中,放在散射太阳光下 4~5 d,然后放在直射光下 3~5 d,取出的小苗洗去根上的琼脂,待根、叶上没有多余的水分再栽入腐殖土：蛭石：细沙 = 5：3：2 的基质中。栽后注意温度不可太高,相对湿度保持在 90% 以上,初期要适当遮阳,20~30 d 后新根可形成,便可移栽到种植田中,进行正常的田间管理。

三、石斛组培快繁技术

石斛为兰科石斛属多年生草本植物,具有滋阴清肺、生津止渴、养胃除烦的功效。其自然繁殖力极弱,生长缓慢,加之人们掠夺性采挖,资源已严重枯竭。因此,利用组培技术快速繁殖石斛,是解决其种苗保护与发展生产的有效途径。下面以铁皮石斛、霍山石斛为例进行介绍。

(一) 铁皮石斛的组培快繁

野生铁皮石斛为国家珍稀濒危三级保护植物,由于其生长环境要求特殊,野生资源已濒临灭绝。铁皮石斛的组培快繁工艺流程如图 7-34 所示。

1. 外植体选择与消毒

(1) 种子 取人工授粉的铁皮石斛果实,用 70% 乙醇浸泡 10~20 s,再用饱和漂白粉溶液浸泡 10~12 min,无菌水冲洗 3~5 次。在超净工作台上,把果实切成 0.1 cm×0.1 cm 的小块,接种到培养基上,每瓶 3~5 块。

(2) 茎尖 采集当年生铁皮石斛嫩茎尖,用 0.1% 氯化汞消毒 8~10 min,无菌水冲洗 3~5 次后接种到培养基上。

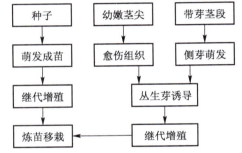

图 7-34　铁皮石斛组培快繁工艺流程

(3) 茎段 采集铁皮石斛幼嫩茎段,用 70% 乙醇浸泡 10~15 s,再用 0.1% 氯化汞消毒 8 min,无菌水冲洗 4~5 次,切成 2.0 cm 左右含有芽的茎段接种于培养基上。

2. 试管苗的培养

将种子播种于 MS+NAA 0.2~0.5 mg/L 培养基中,在温度 25~28 ℃、光照度 1 600~2 000 lx、光照时间 10~12 h/d 条件下,种子萌发,继代转接 1~2 次,幼苗长出 4~5 片真叶,并具有 3~4 条根时,可进行炼苗移栽。

将嫩茎尖在 MS+NAA 0.2 mg/L+6-BA 0.5 mg/L 培养基中培养 30 d 左右,可形成大小不一的白色颗粒状愈伤组织,50 d 形成不定幼芽。愈伤组织转移到新鲜的培养基上可产生芽,不定芽接到 N_6+ 香蕉汁 10% 培养基中,30 d 左右产生新根。

茎段在 MS+NAA 0.1~0.5 mg/L+6-BA 0.5~2.0 mg/L 培养基中,培养 30~50 d 后,可在节间处长出 1~2 个新幼芽。将新幼芽切下,再接入新鲜的培养基中,30 d 后形成丛生幼芽簇。反复采用切分方法繁殖,可获得大量丛生幼芽。继代 3~4 代后,转移到 MS 培养基上壮苗培养,形成高 3.0 cm、具 2~3 片叶的健壮无根苗时转入 1/2MS+IBA 0.1 mg/L 培养基上诱导生根。苗在生根培养基上培养 40~60 d,便可长出多条肉质、绿色气生根,形成完整植株。

3. 炼苗移栽

将生根的试管苗,在温室中揭开瓶盖炼苗 5~7 d,然后移栽到细土与牛粪混合(1:2)的湿润基质中,栽后 1 周内不浇水,小苗放在阴湿通风处,保持相对湿度在 90% 以上,成活率可达 60%。

（二）霍山石斛的组培快繁

霍山石斛是药用石斛中的珍品,由于过度采挖,自然资源早已枯竭。探索霍山石斛原球茎培养技术是可持续开发霍山石斛资源的新途径。霍山石斛的组培快繁工艺流程如图 7-35 所示。

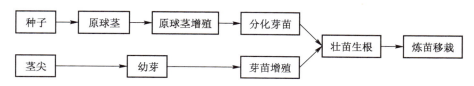

图 7-35　霍山石斛组培快繁工艺流程

1. 外植体的选择与消毒

（1）种子　选用霍山石斛野生种子,用 70% 乙醇浸泡 10~15 s,再用 0.1% 氯化汞浸泡 8~10 min,无菌水冲洗 3~5 次后接种到 1/2MS+NAA 0.5 mg/L+马铃薯提取物 200 g/L 培养基上。

（2）茎尖　选老茎上当年萌生的嫩枝茎尖,自来水冲洗后,用 0.1% 氯化汞消毒 7~9 min,无菌水冲洗 3~4 次,然后切取 0.1~0.2 cm 长的茎尖接种于培养基上。

2. 试管苗培养

在温度 23~27 ℃、光照时间 12 h/d、光照度 2 000 lx 的条件下,种子萌发形成原球茎,并逐渐形成根和真叶。将形成的原球茎转入 MS+6-BA 0.3 mg/L+NAA 0.05 mg/L+ KT 0.1 mg/L 培养基上,可快速增殖。原球茎分化的小苗接种于 MS+6-BA 0.5 mg/L+NAA 0.1 mg/L+香蕉提取物 20 g/L 培养基上,能迅速形成丛生苗。丛生苗高达 2~3 cm 时接入 MS+6-BA 0.1 mg/L+NAA 0.1 mg/L+香蕉提取物 20 g/L 培养基中,可诱导其根系生长。

茎尖在 Knudson+NAA 0.1 mg/L+6-BA 0.5 mg/L 培养基上,60 d 左右可长大而形成 1~2 cm 长且有 2~3 片叶的幼芽。将幼芽切分含芽段重新转接,又在新的茎节可形成幼芽,发展成新的分枝。将新枝转移到 MS+NAA 1.0 mg/L+IBA 1.0 mg/L+6-BA 0.2 mg/L 培养基上可形成根,再生成完整小植株。生根过程中会有新枝不断在茎节上形成。

3. 炼苗移栽

挑选具有 4~5 片展开叶、3~4 条根、根长 1~2 cm 的试管苗进行炼苗。在温室中打开瓶盖,散射光下 4~5 d,直射光下 3~5 d,然后移栽至疏松透气的基质中。

四、半夏组培快繁技术

半夏是天南星科半夏属草本植物,其块茎可入药,有祛痰、镇咳及消肿等功效。在自然界中,半夏主要由生于叶柄下的幼珠芽进行繁殖,其生长缓慢,采集困难,不能广泛栽培。因此,应用组培快繁技术加速半夏种苗生产前景广阔(图 7-36)。

图 7-36　半夏组培快繁工艺流程

1. 外植体选择与消毒

采集半夏块茎或珠芽,在水中轻轻地用刷子将块茎表面泥土清洗干净,然后自来水冲洗 1 h。无菌条件下,剥去块茎外皮,用 70% 乙醇浸泡 10～30 s(珠芽 10 s,块茎 30 s),0.1% 氯化汞浸泡 6～10 min(珠芽 6 min,块茎 10 min),无菌水冲洗 3～5 次。将消毒后的块茎切成含有幼芽原基的小块,放置培养基中(珠芽直接接种)。

2. 试管苗培养

将含有幼芽原基的块茎小块在 MS+2,4-D 0.3～1.0 mg/L+6-BA 0.5～2.0 mg/L 培养基上培养,20 d 后可见块茎切块表层变为绿色,体积膨大。再经 20～25 d 培养,可见不定幼芽出现,每个切块上产生 5～10 个幼芽。半夏培养温度为 25 ℃±2 ℃,光照度为 1 000～2 000 lx,光照时间为 8～10 h/d。

将一块茎初代培养产生的幼芽重新切割再接种到新鲜培养基上,可产生更多的新幼芽。将形成的幼芽转移到 MS+IBA 1.00 mg/L+NAA 0.03 mg/L 或 1/2MS+NAA 0.3～0.5 mg/L 培养基上,培养 20 d,可见到不定根从小幼芽的基部产生。

3. 炼苗移栽

根生长到 1.0 cm 时,移至温室内进行炼苗,10～15 d 便可移栽到生长基质中。经 20～30 d,新根就可形成,即可移栽到种植田中,当年则可收获块茎。

【单元技能考核建议】

本单元为综合技能训练,植物种类多,训练周期较长,建议采取项目教学法。教师可根据生产和科研需要布置项目,学生也可根据兴趣选定项目。训练时教师加强宏观指导,充分利用第二课堂,考核时注重过程考核、动态考核、跟踪考核,做到定性与定量考核相结合。考核的重点是操作规范性、熟练性。本单元技能考核方案见表 7-5。

表 7-5　单元七技能考核方案

考核项目	考核标准	考核方式
训练态度	训练前准备充分;训练中积极主动,操作认真,经常主动观察实验结果;训练后及时总结,撰写训练报告	随机观察
方案设计	项目方案科学合理,可操作性强,经济价值高	批阅方案
初代培养	能建立起无性繁殖系,污染率低,诱导率高	现场检查
增殖培养	繁殖系数高,苗健壮,污染率低	现场检查
壮苗生根	生根率高,根粗壮,数量适当	现场检查
炼苗移栽	移栽成活率高,苗生长健壮	现场检查
训练报告	撰写认真;记录全面,结果翔实	批阅报告

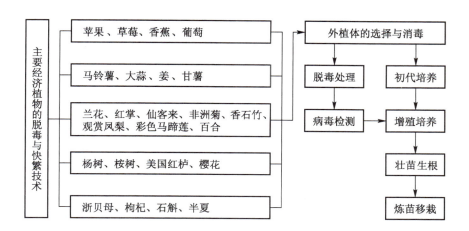

1. 苹果病毒的主要检测方法有哪些？
2. 怎样进行葡萄的离体快繁？
3. 影响草莓花粉植株诱导的关键是什么？
4. 简述马铃薯茎尖脱毒的意义和脱毒微型薯生产的方法。
5. 简述甘薯茎尖脱毒的意义及脱毒种薯生产方法。
6. 简述兰花培养的意义及方法。
7. 简述大蒜、姜脱毒的意义及脱毒的方法。
8. 查阅资料，制订出一种经济植物的组培快繁技术方案。

单元八　植物组织培养苗工厂化生产与经营

■　知识目标
- 掌握植物组培苗工厂化生产的技术
- 理解提高组培苗工厂化生产效益的措施
- 了解组培苗工厂化生产的管理与经营

■　技能目标
- 能制订组培苗生产工艺流程和生产计划
- 会核算组培苗生产成本

第一节　植物组织培养苗工厂化生产技术

一、组培苗工厂化生产流程

进行植物组培工厂化生产时,首先必须明确工厂化生产的工艺流程。图8-1、图8-2分别为组培苗工厂化一般生产流程和葡萄脱毒苗工厂化生产流程。

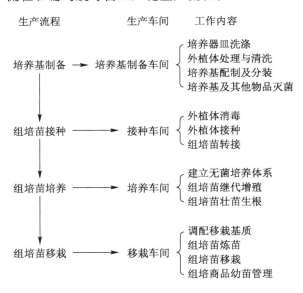

图8-1　组培苗工厂化生产流程

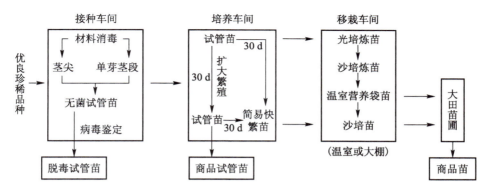

图 8-2　葡萄脱毒苗工厂化生产流程

二、组培苗工厂化生产技术

组培苗工厂化生产包括种源选择、离体快繁、炼苗移栽、苗木质量鉴定、苗木包装与运输5大技术环节。

（一）种源选择

优良的种源是植物组培的关键。选择的植物种类既要适应市场的需求，又要考虑适应当地的环境条件，以便简化生产条件，降低生产成本。种源主要有两个来源：一是通过技术转让或外购等方式获得无菌原种苗。此途径方便、快捷、省时，如市场前景好，需求量大，要求在极短的时间内形成生产规模，采用这种方法最好。另一条途径是自主研发，选择适当的外植体进行培养，建立起无菌培养体系。此途径对技术力量要求高，周期往往比较长。外植体的选择可参阅单元三内容。

（二）离体快繁

组培苗快速繁殖包括无菌培养体系建立、继代增殖、壮苗生根等工序。本阶段工作在接种车间和培养车间完成，培养方法与实验室快繁组培苗相同，只是生产规模更大一些。

（三）组培苗的炼苗与移栽

组培苗在培养车间长出一定数量的根或根原基后，要及时转移到移栽车间炼苗、移栽。

1. 准备工作

（1）选择移栽容器　常用的组培苗移栽容器有穴盘、平盘、营养钵等。穴盘移栽，管理方便，最适于工厂化组培苗移栽。

（2）配制基质　基质的作用是固定幼苗，吸附营养液、水分，改善根际透气性。基质按种类分为有机基质和无机基质。有机基质主要有泥炭、炭化稻壳、苔藓、花生壳、菇渣等，无机基质有蛭石、珍珠岩、河沙等。基质除了单独应用外，还可多种基质混合应用，以取长补短。不同植物组培苗应选用不同种类的基质，要针对不同植物的要求配制最佳的移栽基质，这样才能保证取得较高的移栽成活率。如蛭石适合非洲紫罗兰组培苗的移栽，而苔藓适合大花蕙兰组培苗的移栽。

（3）场地、工具及基质消毒　移栽场地、基质及生产工具中附有大量的微生物，影响组培苗的生长，使用前要进行消毒处理，常用物品的消毒方法如表8-1所示。

表 8-1　场地、工具及基质消毒方法

场地、物品	消 毒 方 法
移栽场地及所有工具	用 10% 漂白粉或 0.1% 高锰酸钾泡 10~15 min
不含土壤的基质	用稀释 1 000 倍百菌清喷雾
含土壤的基质	用 1% 甲醛将基质喷湿、拌匀,盖上薄膜密闭 5~7 d,或高压蒸汽灭菌(125 ℃,1~2 h)

（4）配制营养液　不同植物种类所需营养不同,同一植物不同生长发育时期所需要的营养也存在差异。因此,组培育苗时所用的营养液配方多种多样（表 8-2）。

表 8-2　营养液配方　　　　　　　　　　　　　单位:g/1 000 L

配　方　一		配　方　二		配　方　三		配　方　四	
药品名称	用量	药品名称	用量	药品名称	用量	药品名称	用量
硫酸钾	200	尿素	450	硝酸钙	950	硝酸钙	950
复合肥	1 000	磷酸二氢钾	500	磷酸二氢钾	360	磷酸二氢铵	155
硫酸镁	500	硫酸钙	700	硫酸镁	500	硫酸镁	500
过磷酸钙	800	硼酸	3	硼酸	3	硝酸钾	810
硼酸	3	硫酸锰	2	硫酸锰	2	硼酸	3
硫酸锰	2	钼酸钠	3	钼酸钠	3	硫酸锰	2
钼酸钠	3	硫酸铜	0.05	硫酸铜	0.05	钼酸钠	3
硫酸铜	0.05	硫酸锌	0.22	硫酸锌	0.22	硫酸铜	0.05
硫酸锌	0.22	螯合铁	40	螯合铁	40	硫酸锌	0.22
螯合铁	40	—		—		螯合铁	40

2. 组培苗的炼苗与移栽

工厂化生产的组培苗炼苗与移栽方法可参阅单元五内容。

3. 移植幼苗的管理

组培苗移栽后第 1~2 周为关键管理阶段,主要是要控制好光照、湿度、水分、通风等条件。高温季节应注意遮阳、控温、保湿、通风透气,并经常进行人工喷雾。温度以 18~20 ℃、相对湿度保持在 70%~85% 为宜。弱光、适当低温和较高的湿度有利于提高成活率。为促进苗木生长,结合喷水和喷施稀释 3~5 倍 MS 大量元素液。1 周后每隔 3 d 叶面喷施 1 次营养液。由于湿度高,气温低,幼苗易感病,要及时喷药防治病虫害。

温室组培苗移栽 4~6 周后,可逐渐移栽至遮阳大棚下。此时组培幼苗根系刚恢复生长,幼叶长大,嫩芽抽梢,肥水管理非常重要。首先,要结合浇水浇灌营养液,一般每 3~5 d 应供给营养液 1 次。在施用营养液时,应根据不同的植物种类,采用不同的配方。前期秧苗较小,营养液的浓度应低一些,一般为 0.15%~0.2%;随着秧苗长大,营养液浓度可逐渐加大到 0.3% 左右。其次,要逐渐延长光照时间,增加光照度。光照度应由弱到强,循序渐进,否则会因光照度增加过快而导致幼苗的灼伤。最后,由于苗木密集,空气湿度大,易发生病害,每隔 7~10 d 需喷 1 次稀释 1 000 倍百菌清。

4. 成苗管理

（1）及时供水　成苗期苗木较大，需水量大。气温升高，通风多，失水快，要注意及时供水。特别是利用营养钵育苗或电热温床育苗时，更应经常浇水，保持育苗基质湿润。

（2）温度控制　开始时温度可稍高些，以后逐渐降低温度，要根据不同植物进行温度控制。一般白天温度可控制在 20～30 ℃，夜间 10～20 ℃，以促进生根缓苗。这一时期的温度主要是利用太阳能和保温、通风措施来调节。

（3）追肥　在育苗基质肥料充足的情况下，可不追肥，如有条件可每隔 3～5 d 根外追施 0.2% 磷酸二氢钾液，也可随水追施复合肥，施用量为 10～20 g/m²。追肥后一定及时浇水，防止烧苗。此期间还应注意防治苗期病害、虫害。

延伸阅读：扦插快繁

组培苗在定植后，为加快组培苗繁殖速度，生产上常采用扦插的措施来提高繁殖倍数。扦插是将移栽成活后的组培苗的枝条或茎段插在适宜的基质中，促使其发生不定根，并形成完整植株的过程。

扦插时要搭建荫棚，棚顶覆盖遮光度为 50%～70% 遮阳网，扦插棚内的地面为水泥地或碎石地，两边低中间略高，以利排水。扦插育苗容器可用厚 0.06～0.08 mm，直径 2～3 cm，垂直高度 2～3 cm 的营养钵或穴盘。扦插基质沃土风干、粉碎和过筛后，单独或沃土∶谷壳灰（或泥炭）按 9∶1 混合。然后用 0.5～1 g/L 高锰酸钾水溶液充分淋透基质，消毒后 24 h 即可使用。

扦插时一般选用生长健壮、半木质化组培苗的幼嫩枝条进行扦插。扦插后应遮光保湿，插床遮光 70%，保持相对湿度 85%～95%。插后当天喷 1 次杀菌剂，以后每周喷杀菌剂 1 次。发现烂叶、死株，应立即清除。发现扦插穗条有害虫，应及时喷洒杀虫剂。扦插条大部分生根后，揭开遮阳网进行露地培育。当扦插后组培苗的苗高长至 10～15 cm 时，可将生长健壮、无病虫害侵染的植株定植于精耕细作田间。

（四）组培苗的质量鉴定

随着组培苗工厂化生产技术的推广应用，越来越多的组培苗进入商业化生产和流通。鉴定组培苗质量是保护种植者利益的重要环节，也是确定组培苗价格的重要依据。

1. 组培苗质量鉴定项目

（1）商品性状　采用规格等级和形态等级相结合的分级方法。规格等级以所规定的苗高、叶片数、生根率、单株生根数等数量指标进行分级。形态等级根据组培苗的外观表象，如茎、叶生长状况，是否玻璃化，愈伤组织多少，污染情况等指标进行分级。

（2）健康状况　健康状况是指组培苗是否受到病虫害损伤，以及是否携带病原真菌、细菌、病毒等。病虫害损伤具有明显症状，如各种病斑、组织溃烂、坏死、穿孔、褪色和缺损等，可直接目测。而携带病原体有时不表现明显的危害症状，需通过微生物分离鉴定和病毒检测。

（3）品种纯度　品种纯度是指品种典型一致的程度，包括是否具备品种的典型性状，是否整齐一致等。可采取随机扩增多态性 DNA（RAPD）技术或扩增片段长度多态性（AFLP）技术等分子标记方法检测，整齐度也可通过目测法直接观察。

2. 组培瓶内生根苗质量标准

组培瓶苗的质量影响到组培苗的移栽成活率，甚至影响到出圃种苗的质量。对仅用于生产的组培瓶苗,主要依据根系状况、整体感、株高、叶片数 4 个方面进行判定。瓶内合格生根苗应具有明显的短而粗壮的新鲜根系,苗茎健壮、充实,叶片大小协调,色泽正常,无污染。对于无根、长势不好、色黑的瓶苗,不必考虑其他几项指标,视为不合格苗。表 8-3 为几种植物组培苗的出瓶质量标准,表 8-4 为河北省主要花卉组培瓶内生根苗质量等级。

表 8-3　几种植物组培苗的出瓶质量标准

植物品种		根系状况	整体感	株高/cm	叶片数/片
非洲菊	1 级	有根	直立单生,叶色绿,有心	2~4	≥3
	2 级	有根	苗略小,部分叶形不周正	1~3	≥3
满天星	1 级	有根	苗粗壮硬直,叶色深绿	2~3	4~8
	2 级	根原基		1.5~3	4~8
菊花	1 级	有根	苗粗壮硬直,叶色灰绿	2~4	≥4
	2 级	有根		1~2	≥4
马蹄莲	1 级	有根	苗单生,叶色绿	3~5	≥3
	2 级	根少或无	苗单生,苗色稍浅	2~4	≥3
勿忘我	1 级	有根	苗单生,有心,叶色绿	2~3	≥3
	2 级	有根		2~4	≥3
龙胆草	1 级	有根	苗单生,叶色绿	3~4	≥6
	2 级	有根		1.5~3	4~6
百合	亚洲	有根	叶色不定,基部有小球	不定	有叶或枯黄
	东方	有根	叶色正常,基部有小球	不定	2~5

资料来源:熊丽,2003。

表 8-4　河北省主要花卉组培瓶内生根苗质量等级

等级	指标	月季	菊花	非洲菊	丽格海棠	蝴蝶兰
一级	苗高/cm	≥2.5	≥2.5	—	≥2.0	—
	叶片数/片	≥5	≥5	≥7	≥5	—
	生根率/%	≥95	≥95	≥95	≥95	100
	生根数/条	≥5	≥5	≥7	≥5	—
	其他	无愈伤组织	无愈伤组织	无愈伤组织	无愈伤组织	叶片长≥5 cm,2 叶 1 蕊
二级	苗高/cm	≥2.0	≥2.0	—	≥1.5	—
	叶片数/片	≥4	≥4	≥5	≥4	—
	生根率/%	≥90	≥95	≥95	≥90	≥90
	生根数/条	≥4	≥4	≥5	≥4	—
	其他	无愈伤组织	无愈伤组织	无愈伤组织	无愈伤组织	叶片长 4~5 cm,2 叶 1 蕊

等级	指标	月季	菊花	非洲菊	丽格海棠	蝴蝶兰
三级	苗高/cm	≥1.5	≥1.5	—	≥1.5	
	叶片数/片	≥3	≥3	≥4	≥3	—
	生根率/%	≥85	≥90	≥85	≥85	≥80
	生根数/条	≥4	≥4	≥4	≥4	—
	其他	轻微愈伤组织	轻微愈伤组织	轻微愈伤组织	轻微愈伤组织	叶片长 3~4 cm，2 叶 1 蕊

3. 组培移栽苗质量标准

合格的组培移栽苗应具有完整而发达的根系，苗干健壮、木质化或半木质化，叶片大小、色泽正常，无机械损伤，无病虫害。表 8-5 为河北省主要花卉组培移栽苗分级标准。

表 8-5　河北省主要花卉组培移栽苗质量等级

种名	一级				二级			
	苗高/cm	叶片数/片	根系状况	其他	苗高/cm	叶片数/片	根系状况	其他
月季	≥5	≥8	完整、发达、新鲜	无病虫害	≥4	≥6	完整、较发达、新鲜	无病虫害
菊花	≥5	≥8			≥4	≥6		
非洲菊	—	≥10			—	≥7		
丽格海棠	≥4	≥8			≥3	≥6		
蝴蝶兰	—	3 叶 1 蕊	根长 ≥18 cm 根数 ≥10 条	叶片挺立，发育好，无病虫害	—	2 叶 1 蕊	根长 ≥15 cm 根数 ≥6 cm	叶片挺立，发育好，无病虫害

（五）组培苗的包装与运输

1. 运输前的准备

运输前要密切注意天气预报，做好运输前的防护准备，特别在冬春季，应做好组培苗防寒防冻。起苗前几天应锻炼组培苗，逐渐降温，适当少浇或不浇营养液，以增强组培苗抗逆性。

2. 组培苗的包装

组培瓶苗最好用泡沫箱或纸箱包装，包装时箱内各组培瓶苗之间要用泡沫挤紧，防止在运输途中因松动而损坏组培瓶苗。

运输组培移栽苗应注意保护根系，采用穴盘培育的苗运输时带基质，应先振动秧苗，使穴内苗根系与穴盘分离，然后将苗取出，带基质摆放于箱内，以提高定植后的成活率及缓苗速度。水培苗或基质培苗，取苗后基本上不带基质，可将数十株至百株扎成一捆，根部蘸满泥浆，用草袋或塑料袋装好。挂上标签，注明品种、等级、规格、产地等。

3. 组培苗的运输

组培苗应在较短时间内运输到目的地，及时定植，运输时间一般不应超过 48 h。运输过程中要保温、保湿，避免风吹、日晒。一般植物苗木运输需 9~18 ℃低温条件，低于 4 ℃或高于 25 ℃

均不适宜。但结球莴苣、甘蓝等耐寒叶菜秧苗运输温度为 5~6 ℃。

第二节　生产计划的制订与实施

任何一项产业都必须面向市场,以市场的需求为导向。不顾市场需求和行情,盲目生产只能造成损失和浪费,经济效益也就无从谈起。良好的经济效益来源于适度的生产规模、合理的预算、良好的产品质量及科学的经营管理。

一、生产计划的制订

生产计划是根据市场需求和经营决策对未来一定时期的生产目标和生产活动所做的事前安排。生产计划应根据市场的需求和种植生产时间及全年组培生产的全过程来制订。只有经过全面考虑、周密计划、谨慎工作,并正确分析正常因素和非正常因素的关系,以用户为中心,以市场为导向,才能制订出切实可行的生产计划。制订生产计划时应注意以下问题。

（一）繁殖品种

生产品种来源可以是通过引种试种,筛选出适宜本地发展的新品种;也可以是通过市场调查,确定将在市场上流行的当家品种,然后在主栽区进行生产性跟踪调查和比较筛选,选出该品种最优良的单株进行取芽,具有条件的企业和单位还应通过开展新品种选育,培育出具有自主知识产权的新品种。

（二）计划数量

具体到每个品种什么时候开始进行生产前的准备,需要多少外植体,须依据计划的生产数量来考虑。一般应提前 6~8 个月开始准备。制订生产数量时要正确估算组培苗增殖率。

组培苗的增殖率,是指植物快速繁殖中间繁殖体的繁殖率。估算组培苗的繁殖量,以苗、芽或未生根嫩茎为单位,一般以苗或瓶为计算单位。年生产量(Y)取决于每瓶苗数(M)、每周期增殖倍数(X)和年增殖周期数(n),其公式为 $Y = MX^n$。

如果每年增殖 10 次($n = 10$),每次增殖 4 倍($X = 4$),每瓶 8 株苗($M = 8$),全年可繁殖的苗是:$Y = 8 \times 4^{10}$株≈ 839 万株。此计算为生产理论数字,在实际生产过程中,受材料污染、培养场地、人员、培养条件等因素的限制,实际生产的数量应比估算的数量少。

（三）出苗时间

每一种植物都有固有的生理现象和最佳生长季节,生产必须满足生理需求,出苗时间要与生长季节相适应。过早定植或过晚定植都会影响植物的生长发育。如草莓在山东多数是保护地栽培,组培种苗在 12 月出苗定植,第二年春天生产葡匐茎,每株能生产 80~120 株葡匐茎,8—9 月将葡匐茎 5 ℃冷藏 30 d 左右,春化生理完成后,在保护地按生产草莓株行距定植,10 月覆盖塑料薄膜保温,元旦前后草莓上市,效益非常高。蝴蝶兰在北方地区养护栽培,一般是春季 4—6 月出瓶上盆,逐渐由小到大换盆养护,第二年春节前开花上市。如果延后出瓶或者养护温度达不到 25 ℃,蝴蝶兰不能完成生理生长发育要求,春节前就不能开花上市,春节后 3—4 月开花,影响了年宵花市场的经济效益。

二、生产计划的实施

生产计划在实施过程中，绝不能有任何疏忽。如果在技术上或工作中出现失误，不仅会对生产造成损失，还会使客户错过种植时间影响收益，要对客户进行经济赔偿，否则就失去企业信誉。生产计划的实施，必须做好以下几方面工作。

（一）控制适当的存架增殖总瓶数（T）

存架增殖总瓶数不应过多过少，如盲目增殖，一段时间后就会因缺乏人力或设备，处理不了后续的工作，使增殖材料积压，一部分苗老化，超过最佳接转继代的时期，造成生根不良、生长势减弱、增殖倍率降低等不利后果。增殖瓶数不足，会造成母株数量不够，也会延误产苗。

存架增殖总瓶数（T）= 增殖周期内工作日天数（W）×每工作日需用的母株瓶数（S）

按公式计算的数字控制增殖总瓶数，可以使处于增殖阶段的苗在一个周期内全部更新一次培养基，使苗全部处于不同生长阶段的最佳状态。

（二）控制适宜的增殖与生根的比例

需按实际情况确定，增殖倍率高，生根的比例大，每工作日需用的母株瓶数较少，产苗数（即生根的瓶数×每瓶植株数）较多；反之，增殖倍率低，因需要维持原增殖瓶数，就占用了较多的材料，用于生根的材料就少。生产上也可以通过改变培养基中植物生长调节剂的用量、糖浓度和培养条件等加以调整。

（三）正确估算全年实际生产量

每个工人的全年实际生产量＝全年总工作日×平均每工作日出瓶苗数×（1−损耗率）×移栽成活率。

如果某一种植物平均 35 d 为 1 个增殖周期，每次增殖 4 倍，全年可繁殖 10 代。每个工人在 1 个增殖周期内有 25 个工作日，平均每天接种 100 瓶，每瓶 10 株，其中 30 瓶为增殖用，70 瓶用于生根。假若组培苗损耗率为 10%，移栽成活率为 85%。

那么，每个工人全年实际生产量＝250×700×（1−10%）×85%株＝133 875 株

同工业生产流水线一样，组培苗繁殖是一个不断运行、流动着的体系，不允许任何环节的半成品堆积。最有效率的管理要求各环节都处于力所能及的负荷条件下运转，首先注意质量，出苗实绩，每天均衡出苗，按部就班，工作有节奏感，不紊乱，不积压。

第三节　组培苗成本核算与提高效益的措施

一、成本核算

成本核算是制订产品价格的依据；是反映经营管理工作质量的一个综合性指标；是了解生产中各种消耗，改进工艺流程、改善薄弱环节的依据；是提高效益、节省投资的必要措施。

组培繁殖成本核算比较复杂，既有工业生产特点，可在室内周年生产；又有农业生产特点，要在温室或田间种植，受气候和季节的影响，需较长时间的管理才能出圃成为商品。组培苗生产成本包括人工费、设备折旧费、原料费、水电费等（表 8-6）。

表 8-6　组培苗生产经营成本

项　目	内　容
人工费	技术人员、管理人员、操作人员的工资及奖金
设备折旧费	仪器设备的维护和折旧（每年按 5% 计算） 生产办公用房（每年按 5%~10% 计算） 温室大棚（每年按 10%~30% 计算） 器皿、灯管、小型工具的损耗及折旧（每年按 30% 计算）
原料费	化学药品、生产用去离子水或蒸馏水 肥料、农药、移栽基质等
水电费	培养室光照、控温，灭菌，照明，洗涤器皿，浇水
其他	办公费、培训费、种苗费、差旅费、广告费、展销费等

组培苗生产成本国外高于国内，其中尤以工资为甚，占总成本的 62%~69%；而国内劳动力相对便宜，仅占总成本的 25%~46%。水电费国内高于国外，国内水电费占总成本的 15%~30%，而国外仅为 2%~5%。生产原料成本均较低，仅占总成本的 3%~15%，因此从生产原料角度降低成本潜力不大。不同植物或同种植物工艺过程、生产单位不同，成本亦有差异。一般木本植物试管繁殖成本高于草本；生产周期长的、工艺过程复杂的生产成本高于生产周期短的和工艺过程简单的。表 8-7 为北京某公司年产 130 万株安祖花商品组培苗的成本核算。

表 8-7　安祖花商品组培苗的成本核算表

培养月份	培养植株数/株	培养基费用/元	人工费/元	水电费/元	设备折旧费/元	合计/元	单价/元
3	5	0.9	600	1 350	0	1 951	390.2
4	20	0.9	600	600	0	1 201	60.05
5	80	4	600	600	0	1 204	15.05
6	320	15	600	600	5	1 220	3.81
7	1 280	55	600	1 170	20	1 845	1.44
8	5 120	221	1 200	1 360	80	2 861	0.56
9	20 480	887	1 800	2 110	320	5 117	0.25
10	81 920	3 538	6 750	5 200	1 278	16 766	0.20
11	327 680	14 155	27 000	17 680	5 119	63 954	0.20
12	1 310 720	56 622	108 000	67 500	20 880	253 002	0.19

二、提高生产效益的措施

1. 培养熟练技术工人，提高劳动生产率

组培苗生产中的人工费用是一项很大的开支，如国外人工费用约占组培苗总成本的 70%，国内占 25%~46%。利用经济欠发达地区的劳动力，加强竞争力，降低劳动成本。我国生产国际市

场需要的优良品质的组培苗,无疑具有较大的价格优势。

2. 减少设备投资,加强设备维护,延长使用寿命

组培苗生产需要一定的设备投资,少则数万元,多则数十万元。除了应购置一些基本设备外,能代用的就代用,如用精密 pH 试纸代替昂贵的酸度计。正确使用各种仪器设备,及时检修、保养,避免损坏,延长使用寿命。

3. 节约水电开支

节约水电开支也是降低成本的重要措施。一般采用以下办法。

(1)利用当地的自然资源 培养室可建成自然采光性能好、利用太阳能加温的节能培养室,在组培苗增殖和生根过程中应尽量利用自然光照和自然温度。

(2)充分利用培养室空间 合理安排培养架和培养瓶,充分利用空间。

(3)减少水的消耗 制备培养基要求去离子水,实验证明,只要所用水含盐量不高,pH 能调至 5.8 左右,就可以用自来水、井水、泉水等代替去离子水或蒸馏水。

(4)节约电能 电费价格高的地区可改用锅炉蒸汽、煤炉、煤气炉或柴炉等进行高压蒸汽灭菌。

4. 降低器皿消耗,使用廉价的代用品

组培繁殖中使用大量培养器皿,且器皿易损耗,费用较大。培养瓶除有一部分三角瓶做实验用之外,生产中的培养瓶可采用果酱瓶代用。组培药品中可用白糖代替蔗糖,有的甚至可省去有机成分和微量元素,生产的产品效果是同样的。

5. 降低污染率

组培繁殖过程中,有几个环节容易引起污染。转接苗时注意技术操作规程,接种工具消毒彻底,提高转接苗的成功率。在组培苗培养过程中,培养环境要定期消毒,减少空间菌量的存在。夏季温度高,培养室内要及时通风换气,减少螨虫携带真菌污染培养器皿,避免母瓶的污染。

6. 提高繁殖系数和移栽成活率

在保证原有良种特性的基础上,尽量提高繁殖系数,组培繁殖率越大,成本越低。提高生根率和炼苗成活率也是提高经济效益的重要因素。组培繁殖快,生根率要达到95%以上,炼苗成活率要达 85% 以上。在炼苗环节上可更新技术,简化手续,降低成本,提高成活率。

7. 发展多种经营,开展横向联合

结合当地的种植结构,安排好每种植物的定植茬口,发展多种植物组培繁殖。如发展花卉、果树、经济林木、药材等,将多种作物结合起来,也是降低成本提高经济效益的途径。

组培中涉及"快速繁殖""脱毒或病毒鉴定""植物育种""种质保存"等多项技术,要加强技术间的紧密合作,使之在多方面发挥效益。加强与科研单位、大专院校、生产单位的合作,采取分头生产和经营,互相配合,既可发挥优势,又可减少一些投资。

第四节　组培苗工厂化生产的管理与经营

一、组培苗工厂化生产的管理

组培苗工厂化生产时可实行责任制管理。对责任人要签订责任协议,对生产人员有安全措

施保障,避免出现任何问题。责任人要明确责任权限,将工作中的每一个环节分解到人,落实到人,层层分解,层层落实,明确每人的岗位职责和任务,使每人都有自己的生产目标。建立工作制度,明确奖罚制度,加强每位工作人员的责任感,促使其保质保量按时完成任务。组培苗生产工厂主要部门、技术工种及其岗位职责见表8-8。

表8-8　组培苗生产工厂主要部门、技术工种及其岗位职责

部　　门	技　术　工　种	岗　位　职　责
生产部	培养基制作工	负责配制培养基母液和培养基 负责培养基、无菌水、无菌纸的灭菌工作 负责药品保管和登记使用 负责培养基制作间仪器设备维护和保养
	接种工	负责外植体消毒、材料的切割和转接等工作 及时标记接种后的材料,填写接种工作日报表 负责缓冲间、接种间的整洁和消毒工作 负责接种间仪器设备的维护和保养
	培养工	负责调控培养间温度、光照和湿度 及时检查清理污染及生长异常材料 负责培养间整洁和消毒工作 做好培养材料的出入库登记和日常记录
	炼苗管理工	负责移栽基质配制和消毒工作 精心做好组培苗炼苗工作 细心移栽和管理幼苗,并做好记录 做好移栽温室(或大棚)的日常管理
	苗圃管理工	做好苗木移栽前的整地、施肥等必要的准备工作 精心管理移栽苗木,保证苗木生长健壮 做好苗圃的规划和栽植记录
	勤杂工	负责洗涤培养器皿、用具 负责生产作业区公共环境卫生 负责组培苗包装以及原材料、组培苗的装卸
质检部	质检工	负责组培苗木的质量检验,签发质量合格证或等级证 制订各种组培苗木出厂的质量标准 保存各项检验档案
销售部	营销员	负责市场调研与市场预测,做好广告策划和宣传 负责销售谈判,完成销售指标 制订销售合同书和营销计划 做好组培苗的售后服务

部　门	技术工种	岗位职责
研发部	技术研发工	负责建立新的无性繁殖系,并研究出最佳快繁方案 做好种源和技术储备 负责解决生产上出现的问题 建立技术档案,并做好技术保密
后勤部	物资供应工	负责采购仪器设备和生产用品,并做好出入库登记 负责仪器设备的维修 保证水电正常供应

二、组培苗工厂化生产的经营

(一)经营方式

在我国,植物组培快繁产业的市场经营方式,根据不同地域产业的需求、市场的需求形式不同,大致分以下几种类型。

1. 订单型

根据种植公司或农民种植的需求,预先签订种苗供求合同,明确种苗的品种、价位、供应时间、数量、质量等。组培种苗公司按订单要求专项生产。

2. 产品推广应用型

调查研究农村经济发展规划及当地种植产业,调整种植种类和种植面积,选用当地农村所熟悉的种植品种,按生产季节生产储备一定的种苗量,向客户介绍、推广应用。另外,组培企业每年选育新品种或引进新品种,通过引种试种,筛选出适宜本地发展的新品种,确定将在市场上流行的当家品种,然后在主栽区进行生产性跟踪调查,经过栽培试种,确定产量、质量以及上市的价位都高于往年的品种,可在种植前召开产品发布会,将试种的结果发布给客户,并在种植期间对产品给予技术指导,取得客户的信任,建立长久的供求关系。

3. 产品加工型

有的专业化栽培生产企业根据市场选用优良植物品种,由于优良植物品种数量少,不能满足栽培生产的需要,在这种情况下,栽培生产企业或客户就可以与组培生产企业签订加工合同,以优良植物品种为母株,进行组培快繁生产,在一定时间内繁殖客户需求的数量,所繁殖的植物品种必须与母株植物性状相同,不能有变异现象。这种做法,也称为来料加工。如蝴蝶兰、草莓、葡萄、马铃薯、甘薯的组培快繁应用比较多。

(二)经营策略

1. 做好市场经营预测

(1)市场需求的预测　植物组培生产企业进行预测时,首先要做好区域种植结构、自然气候、种植的植物种类及市场发展趋势的预测。如花卉种苗在云南、上海、山东等鲜切花生产基地有相当大的需求市场,而马铃薯在东北、西北和华北等地种植面积大,种苗市场需求量大。

(2)市场占有率的预测　市场占有率是指一家企业的某种产品的销售量或销售额与市场上同类产品的全部销售量或销售额之间的比率。影响市场占有率的因素主要有组培植物的品种、种苗质量、种苗价格、种苗的生产量、销售渠道、包装、保鲜程度、运输方式和广告宣传等。市场上同一种植物种苗往往有若干企业生产，用户可任意选择。这样，某个企业生产的种苗能否被用户接受，就取决于与其他企业生产的同类种苗相比，在质量、价格、供应时间、包装等方面处于什么地位，若处于优势，则销售量大，市场占有率高，反之就低。

在做市场经营销售计划时，对市场的需求要做相对准确的预测。主要根据当地种植结构和主要农村经济增长点。如草莓、葡萄种苗市场在北方地区，鲜切花种苗市场在云南、上海、江苏、山东等地，盆花种苗市场在广东、福建等地，橡胶种苗市场在南方地区。

2. 以销定产，产销结合

产品的营销，是指运用各种方式和方法，向消费者传递产品信息，激发购买欲望，促进其购买的活动过程。产品的营销，第一，要正确分析市场环境，确定适当的营销形式。种苗市场如果比较集中，应以人员推销为主，它既能发挥人员推销的作用，又能节省广告宣传费用。种苗市场如果比较分散，则宜用广告宣传，这样可以快速全方位地把信息传递给消费者。第二，应根据企业实力确定营销形式。企业规模小，产量少，资金不足，应以人员推销为主；反之，则以广告为主，人员推销为辅。第三，还应根据种苗产品的特性来确定。如当地产品种苗供应集中，运输距离短，销售实效强，多选用人员推销的策略。并及时做好售后服务、栽培技术推广工作。对种苗用量少，稀有品种，则通过广告宣传、媒体介绍，吸引客户。第四，根据产品的市场价值确定产品的营销形式。在试销期，商品刚上市，需要报道性的宣传，多用广告和营业推销；产品成长期，竞争激烈，多用公共关系手段，以突出产品和企业的特点；产品成熟饱和期，质量、价格等趋于稳定，宣传重点应针对用户，保护和争取用户。此外，还可参加或举办各种展览会、栽培技术推广讲座和咨询活动，引导产品开发。

企业的销售部门应密切注视市场变化，及时将市场需求反馈给生产部门，以便根据需要及时调整生产计划和种苗上市时间，保证生产的组培苗满足市场需求，做到产销对路，以销定产。

3. 树立企业信誉，赢得效益

组培苗是一类特殊的鲜活产品，其有效商品价值期较短暂，必须按客户要求的种植时间完成。生产上要把握好各个环节，一个环节把握不好，供苗时间、种苗质量就容易出问题。生产品种要与市场需求协调一致，产品数量与市场需求不脱节，销苗旺季有苗可销，淡季无积压，提高产品的有效销售率。组织生产到位，经营管理到位，也是企业"信誉"。

总之，组培种苗的生产经营应坚持信誉第一，质量第一，对用户负责，对生产负责，强调生产中的经济核算，降低产品成本，加强技术创新，提高产品质量和经济效益。按国家颁布的组培种苗的标准生产产品，定植移栽成活率高，并且做好种苗售后服务工作，才能长久地占领市场、巩固市场和开拓市场，取得较高的企业信誉。

技能训练 8-1 植物组培苗生产工厂的设计

一、训练目标

能合理设计出组培苗生产工厂。

二、材料用具

组培苗生产工厂，绘图纸，绘图笔，图书资料，计算机等。

三、训练操作规程

指导教师先讲解组培快繁厂房各组成部分及使用功能，然后讲解生产安全守则及有关注意事项。学生分工对厂房进行实地面积测量。

四、训练报告

绘制一幅组培苗生产工厂的设计方案图。

技能训练8-2 甘薯组培苗的浅层液体培养

一、训练目标

会用液体培养基培养甘薯组培苗。

二、材料用具

1. 材料与试剂

甘薯试管苗,MS培养基母液,糖等。

2. 仪器与用具

超净工作台,高压蒸汽灭菌锅,枪状镊,手术剪等。

三、训练操作规程(表8-9)

表8-9　甘薯组培苗浅层液体培养流程

操 作 流 程	操作技术要点
制备 液体培养基	1. 配制 1/2 MS+糖 3% 液体培养基,分装到培养瓶中,厚约 1 cm 2. 制备无菌纸
继代接种	1. 将甘薯苗剪成 1~2 cm 长的带叶片茎段 2. 将剪好的茎段放入液体培养基中
材料培养	将接种后的材料放入培养室中培养
炼苗移栽	1. 苗高 3~4 cm 时,移入温室中 2. 打开瓶盖,炼苗 3~4 d 3. 取出苗置于清水中清洗掉培养基 4. 栽到园土:腐熟牛粪=6:4 的基质中 5. 浇水,盖小拱棚和遮阳网 6. 长出新叶后即剪插条扦插到大田中

四、训练报告

1. 总结液体培养和固体培养的区别。

2. 总结甘薯浅层液体培养技术要点。

技能训练8-3 马铃薯微型薯生产

一、训练目标

能培养出马铃薯微型薯。

二、材料用具

1. 材料与试剂

马铃薯试管苗,百菌清,MS培养基母液,香豆素,蔗糖等。

2. 仪器与用具

超净工作台,高压蒸汽灭菌锅,接种工具等。

三、训练操作规程(表 8-10)

表 8-10   马铃薯微型薯生产流程

操 作 流 程	操作技术要点
培养基制备	1. 配制 MS+香豆素 50~100 mg/L+蔗糖 3%+琼脂 0.6%培养基 2. 制备无菌纸
继代接种	1. 将马铃薯苗剪成 1 cm 长的茎段 2. 将剪好的茎段接种到培养基中,每瓶接 4~5 个
试管微型薯诱导	1. 接种后的材料放入培养室中培养,温度 22 ℃,光照度 1 000 lx,光照时间 16 h/d 2. 记录材料名称、接种时间、培养基种类 3. 调查微型薯发生的时间、部位、数量并记录
温室生产微型薯	1. 将高 2~3cm 的组培苗移入防虫温室中,打开瓶盖炼苗 4~5 d 2. 栽到细沙∶腐熟马粪∶园土=1∶2∶3 的营养基质中 3. 生长期加强管理

四、训练报告

1. 调查微型薯发生的时间、部位、数量,并填写表 8-11。

表 8-11   调查微型薯发生的时间、部位和数量

调 查 日 期	发 生 部 位	数 量

2. 比较温室生产和试管生产微型薯的产量,填入表 8-12 中。

表 8-12   温室生产和试管生产微型薯的产量

调 查 日 期	株 单 产	单 薯 重
温室生产		
试管生产		

技能训练 8-4   蝴蝶兰原球茎培养

一、训练目标

能诱导出蝴蝶兰原球茎,会原球茎的增殖和分化培养。

二、材料用具

1. 材料与试剂

蝴蝶兰幼嫩叶片,洗洁精,70%乙醇,0.1%氯化汞,MS 培养基母液,生长调节剂母液,琼脂,蔗糖,0.1%高锰酸钾。

2. 仪器与用具

超净工作台,高压蒸汽灭菌锅,镊子,解剖刀,剪刀,兰花瓶,培养皿。

三、训练操作规程(表8-13)

表8-13　蝴蝶兰原球茎培养流程

操 作 流 程	操 作 技 术 要 点
制备诱导培养基	1. 制备 1/2 MS +6-BA 5.0 mg/ L + NAA 1.0 mg/ L 固体培养基 2. 制备无菌水、无菌纸
外植体预处理	1. 蝴蝶兰休眠芽萌发出 1~2 片叶后,取其幼嫩叶片,切去边缘部分 2. 在洗洁精水中浸泡 10 min 3. 自来水冲洗 30 min
原球茎诱导培养	1. 用 70% 乙醇擦拭叶片,然后用 0.1% 氯化汞浸泡 10~12 min 2. 无菌水冲洗材料 3~5 次 3. 切去与消毒剂接触创伤面,直接将叶片接种到诱导培养基中 4. 培养条件:温度 23~27 ℃,光照度 1 500~2 000 lx,光照时间 12 h/d
原球茎增殖培养	1. 制备增殖培养基:1/2 MS + 6-BA 3.0 mg/ L + NAA 0.5 mg/ L 2. 将叶片诱导的原球茎切块为 0.5 cm² 大小,接入增殖培养基中
原球茎分化培养	1. 制备分化培养基:1/2 MS + 6-BA 1.0 mg/ L + NAA 0.5 mg/ L 2. 原球茎在增殖培养基上培养 2 个月后转入分化培养基中
生根培养	1. 配制 1/2 MS+ IBA 0.3 mg/ L 培养基 2. 将丛生芽切分成单个芽接种于配制的培养基中
炼苗移栽	1. 挑选具有 3~4 片叶、2~3 条根的试管苗 2. 温室中打开瓶盖,炼苗 2~3 d 3. 将苗取出,洗净黏在根部的培养基 4. 试管苗放入 0.1% 高锰酸钾中浸泡 20~30 min 5. 移栽至已消毒的水苔基质上

四、训练报告

1. 蝴蝶兰幼嫩叶片接种后,定期观察生长、分化及污染情况,及时统计并详细记录相关数据。

2. 根据实训记录,计算出原球茎增殖率,并总结培养方法。

技能训练8-5　植物组培苗生产计划的制订及效益分析

一、训练目标

1. 能制订出组培苗生产计划。

2. 能对植物组培苗生产效益进行正确分析。

二、材料用具

组培苗生产的有关资料,记录本,计算机等。

三、训练操作规程

在教师的指导下,学生根据市场的用苗时间和用苗量,制订某种植物全年组培生产计划。要求按计划所生产的某种植物种苗,要保证全年供应,并且在当地适时、适用、适销。

1. 对某种植物的增殖率进行合理的估算,全年生产量=全年出瓶苗数×炼苗成活率。
2. 分析植物组培全过程的各种技术环节及工艺流程。
3. 分析某种组培苗的定植时间和生长环节。
4. 分析组培苗可能产生的经济效益及后期效应。
（1）成本是影响经济效益的主要因素。
（2）市场是实现商品化的关键因素。
（3）生产规模对经济效益也有重大影响。
（4）利用组培技术繁殖名优花卉的利润比繁殖大众花卉的利润高。

四、训练报告

1. 制订一个年产 20 万株组培苗的生产计划。
2. 对年产 20 万株组培苗的生产计划进行效益分析。

【单元技能考核建议】

浅层液体培养、微型薯生产、原球茎培养为综合性技能训练,训练周期较长,建议采取项目教学法,考核时注重过程考核、动态考核、跟踪考核,做到定性与定量考核相结合,考核的重点是操作规范性、熟练性。组培苗生产工厂的设计,生产计划的制订及效益分析考核侧重方案科学性、合理性、可行性。本单元技能考核方案见表 8-14。

表 8-14　单元八技能考核方案

考 核 项 目	考 核 标 准	考 核 方 式
训练态度	训练前准备充分;训练中积极主动,操作认真,经常主动观察实验结果;训练后及时总结,撰写训练报告	随机观察
生产工厂的设计	设计科学,布局合理,经济适用,符合工厂化生产要求,可操作性强	批阅方案
浅层液体培养	繁殖率高,苗健壮,污染率低	现场检查
微型薯生产	繁殖系数高,移栽成活率高;微型薯数量较多,污染率低	现场检查
原球茎培养	能诱导出原球茎,污染率低,繁殖系数高;移栽成活率高,苗健壮	现场检查
生产计划的制订及效益分析	计划制订科学、合理;与工艺流程和生产规模相适应,经济适用;效益分析数据真实,分析准确	批阅计划
训练报告	撰写认真;记录全面,结果翔实	批阅报告

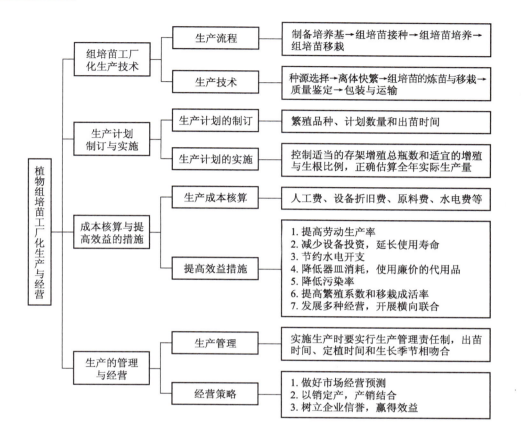

1. 工厂化育苗工艺流程是什么?
2. 怎样制订组培苗生产计划?
3. 怎样进行组培苗成本核算?
4. 如何提高组织培养工厂化育苗效益?

单元九　植物组织培养与植物育种

知识目标
- 了解植物胚培养、花药和花粉培养、遗传转化在育种中的应用
- 理解原生质体培养的原理和方法
- 掌握胚培养和花药培养方法

技能目标
- 能进行胚培养和花药培养操作
- 会用酶解法分离原生质体

将植物组织培养应用于植物育种,为培养植物优良品种开辟了新途径,将传统的育种方式改在试管和室内进行,使育种的效率迅速提高,应用前景广阔。利用花药和花粉培养可以很快获得单倍体,单倍体经过加倍即可得到纯合材料,从而大大缩短育种周期。胚培养可以克服远缘杂交不实的障碍,获取杂种植株。对体细胞无性系变异可以筛选出有用的突变体,通过原生质体培养与融合可以创造新的种质资源或优良品种,通过植物遗传转化可以定向改良植物性状。由此可见,植物组织培养在植物育种工作中具有重要作用。

第一节　花药、花粉培养与单倍体育种

一、花药培养

(一) 花药培养的意义

花药培养是指把发育到一定阶段的花药接种到人工培养基上,使其发育和分化成为植株的过程。花药培养的外植体是植物雄性生殖器官的一部分,实际上,由此再产生的小植株,多数是由花药内处于一定发育阶段的花粉发育来的。经过减数分裂的花粉粒(小孢子),可以看成是处于特定阶段的雄性生殖细胞。因此,花药培养亦可看作为广义的花粉培养或孤雄生殖。

自从 1964 年印度学者 Guha 等首次报道从毛叶曼陀罗的花药培养获得单倍体植株之后,许多植物的花药培养相继取得成功。我国在花药培养技术和应用方面居于世界先进行列,利用烟草、水稻、小麦、玉米和辣椒等植物培养出新品系(种),其中水稻新品系(种)有 100 多个,累计推广面积近 $9.1 \times 10^5 \ hm^2$。

花药培养的主要目的是获得纯系育种材料和进行单倍体育种,缩短育种年限和提高育种效

率。花药培养育种已与常规杂交育种、远源杂交育种、诱变育种以及转基因技术相结合,是生物技术在农作物育种中应用最广泛、最有成效的方法之一。

(二)花药培养技术

1. 材料准备

通过花药培养成功获得单倍体植株最多的是茄科植物,其次是十字花科、禾本科和百合科植物等。即使在这些植物中,不同植物类型和同一类型的不同品种对花药培养的反应也是不同的。据研究,烟草花药是较易诱导的材料,但"朗氏烟草"则很难诱导花药植株。水稻中粳稻比籼稻容易诱导,其植株分化比例分别为 40%～50% 和 1%～2%。在多年生植物中,幼年植株比老龄植株的花药诱导频率高;草本植物生长健壮,且处于生殖生长高峰期的花药诱导频率较高,而徒长或营养不足的植株花药培养的诱导频率则较低。

在花药培养中,花粉的发育时期对于培养成功与否是至关重要的。一般而言,单核后期的花药对培养的反应较好,比较容易诱导成功。因此,取材时要检验发育时期。此外,可将压片染色法与观察材料外部形态相结合,确定处于花粉发育适宜期的花器相关形态特征,供田间采样时参照。如烟草的花萼与花冠等长的花蕾,其花粉发育时期就处于单核后期,而此期的水稻颖花特征是颖壳淡黄绿色,雄蕊长度达颖壳 1/3～1/2。马铃薯在花冠露出萼片一半时大多数花粉处于单核后期。

2. 材料的消毒

适宜于接种用的花药,都还处在未开花的幼花或花蕾中,由花被或颖片等包被,本身是无菌的,因此,只要对幼穗或花蕾进行表面消毒就可以。不同植物消毒方法有些不同,在禾本科植物,适宜的穗子取来后,去叶留鞘,用 70% 乙醇擦洗表面,剥开叶鞘取出幼穗,剪去芒,再用 0.1% 氯化汞或 1% 的次氯酸钠消毒,而对棉花、油菜等作物,应先去掉苞片,用肥皂水洗后冲干净,在 70% 乙醇中浸泡 1 min,然后再用氯化汞或其他消毒液消毒。

3. 材料的接种

在无菌条件下,从消毒过的幼穗、花蕾中剥取花药,迅速接种到培养基上。注意不要损伤花药,因为花药受损后可能刺激药壁细胞形成二倍体的愈伤组织,受损的花药应去掉,同时也要把花丝去掉,因为花丝也是二倍体组织。花药的接种密度因培养方式而异,固体培养时 50～100 mL 三角瓶一般接种 10～20 个/瓶,9 cm 平皿一般接种 20～40 个/皿。若为液体培养,一般 10 mL 液体培养基中接种 50 个左右的花药。

4. 花药培养

在花药培养中,使用的基本培养基一般随植物种类不同而异,以 MS 培养基应用最为广泛,Nitsch、Miller、B5、N6 和 C17 等培养基也很常用。

花药培养一般在温度 25～28 ℃、光照度 1 000～2 000 lx 和光照时间 14 h/d 的条件下进行。但花药培养时对温度的要求,不同植物有所不同,如小麦的花药培养在开始培养的 6 d,给予 30～32 ℃ 的高温,然后转移到 28～30 ℃ 培养,出现愈伤组织率有明显提高。光照的影响也较明显,如连续光照可增加烟草花粉胚的形成,却抑制曼陀罗花粉胚的发生,对禾本科植物,一般是先在暗处或散射光下培养,这对愈伤组织的诱导效果较好,愈伤组织形成后就转入光照条件下,诱导分化。

5. 植株的诱导

由花药培养诱导花粉植株的形成有两条途径,一是由花粉粒的异常发育形成胚状体,再由胚状体发育长成花粉植株,二是由花粉粒的多次分裂形成愈伤组织,再由愈伤组织进一步器官分化,形成芽和根,最后形成完整植株。不同的植物,花粉植株诱导的情况是不同的,如烟草的花药在 25~28 ℃条件下培养 1 周,就可看到部分花粉粒开始膨大,2 周后这类花粉开始细胞分裂,相继形成球形胚、心形胚等,3 周后即可在花药裂口处看到淡黄色的胚状体,转入光照下培养,变成绿色,逐渐长成幼苗。

另外一些植物,如禾本科植物的花药培养时不形成胚状体,而是先形成花粉愈伤组织,然后在分化培养基上进行器官分化,进而形成植株。一般是先将花药接种在含 2,4-D(1~2 mg/L)的培养基上,诱导花粉粒分裂形成愈伤组织,然后转移到不含 2,4-D,含 NAA 和 KT(0.5 mg/L)的分化培养基上,诱导器官分化。花药培养如图 9-1 所示。

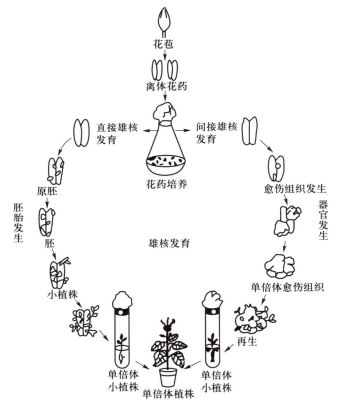

图 9-1　花药培养与植株形成(Reiner,1977)

(三)影响花药培养的因素

1. 植株的基因型

基因型是限制花药培养成功的主要因素。如在水稻中,依糯稻—粳稻—粳籼杂种—籼籼杂种—籼稻的顺序,花药诱导率逐渐下降,粳稻中花粉愈伤组织诱导率平均可达 10%,而籼稻只有 1%~2%。

2. 培养基

不同的植物种类对基本培养基的要求不同。Nitsch 和 MS 培养基广泛应用于双子叶植物的花药培养;B$_5$ 培养基用于十字花科及豆科植物的花药培养;禾谷类作物一般选用 N$_6$、C$_{17}$ 及马铃薯-2号培养基,就会产生较多的愈伤组织。

一般而言,成熟花粉有二核型和三核型,它们对蔗糖浓度要求有差异。一些主要作物花药培养时通常采用的浓度是:烟草、甜椒、柑橘等3%,小麦、水稻、石刁柏等6%,小麦、黑麦草12%,玉米12%~15%。

激素对花药培养诱导雄核发育具有重要作用。烟草、毛叶曼陀罗、矮牵牛等直接形成花粉胚的植物,一般不需要添加激素,在基本培养基上就能产生单倍体植株,而大多数非茄科植物,小孢子(花粉)先形成愈伤组织,然后进一步分化成单倍体植株,对这类植物,外源激素是不可少的。

培养基中添加活性炭,对花粉雄性发育可能有促进作用,如培养基中添加2%活性炭,可使烟草雄核发育的花药数由41%增加到91%,每个花药形成的植株数也增加;玉米花药培养中加0.5%活性炭,可使花粉愈伤组织或花粉胚的诱导频率提高1倍左右。

3. 培养条件

离体培养的花药和花粉对温度比较敏感。大多数植物在25~28 ℃的温度下进行花药和花粉培养是适宜的。但有不少植物的花药和花粉在较高的温度下培养效果更好,特别是在最初几天经一段高温,会明显提高花粉胚和愈伤组织的诱导率。但在水稻花药培养中,随着培养温度的提高,花粉愈伤组织分化出白化苗的频率也会增加。

禾谷类作物的花药培养,在愈伤组织诱导期间进行暗培养在弱光或散射光下培养效果较好,当转移到分化培养基上之后,光照则有利于绿苗的分化,小植株的生长也比较健壮。当愈伤组织转移到分化培养基上之后,一般先在暗中培养3~5 d,再给予光照度1 000~2 000 lx、光照时间14 h/d,则可以减少愈伤组织的老化坏死,提高绿苗分化率。

二、花粉培养

(一) 花粉培养的意义

花粉培养又叫作小孢子培养,是将花粉粒从花药中分离出来,成为分散的或游离的状态,然后通过培养使花粉粒去分化,进而发育成完整植株的过程。

在花药培养时,由于花药壁、药隔及花丝断口的细胞都很可能去分化形成愈伤组织,这样就给诱导花粉分裂启动造成干扰。花粉培养则排除了花药壁和绒毡层细胞的影响,避免花药培养中倍性混乱,便于研究和分析结果。另外,花粉培养需要的空间很小,花粉粒密度大,因而培养的效率高。但花粉培养比花药培养难度大,成功率低,所以只能作为单倍体育种的辅助方法。

离体培养的花粉粒成苗途径与花药培养相同,即有胚状体成苗和愈伤组织再分化成苗两条途径。对诱导单倍体植株而言,花粉培养与花药培养在形成花粉胚或愈伤组织之后的培养过程是相同的。不同之处在于花粉培养需进行花粉的分离和特殊的花粉诱导培养。花粉培养的取材适宜期大多为花粉发育处于四分体到单核早期。

(二) 花粉培养技术

1. 分离花粉

花粉培养首先要分离出单花粉粒,在分离花粉时要做到花粉发育时期整齐,有一定的数量,要无菌无杂质。具体方法有以下3种。

(1) 挤压法　将花粉处于合适发育时期的花蕾取下,表面消毒,无菌水洗净后,取出花药,放入盛有少量液体培养基或与培养基等渗的蔗糖溶液的烧杯中,用平头的玻璃棒或注射器内管轻轻挤压花药,使其散出花粉。将得到的花药残渣和花粉的混合物通过一定孔径的不锈钢筛或尼龙网过滤。孔径大小根据不同植物花粉粒的大小选择,一般孔径应比花粉粒直径大 10 μm 左右(如烟草40 μm、番茄25 μm、玉米 100 μm),太大花药残渣容易漏过去,太小花粉过滤不下去。收集含有花粉和小块药壁残渣的滤液到离心管中,于 500~1 000 r/min 离心 5 min,花粉粒沉淀,小块药壁残渣悬浮在上清液中,弃去上清液。再加入液体培养基或蔗糖溶液,使花粉悬浮,然后重复离心 2~3 次,最后再用离体培养基离心纯化 1 次。加入花粉液体培养基,用血细胞计数器计数调整密度后进行培养,接种密度一般为 $10^4 \sim 10^5$个/mL。此方法的优点是操作简便,缺点是花粉中会混杂有体细胞。该方法对双子叶植物较为适用,但对禾谷类作物不太适用,并且容易损伤花粉粒。

(2)自然释放法　首先将花药在液体培养基中漂浮培养 3~7 d,在此期间花粉粒从花药裂口处散落到培养液中。这种方法由于花粉在花药中已培养了几天,散落到培养基中的花粉很多是处在多细胞的花粉胚。所以在直接分离花粉难以成功的情况下,用自然释放法能取得成功。以大麦为例的具体做法是,取单核期的幼穗,用低温(7 ℃)处理 14 d,表面消毒后,取出花药漂浮在液体培养基中,不少花药在培养第一天内可释放出 1/3~1/2 的花粉,进一步通过条件培养基或加有高浓度肌醇和谷氨酰胺的培养基培养,可大量形成花粉愈伤组织。

(3)磁拌法　将花药接种于含有液体培养基的三角瓶中,然后放入一根磁棒,置于磁力搅拌器上,低速转至花药呈透明状。为了提高分离速度,在培养基中可加入几粒玻璃珠。此方法分离花粉比较彻底,但对花粉有不同程度的损伤。

2. 花粉培养

(1)预培养　将花药在液体培养基中先培养 2~4 d,然后挤出花粉,经离心洗涤纯化后悬浮于液体培养基中培养,密度可调整为 $10^4 \sim 10^5$个/mL。培养液的厚度以能盖过培养皿底部为宜,使花粉粒不会浸入培养基太深,待愈伤组织或胚状体形成后,转入分化或胚发育培养基上生长。

(2)直接培养　直接培养是指从不经预培养或预处理的新鲜花药中直接分离出花粉粒,接种到培养基中进行培养的方法。在培养基上加入花药提取物,再接种花粉粒,在烟草、曼陀罗和大麦的花粉培养中获得了再生植株。花药提取物的制备方法是先将花药在培养基中培养 1 周,然后取出花药浸泡在沸水中杀死细胞,经研磨、离心,上清液即为花药提取物,经过滤灭菌后加入花粉培养基中,再接种花粉进行培养。

(3)看护培养　有些植物细胞,一旦分离出来,不仅不能分裂、增殖,还可能死亡。用花药或一块愈伤组织来哺育单细胞,从而使其正常分裂、增殖的方法,称为看护培养。看护培养是由 Sharp 等(1972)建立的一种培养方法,他利用这种方法成功地从番茄花粉中得到细胞无性系,具体做法是将完整花药接种在琼脂培养基上,将一片无菌滤纸放在花药上,再将花粉粒接种在滤纸上,培养 1 个月后,在滤纸上形成细胞群落(图 9-2)。

(三)影响花粉植株培养的因素

1. 基因型

和花药培养一样,基因型会影响花粉植株诱导成功率。

2. 花粉的发育时期

花粉植株的培养成功率与花粉发育时期有很大关系。这和花药培养一样,花粉培养中花粉

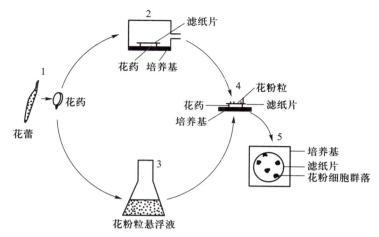

1. 从花蕾中取出一个花药；2. 将花药水平放置在半固体培养基表面，上覆一圆形小滤纸片；

3. 另取花药制成花粉悬浮液，密度 20 粒/mL；4. 取 0.5 mL 花粉悬浮液，滴在滤纸上；

5. 在 25 ℃，光照条件下培养 1 个月。

图 9-2　花粉看护培养（Sharp，1972）

发育时期要求比花药培养的花粉发育时期略晚一些。如烟草的花药培养选用花粉粒单核后期的花药进行培养，但同品种在进行花粉培养时以双核中期的花粉粒为宜。玉米花粉培养是先将花粉粒发育期为单核中期的雄穗放入低温下进行预处理，在分离花粉粒进行培养时，雄穗中的花粉粒已发育到单核后期至双核早期，这是合适的时期。十字花科植物的花粉培养选用发育时期更晚的花粉粒为宜。

三、单倍体植株鉴定及染色体加倍

由花药培养诱导得到的花粉植株，不一定都是单倍体植株。细胞来源不同，雄核发育途径有差异，花粉植株的染色体数变化会很大，需要进行鉴定。

（一）花粉植株的倍性

由花药培养产生的花粉植株多数是单倍体，还有二倍体、三倍体及非整倍体。日本人发现水稻和茄属的花粉植株中，从单倍体至五倍体都有。黄佩霞等对 2 496 株水稻花粉植株染色体数目统计的结果是单倍体占 35.3%，二倍体占 53.4%，多倍体与非整倍体占 5.3%，不同倍性混生植株占 6.0%。这些变化中，非单倍体可能来源于花药体细胞如药壁或花丝细胞，由它们形成二倍体愈伤组织，再分化出二倍体植株，或者来自单倍体细胞的自主加倍，或来自于雄核发育过程中的核融合。

（二）单倍体植株的鉴定

1. 形态鉴别

单倍体植株在形态上与二倍体、多倍体是有较明显区别的。首先在植株外貌特征上，单倍体植株瘦弱，叶片窄小，花小柱头长；二倍体或多倍体植株健壮高大，叶片宽大，花大柱头短；在开花及花粉特征上，单倍体植株虽能开花，但不能结实，花粉败育，不着色，花粉粒小；二倍体植株开花结实正常，花粉粒大，着色好，育性正常；在气孔大小上也有差别，单倍体气孔小，单位面积的气孔数量多,倍性越高气孔越大,单位面积气孔数目越少。

2. 细胞学鉴定

细胞学鉴定是确定倍性最基本和最可靠的方法。通过对根尖细胞有丝分裂或花粉母细胞减数分裂中期的染色体,从数目和形态上利用细胞学显微技术鉴定,以最后确定是单倍体、二倍体、多倍体或非整倍体。

(三) 单倍体植株的染色体加倍

单倍体植株营养体瘦小,只含一套染色体而不能进行正常减数分裂,不能开花结实,需经加倍处理使之成为纯合二倍体,才能恢复稳性,在育种上才有价值。单倍体植株染色体加倍有以下3条途径。

1. 自然加倍

通过花粉细胞核有丝分裂或核融合染色体可自然加倍,从而获得一定数量的纯合二倍体。自然加倍的优点是不会出现核畸变。但尚有许多单倍体植株需采用人工方法处理加倍。

2. 人工加倍

诱导染色体加倍的传统方法是用秋水仙碱(又称秋水仙素)处理。处理方法有小苗浸泡方法、芽处理、浸根方法或浸泡分蘖节方法等。

以双子叶植物烟草为例,把具有 3~4 片真叶的花粉植株浸于过滤消毒的 0.4%秋水仙碱溶液中 24~28 h,然后转到生根培养基(T 培养基)上,使其进一步生长。也可将含有秋水仙碱 0.2%~0.4%的羊毛脂涂在顶芽或上部叶片的侧芽上,去掉主茎的顶芽,促进侧芽长成二倍体的可育枝条。禾本科植物染色体加倍,一般要在秋水仙碱溶液中加有助渗剂二甲亚砜(1%~2%)浸泡分蘖节。具体方法是:在分蘖盛期,将花粉植株从土中挖出,洗净根部的泥土,浸泡在秋水仙碱溶液中,要注意一定要将分蘖节浸入药液中。由于不同植物对秋水仙碱的耐受能力不同,所以不同作物用秋水仙碱处理的浓度和时间不同。小麦一般采用 0.04%秋水仙碱溶液处理 8 h,水稻宜用 0.2%秋水仙碱处理 24 h。

3. 愈伤组织加倍

将单倍体植株的叶、茎、叶柄和根等器官切成小块后置于一种适当的培养基上,诱导形成愈伤组织,经过继代培养之后,转移到分化培养基上,由此所获得的再生植株中,将会有染色体加倍的植株。另外,在花药(粉)愈伤组织增殖过程中,往往可通过核内有丝分裂使染色体加倍。延长愈伤组织培养的时间,可提高染色体加倍的频率,但过分延长愈伤组织培养的时间,会导致其降低或丧失再生植株的能力。

在进行加倍处理的时候要注意,秋水仙碱能使细胞的染色体数加倍,同时也是一种诱变剂,能造成染色体不稳定,容易使细胞多倍化,出现混倍体和嵌合体植株,因此,对处理的植株要经一到几个生活周期的选择,才能得到正常加倍的纯合二倍体。

(四) 单倍体植物在育种中的作用

将具有单套染色体的单倍体植物,经人工染色体加倍,使其成为纯合的二倍体,从中选出具有优良性状的个体,直接繁育成新品种,或选出具有单一优良性状的个体,作为杂交育种的原始材料,称为单倍体育种。下面介绍单倍体植物在育种中的作用。

1. 加快育种速度

常规杂交种中杂交后代自 F_2 开始分离,要持续到 F_6 以后才能趋于稳定,育成一个品种需 8~10 年。而用单倍体技术,从 F_1 进行单倍体诱导,得到单倍体植株,加倍后就成为稳定的纯合二倍体,这样大大加快了育种速度(图9-3)。

2. 提高选择效率

常规杂交种双亲基因型差别大,F_2 选择某一纯合基因型的概率为 $(1/2)^{2n}$(若 n 为异质基因独立),而单倍体育种选择某一纯合基因型的概率为 $(1/2)^n$,提高了选择效率(图9-4)。

3. 快速获得自交系

异花授粉植物,如玉米、高粱和洋葱等,利用杂种优势,可使产量大幅度提高,但必须获得一定数量的高纯度自交系。采用连续人工自交方法,获得一个自交系至少需 6 年。而通过花药培养产生单倍体植株,再加倍使之成为纯合二倍体即标准自交系,只需 1 年时间。这一新技术加速了自交系培育,促进了异花授粉植物杂种优势的利用。

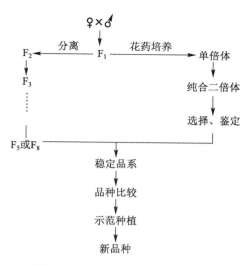

图9-3　常规育种与单倍体育种比较

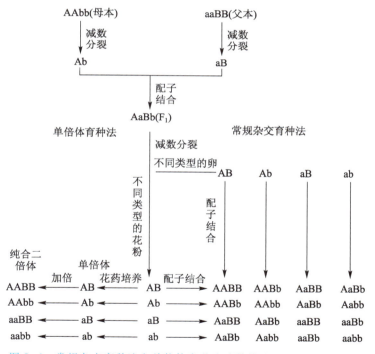

图9-4　常规杂交育种法和单倍体育种法遗传模式图(周维燕,2001)

在一些雌雄异株蔬菜(如石刁柏,曾称芦笋)生产上,需栽培均一的雄株群体,因雄株纤维少,蛋白质含量高,产量高,受消费者和生产者欢迎。一般栽培用的种苗是通过雌株(XX)和雄株(XY)受粉产生的种子形成的,雌株和雄株各占50%,不可能是100%的雄株。用单倍体诱导的办法,从雄株花药培养得到只含有 Y 染色体的单倍体植株,加倍后得到超雄株(YY),将超雄株与雌株杂交,后代就得到100%的雄株。

四、花药与花粉培养技术应用实例

（一）花药培养操作实例

下面以水稻花药培养为例说明花药培养操作程序。

（1）选取花粉处于单核中期至晚期的主茎第一分蘖的稻穗,此时颖花外观呈黄绿色,雄蕊长度为颖花长度的 1/2 左右,保留上部 2 片叶子,用湿纱布包好,装入塑料袋内,放置于 7~10 ℃ 的冰箱中预处理 5~7 d。

（2）剪去叶片,用 70% 乙醇擦叶鞘 2 次。在超净工作台上,用剪刀将颖花基部连同花药剪下,收集在培养皿中。用镊子夹住剪下的颖花顶部,切口向下,在三角瓶（或培养皿）边缘敲动,使花药散落在培养基上。

（3）诱导花粉愈伤组织的培养基为 N_6+2,4-D 2 mg/L+NAA 0.5 mg/L+蔗糖 50 g/L+琼脂 8 g/L,pH 6。接种后的花药置于 28~30 ℃ 的培养室进行暗培养或弱光下培养。

（4）培养 20 d 后,花药裂开出现花粉愈伤组织。当愈伤组织生长到小米粒大小,可转入 N_6+NAA 0.2 mg/L+KT 0.5 mg/L+蔗糖 50 g/L+琼脂 8 g/L 或无激素的 N_6 培养基中,促进植株分化。先暗培养 3~5 d,然后再转入 1 000~2 000 lx 的光照度下培养,光照时间 14 h/d,温度 26~27 ℃。

（5）将在分化培养基上陆续出现的绿苗,分批转至 1/2MS+IAA 0.2 mg/L+秋水仙碱 4 mg/L+蔗糖 15 g/L 培养基上,进行壮苗和初步的染色体加倍。

（6）当试管苗长出 3 片以上真叶,并有发达的根系时,从试管中取出,洗去琼脂,剪去老叶和黄根,浸泡在清水中。然后移入温室中,要求土壤 pH 为 5.5~6,温度白天 25 ℃,晚上不低于 15 ℃。

（7）当单倍体植株成活后处于分蘖盛期时,再将植株从花盆中挖出,洗去泥土,将分蘖节以下的部位浸入含有 1.5% 二甲亚砜、0.2% 秋水仙碱溶液中 24 d,然后取出再种入肥沃的土壤中。

（二）花粉培养操作实例

下面以七叶茄为实验材料介绍花粉培养的操作程序。

（1）首先对实验材料进行镜检,以确定合适的花粉粒发育时期。取花粉处于合适发育时期的花蕾,置于冰箱中,在 5~8 ℃ 低温中预处理 48 h。

（2）在超净工作台上,用镊子剥去花萼。用 70% 乙醇消毒 5~8 s,再用 10% 次氯酸钠消毒 7~8 min,最后用无菌水冲洗 3 次。

（3）在无菌条件下将消毒过的花蕾剥开,取出花药,接种到 MS+2,4-D 2 mg/L+KT 1 mg/L+蔗糖 30 g/L+琼脂 7 g/L 培养基上,在 28 ℃ 弱光下预培养。

（4）将预培养 4 d 后的花药在无菌条件下取出,放在 10 mL 的小烧杯中。用液体培养基作为清洗液,用注射器内管轻压花药,将花药挤出。为了去掉大的花药壁残渣,将此液体经 270 目不锈钢网过滤后注入离心管中,用 1 000 r/min 的速度离心收集花粉。液体培养基为 MS 大量元素+谷氨酰胺 800 mg/L+丝氨酸 100 mg/L+肌醇 5 g/L+蔗糖 30 g/L+2,4-D 2 mg/L+KT 1 mg/L,pH 5.8。用 0.45 μm 孔径的过滤膜过滤。将以上培养液装入 20 mL 的培养瓶中,每瓶装入 1.5 mL 液体培养基,花粉密度达 $4×10^5$ 个/mL,置于温度 28 ℃ 左右条件下进行静置液体培养。

（5）培养 20 d 后把培养瓶放在 4 r/min 的转床上进行旋转培养。

（6）花粉愈伤组织长到 3~5 mm 大小时,就可以转到 MS+NAA 0.05 mg/L+KT 1 mg/L+蔗糖

20 g/L 固体培养基上继代培养。

（7）培养 15 d 后,愈伤组织长大,较紧密且呈浅绿色。然后再转入 MS+NAA 0.005 mg/L+6-BA 1 mg/L+水解酪蛋白 500 mg/L+蔗糖 10 g/L+AC 2 g/L 培养基上。15 d 后长出绿色芽点,继续培养 10 d 后长成具有 2 片叶子的小植株,再转入 MS+IAA 0.2 mg/L+蔗糖 20 g/L 生根培养基中。15 d 后分化出 3~4 条根,20 d 后发育成完整的植株。

第二节　胚培养与离体受精

一、胚培养

（一）胚培养的意义

胚培养是在无菌条件下,把植物成熟胚或未成熟胚从种子中分离出来,接种在人工培养基上培养,使其发育成正常幼苗的过程。胚培养在生产上有以下几方面的应用。

（1）克服远缘杂种的不育性　在高等植物的种间和属间杂交后代胚败育,胚发育不全而不能正常萌发,因而得不到杂种种子,用胚胎培养技术就可以解决这些问题。

（2）使胚发育不全的植物获得后代　如兰花、天麻的种子成熟时,胚只有 6~7 个细胞,多数胚不能成活。如在种子接近成熟时,把胚分离出来进行培养,就能使其生长发育成正常植物。

（3）缩短育种年限　通过胚培养打破种子休眠,缩短育种周期。如通过胚培养可使鸢尾的生活周期由 2~3 年缩短到 1 年以下;从菖蒲的成熟种子中取出的胚,在琼脂培养基上培养,开花期可由原来 2~3 年缩短至 1 年以内。

（二）胚培养方法

根据胚的发育程度不同,胚培养分为成熟胚培养和幼胚培养。

1. 成熟胚培养

成熟胚一般指子叶期后至发育完全的胚。成熟胚培养较易成功,将其置于只含有大量元素和糖的较简单培养基中,在适宜的温度、光照和湿度下就可以正常萌发长成植株。

2. 幼胚培养

幼胚培养是指未发育成熟(子叶形成以前)的胚培养。幼胚主要来源于未成熟的或不能正常萌发的杂种种子,如种间杂交、远源杂交以及不同倍性品种间杂交的种子。幼胚从生理至形态均未成熟,培养时完全依赖周围组织的有机营养物质,对培养基要求较高,仅提供一定的温度和湿度均不能使其萌发,培养难度较大。幼胚培养的方法如下。

（1）表面消毒　取大田或温室里种植的杂交植株授粉后的子房,用 70% 乙醇进行几秒的表面消毒,接着用饱和漂白粉或 0.1% 氯化汞浸泡 10~30 min,再用无菌水冲洗 3~4 次,去除残留的药物。

（2）胚的剥离　胚剥离的成功与否是幼胚培养能否成功的关键,幼胚是一种半透明、高黏稠状组织,剥离过程中极易失水干缩,因此,在剥离时一定要注意保湿,且操作要迅速。在高倍解剖镜下进行解剖,用刀片沿子房纵轴切开子房壁,再用镊子夹出胚珠,剥去珠被,取出完整的幼胚(图 9-5)。有学者认为幼胚培养需要带胚柄结构,所以幼胚剥离时,应带胚柄一同取出。

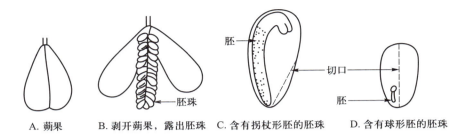

| A. 蒴果 | B. 剥开蒴果,露出胚珠 | C. 含有拐杖形胚的胚珠 | D. 含有球形胚的胚珠 |

图 9-5　荠菜胚的剥取方法

延伸阅读:胚柄的作用

　　研究显示,胚柄在胚胎发育中起着积极的作用。胚柄是小而精细的组织,一般很难将胚柄与胚一起分离。胚柄的存在对胚培养,特别是对幼胚培养成活十分重要。如红花菜豆胚柄与胚相连或尽量与胚放置在一起时,和没有胚柄的胚培养相比,胚柄在培养基上强烈地刺激胚发育成熟。在培养基中加入 GA 或 ABA,可以取代胚柄的作用。

　　(3)接种培养　剥离出来的幼胚要立即接种到培养基上,放在培养室中进行培养。培养室温度 20~30 ℃,光照度 2 000 lx,光照时间 10~14 h/d。培养一段时间后,观察幼胚的发育。

　　(4)幼胚离体培养的生长发育方式　幼胚离体培养的生长发育方式有 3 种。

　　① 胚性发育。幼胚接种到培养基上以后,仍然按照在活体内的发育方式发育,最后形成成熟胚(有时可能类似种子),然后再按种子萌发途径出苗形成完整植株,通过这种途径发育的幼胚一般情况下一个幼胚形成一个植株。

　　② 早熟萌发。幼胚接种后,离体胚不再继续进行胚性生长,而是在培养基上迅速萌发成苗,通常称为早熟萌发。

　　③ 形成愈伤组织。在许多情况下,幼胚在离体培养中首先发生细胞增殖,形成愈伤组织。由胚形成的愈伤组织大多为胚性愈伤组织,且很容易分化形成植株。

(三)影响胚培养的因素

1. 培养基

成熟胚对培养条件的要求一般不是很高,在 Tukey、Randolph、White 等基本培养基中即可生长。培养基以大量元素和微量元素的无机盐为基本成分,此外还加入一定浓度的糖类物质和多种生长辅助物质。

与成熟胚的相对自养性比较,幼胚则完全是异养的。不同发育时期的幼胚,离体培养成功率差异很大。一般胚龄越大成功率越高,相反,胚龄越小成功率越低。常用于幼胚培养的培养基有 MS、B_5 和 Nitsch 等。离体培养幼胚,对培养基要求高,除提供大量和微量无机盐混合物外,还需提供维生素类、植物激素和胚乳提取物等。

　　(1)蔗糖　一般来讲,蔗糖使用的质量分数大多在 4%~12%。幼胚所处的发育阶段越早,所要求的蔗糖浓度越高,如球形胚一般要求蔗糖质量分数为 8%~12%,而心形则只要求蔗糖质量分数为 4%~6%。除蔗糖外,也有使用葡萄糖、果糖及甘露醇等作碳源的。

　　(2)天然植物提取物和氨基酸　进行幼胚培养时,在培养基中加入适宜的富含氨基酸和其他营养物质的天然产物,如酵母提取物、水解酪蛋白、椰乳、麦芽提取物以及胚乳提取物等,能有效地促进幼胚的离体生长发育。在培养基中添加不同氨基酸,对幼胚的生长是非常有效的,几种不同的氨基酸以适当配比加入,往往可获得较好的效果。

(3)维生素类　一般认为,维生素对培养发育初期的胚来说是必需的。维生素及其衍生物对胚生长的促进作用不同,例如盐酸硫胺素对几种植物胚的培养表现出促进根的伸长,而生物素、泛酸钙和烟酸对茎生长的促进作用比对根更为显著。

(4)植物生长物质　幼胚培养中外源激素是必需的,这些外源激素包括生长素类、赤霉素类和细胞激动素类等。低浓度的 GA$_3$ 和 KT 能促使幼胚早熟萌发,GA$_3$ 有时甚至具有胚柄的作用,因此,在胚培养中,GA$_3$ 是必不可少的生长调节物质,但使用浓度一般较低,不宜超过 0.5 mg/L。IAA 和 ABA 具有抑制早熟萌发和促进胚正常发育的作用,但其使用浓度应严格控制,一般以低浓度为宜,且因不同的植物而有所变化。此外,生长素与其他激素的比例有时也会严重影响胚的发育方式,生长素比例高时一般容易形成愈伤组织。

(5)pH　在胚培养中,培养基 pH 一般为 5.0～7.5。不同的植物胚培养要求的 pH 不同,如荠菜胚培养 pH 为 5.4～7.5,大麦胚培养 pH 为 4.9,番茄胚培养 pH 为 6.5,水稻胚培养 pH 为 5.0。

2. 培养条件

(1)光照　通常在黑暗或弱光下培养幼胚比较适宜,光照对幼胚发育有轻微抑制作用,离体培养条件下,幼胚正常胚性发育对光的要求,还应根据植物种类来决定。如棉花胚先在黑暗中培养,然后转入光照下培养,子叶的叶绿素生成很慢;而转入弱光下培养的幼胚,子叶很容易产生叶绿素。荠菜幼胚培养时,每天 12 h 光照比全暗条件好。

(2)温度　大多数植物胚的培养,在温度 25 ℃是适宜的,但有些则需要较低或较高的温度。如禾本科植物成熟胚的萌发温度在 15～18 ℃,马铃薯在 20 ℃较好,柑橘、苹果和梨在 25～30 ℃是合适的。有一些植物的胚培养需要在变温条件下进行,如进行桃胚培养时必须将接种在培养基上的胚放在 2～5 ℃低温下处理 60～70 d,然后转入白天温度 24～26 ℃、夜间 16～18 ℃的变温条件下培养,桃胚才能萌发。

(四)胚培养技术操作实例

1. 苹果成熟胚培养

(1)取材与消毒　将经层积处理成熟饱满的苹果种子在蒸馏水中浸泡 12 h,用 70%乙醇浸泡消毒 10 s,然后用 12%次氯酸钠灭菌 15 min,经无菌水冲洗 3 次后,铺在经高压灭菌的 1%琼脂上,70 d 后剔除生根的种子,剩下的种子消毒后分离胚组织。

(2)种胚剥离培养　将 1 粒种子放在无菌培养皿中,用镊子夹住,用解剖刀先将种皮划破,再用另一把镊子轻轻把种皮剥去,用解剖刀沿胚胎的边缘小心剥离胚乳。分离出胚后,用无菌水将每 1 个胚冲洗 3 次,然后移入装有 MS 培养基的三角瓶中,将装有胚的三角瓶放入黑暗中培养,保持温度 25 ℃。培养 3～4 d 后,转入光下继续培养即可形成完整植株。

2. 柿幼胚培养

谷晓峰等在 2001 年用柿幼胚进行培养,培养过程如下。

(1)从开花后 70 d 的罗田甜柿取出幼果。

(2)先用自来水冲洗柿子幼果,再用 70%乙醇浸泡 30 s,然后用 1%次氯酸钠(加 Tween-20)浸泡 10 min,无菌水冲洗 3～4 次。

（3）在无菌条件下剥取幼胚接种于 MS+IBA 0.3 mg/L+ZT 0.44 mg/L+蔗糖 7 g/L+AC 3 g/L 培养基上。在恒温 28 ℃、光照时间 14 h/d、光照度 1 750~2 180 lx 条件下培养。

（4）在生根培养基 MS+IAA 1.0 mg/L 上暗处理 4 d，生根率达 77.9%。

二、离体受精

（一）离体受精的意义

从花粉粒萌发到受精形成种子，再从种子萌发到幼苗形成的整个过程均在试管内完成，称为离体授精或试管授精。离体受精技术可克服植物自交不亲和性和远缘杂交不亲和性，特别是对于克服花粉在柱头上不萌发或萌发后花粉管不能伸入花柱，或在花柱中生长缓慢，使配子不能如期融合的障碍有着极其重要的意义。

（二）离体受精的方法

1. 子房内受精

将不同发育阶段的子房连同一段花梗，经表面消毒后接种到琼脂培养基上，然后将无菌的花粉人工授到子房的柱头上。花粉管发芽后，花粉管长入胚珠内受精，受精后的胚珠进一步发育形成种子。

子房的受精技术是一种接近自然界授粉情况的试管授精技术，在小麦子房离体授粉中获得了 89.1% 结实率，并培养出试管幼苗和成年植株。具体做法是早上在田间将开花前约 2 d 的母本麦穗连同带 1~2 片叶的茎秆取下，将整个麦穗进行表面消毒，在无菌条件下，把每个小花的外稃剥除，只留 1 片内稃，并去掉雄蕊，再从穗轴上切下雌蕊接种于培养基上。培养 2 d 后，子房上柱头呈羽毛状，此时进行授粉。培养子房的培养基用 MS+蔗糖 5%+琼脂 0.8%。在培养基中附加酪蛋白水解物 200~500 mg/L、GA₃ 0.1~0.5 mg/L，以及 KT 0.2~0.5 mg/L，能提高授粉后子房成活率和有效的结实率。离体授粉和胚的培养所需温度条件最好和自然界该种植物受精季节的温度相一致。

2. 离体胚珠受精

将胚珠从子房中剥离出来进行培养，然后将花粉授在胚珠珠孔处，也可以实现双受精，获得健康的种子。这种方法可以避免花粉和柱头之间的不亲和性，在远缘杂交上有重要的意义。具体操作方法是在开花之后 1~2 d，将花蕾取下，拿到实验室将花萼和花瓣去掉，以与胚培养相同的消毒方法进行表面消毒，然后去掉柱头和花柱，剥去子房壁，使胚珠暴露出来。一般是将长着胚珠的整个胎座连同一小段花柄插于培养基上，作为花粉的受体。也可以把胎座切成两半或数块，每块带有若干胚珠，或将胎座纵向切成两半，然后以各自的切口和培养基接触，在培养基上进行培养。授粉时将无菌的花粉撒在胚珠的珠孔附近，也可以将花粉撒在培养基上，使花粉萌发后再将带有胎座的胚珠接种在撒播的花粉中。

无菌花粉的获得，可将即将开裂的花药从花蕾中夹出，置于无菌培养皿内，在紫外线灯下照射 5~10 min，使其表面杀菌。同时，在温度较高时花药可自动开裂，在无菌条件下从花药中取出花粉粒进行授粉，也可以在无菌的含有 0.1% 硼酸+10% 蔗糖溶液中，使花粉管先萌发而后将萌发的花粉进行授粉。胚珠培养一般用 Nitsch+甘氨酸 1 mg/L+盐酸 1 mg/L+维生素 B₆ 1 mg/L，也可加酪蛋白水解物 500 mg/L+蔗糖 2%+琼脂 0.6%。培养温度为 15~25 ℃，不同植物有一定差异。培养基的作用是保证花粉粒的萌发和维持受精胚珠的正常发育。已广泛应用于离体受精的培养基是 Nitsch 和 White 培养基，MS 也是广泛采用的培养基之一。

第三节　体细胞无性系变异与突变体筛选

一、体细胞无性系变异

Larkin 和 Scowcroft 深入分析了前人有关植物组培再生植株中出现变异现象的研究成果提出，通过任何形式细胞培养所获得的再生植株统称为体细胞无性系，而将植物外植体经组织、细胞培养的分化和再分化过程，在再生植株中所表现出来的各种变异称为体细胞无性系变异。

植物体细胞无性系变异大体上有 2 种来源。

1. 外植体中预先存在的变异

外植体中预先存在的变异指外植体中已经存在的、于再生植株中表达出来的变异。多细胞外植体一般来源于不同组织，并且由多种类型的细胞组成，其染色体倍性水平也并不一致。像薄壁细胞、韧皮部细胞、木质部细胞等均属于多细胞，这些细胞在不同组织内的分化和生长是非同步的，在外来因素(如激素水平、培养时间)影响下，这些细胞的发育方向就会发生改变，从而产生变异。嵌合体是上述变异的一个重要来源，由于嵌合体中构成组织的细胞遗传背景不同，或者是分生组织中存在变异细胞，组培中的嵌合体能够发生高频率的变异。有生物学者发现，来源于有刺黑莓的无刺嵌合体，在组培后获得的再生植株中几乎有半数为短刺或者无刺的黑莓。导致嵌合体分离最普遍的原因是不定芽的发生，因为不定芽被认为是从单细胞或特定组织的少数细胞起源的。

2. 组培过程中产生的变异

组培过程中产生的变异，即在细胞去分化至再分化过程中所产生的变异。Karp 把由愈伤组织产生的变异称为"愈伤组织无性系变异"，即经过愈伤组织或细胞悬浮培养，而不是经过分生组织的茎尖培养或微繁殖所产生的变异。

二、突变体筛选

无性系常规筛选工作主要在田间进行，和杂交育种一样，对杂交的后代要进行几年的筛选工作。利用组培技术进行筛选，是用分子生物学的知识，微生物学的研究方法，以植物细胞作为实验系统，大量筛选拟定目标的突变体，来改变植物遗传性状的 1 种方法。也就是说把植物细胞培养在附加一定化学物质的培养基上，用生物化学的方法，从细胞水平上大量筛选拟定目标的突变体。

(一) 突变体筛选的意义

与传统的育种方法相比，体细胞突变体筛选具有突出的优点：① 诱变数量大，诱变概率高。1 mL 单细胞可有十几万至几十万个细胞。② 与种子、苗木、插条比较，从细胞水平上诱发突变，重复性好，稳定性好。突变体的应用主要有 3 个方面：① 为细胞杂交和基因导入提供选择记号，如携带标记基因 *Gus* 的细胞系。② 用于遗传和代谢研究。③ 对农作物性状进行遗传改良。

（二）突变体筛选目标

1. 改良农作物品质

作物品质实际是指食品的营养价值,食品的营养价值主要取决于蛋白质和氨基酸的含量,特别是氨基酸的组成。谷类作物中的多数作物赖氨酸、苏氨酸、异亮氨酸含量偏低,豆类作物中甲硫氨酸偏低。如果能够提高谷类作物和豆类作物必备的氨基酸含量,那么就提高了食品的营养价值,也就等于提高了农作物产量。如对高赖氨酸水稻突变体筛选的研究,诱变剂为甲基磺酸乙酯(EMS),用 S-（2-氨乙基）-半胱氨酸为选择因子,所得突变株经测定,甲硫氨酸含量增加 14%;游离天冬氨酸增加 17%,而且比野生种增加 3%;游离异亮氨酸和亮氨酸比野生种增加 4~8 倍。

2. 抗病突变体筛选

抗病细胞突变体的筛选原理是在培养基中加入一定量的致病毒素,对于毒素敏感的细胞被淘汰,对于毒素有抵抗力的细胞就存活和繁殖起来,这些抗病的愈伤组织细胞分化形成的植株具有抗病性。如烟草抗野火病突变体筛选,以烟草野火病类似物,甲硫氨酸磺基肟为选择因子,获得烟草抗野火病突变体。根据目的不同,可在培养基中加入某种病原毒素从生存的植株中选出抗病个体。

3. 抗性突变体筛选

在含有 NaCl 液体培养基中培养辣椒和烟草,可筛选出能在 1%~2% NaCl 条件下生存的抗盐突变细胞株,培养几代后再回到含盐培养基中,仍具有抗盐性。

在辣椒愈伤组织悬浮培养时,用甲基磺酸乙酯作为诱变剂,得到抗低温的突变株。

4. 高光效突变体筛选

自然界具有高光效、低光呼吸植物,也就是 C_4 植物,如玉米、高粱、甘蔗、苋菜。自然界还具有低光效、高光呼吸植物,即 C_3 植物,如小麦、水稻、大豆、番茄。如果将 C_3 植物变为 C_4 植物,使 C_3 植物具有高光效、低光呼吸的特点,将会大大提高作物产量和品质。

三、突变体筛选应用实例

下面以抗稻瘟病突变体的筛选为例,介绍抗病细胞突变体的筛选方法。

（1）获得水稻花粉愈伤组织　取花粉粒处于单核后期的花药,接种在已准备好的培养基上。诱导出的花粉愈伤组织,继代培养 1~2 次(每 3 周 1 次)。

（2）细胞诱变　将甲基磺酸乙酯溶解于 N_6 液体培养基中,药剂先要用少量乙醇溶解,而后再溶于 N_6 培养基中,含量为 0.1%。将水稻花粉愈伤组织转入以上培养基中培养 24 h,促进愈伤组织细胞产生突变。而后用无诱变剂的继代培养液冲洗 3 次,再转入固体继代培养基中缓冲培养3~5 d,即可用于突变体筛选。

（3）稻瘟菌培养与毒素提取液的制备　稻瘟菌在液体培养基中需进行振荡培养,振荡速度为 300 r/min,培养温度为 28 ℃,然后培养 40 h 再滤去液体培养基中的菌丝,用细菌过滤膜抽滤制成毒素粗提取液。也可用熟大麦粒繁殖菌种,于温度 28 ℃培养箱中培养,使熟大麦粒上长满菌丝和孢子,而后用 1~2 倍无菌水浸泡长满菌丝的大麦粒,振荡 10 min,静置培养 8 d,用滤纸过滤毒素提取液,使用细菌过滤膜抽滤,可制成无菌毒素的粗提取液,此粗提取液可用于筛选。

第四节 原生质体培养与体细胞杂交

一、原生质体分离

1. 材料的选择

一般来说,植物的根、茎、叶、花、果实、种子、子叶、下胚轴及愈伤组织和悬浮细胞都可以作为分离原生质体的材料。大量实验表明,叶肉细胞是分离原生质体较好的材料,从叶片中可以分离出大量的比较均匀一致的原生质体。

材料可以是来自大田、温室、人工气候室以及试管苗的叶片,大田和温室及人工气候室中植株生长得好,原生质体的生命力比较强,但是还需要进行消毒和培养。试管苗的叶片是常用的材料。单子叶植物表皮通常含有硅质,不易被酶液降解,因而不宜作为原生质体制备的起始材料。对于禾本科植物,比较理想的材料是疏松易碎的愈伤组织或悬浮培养的细胞。

2. 材料的预处理

在分离原生质体前对供试材料进行预处理,可以提高某些材料原生质体的活力和分裂频率。主要的预处理方法有以下几种。

(1)枝条暗处理 据对豌豆进行的实验,将在温室生长 5~7 周的豌豆枝条取下后,放入黑暗中至少 30 h,然后再进行分离原生质体,这样获得的原生质体能继续分裂。

(2)枝条萎蔫预处理 将叶片置于日光或灯光下 2~8 h,使叶片萎蔫,便于撕去叶片下表皮和原生质体的分离。

(3)叶片预培养 根据对甘蓝的实验,将叶片去掉下表皮,在诱导愈伤组织的培养中生长 7 d,然后用酶液分解细胞壁,效果良好。

(4)预先质壁分离 把材料先放入较高浓度的糖溶液中浸泡 1 h,使细胞质壁分离,然后再放入酶液中去除细胞壁,可加快原生质体释放,提高原生质体的活力。

(5)胚性愈伤组织和悬浮细胞系的预培养 将胚性愈伤组织或悬浮细胞系转移到新鲜培养基上培养 5~7 d,然后再分离原生质体,可以获得质量好、分裂成功率高的原生质体。

3. 分离方法

(1)机械分离法 先将细胞放在高渗糖溶液中预处理,待细胞发生轻微质壁分离,原生质体收缩成球形后,再用机械法磨碎组织,从伤口处可以释放出完整的原生质体。用这种方法曾成功地分离出藻类原生质体。机械分离法的缺点是,获得完整的原生质体的数量比较少,能够用此法产生原生质体的植物种类受到限制。优点是可避免酶制剂对原生质体的破坏作用。

(2)酶解分离法 酶解分离法即利用细胞壁降解酶,脱除植物细胞壁,获得原生质体的方法。常用的细胞壁降解酶种类有纤维素酶、半纤维素酶、果胶酶和蜗牛酶等。图 9-6 为酶解法分离叶肉原生质体的技术流程。

4. 原生质体活力的测定

(1)形态识别 来源于叶肉细胞的原生质体是绿色的,通过显微镜观察到细胞内的叶绿体和细胞器小颗粒在不停地运动。来源于愈伤组织或悬浮细胞的原生质体,也可以看到细胞质内

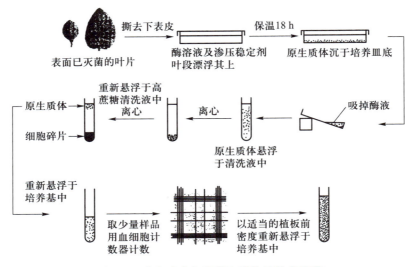

图9-6 分离叶肉细胞原生质体的技术流程

物体在不断地环流,可以用0.1%酚番红染色,生活的原生质体不着色,死亡的原生质体立即被染上色。

(2)二乙酸荧光素(FDA)染色法 用FDA进行活体染色。FDA本身无荧光,能自由地穿越完整的细胞质膜。FDA一旦进入原生质体后,受到原生质体内脂酶的作用,分解形成有荧光的荧光素。荧光素不能自由穿越细胞质膜,因而积累在有活力的原生质体中,当用紫外线照射时,便产生绿色荧光。而无活力的原生质体不能分解FDA,因此无荧光产生。

用FDA染色法测定原生质体活力的具体方法是:取分离后的原生质体悬浮液0.5 mL,置于10 mL离心管中,加入FDA储存液(2 mg/L FDA的丙酮溶液,0 ℃储存),使其最终浓度为0.01%,混匀于室温放置5 min后,用荧光显微镜观察。激发光滤光片可用QB-24(可透过300~500 nm的光),压制滤光片可用JB-8(可透过500~600 nm的光)。发绿色荧光的原生质体为有活力的,不产生绿色荧光的为无活力的。由于叶绿素的关系,叶片、子叶和下胚轴的原生质体发黄绿色荧光的为有活力的,发红色荧光的为无活力的。以有活力的原生质体数占观察原生质体总数的百分数表示原生质体活力。

$$原生质体活力 = (有活力的原生质体数/观察原生质体的总数) \times 100\%$$

二、原生质体培养

获得有活力的原生质体后,在适当的培养条件下,即可培养原生质体再生出新的细胞壁,进而细胞进行持续分裂形成细胞团,进一步生长形成愈伤组织或胚状体,最终分化或发育形成完整植株(图9-7)。

(一)培养基

原生质体与植物细胞的主要区别是除去了细胞壁,原生质体培养所需的营养要求与培养植物细胞和组织的基本相同,原生质体培养基基本上是模仿植物组织和细胞培养的培养基修改而成的(表9-1)。目前,茄科植物的原生质体培养大多以MS、NT和K_3为基本培养基,十字花科和豆科植物多数以B_5、$KM8_P$、$K8_P$和KM为基本培养基,禾谷类植物多数以MS、N_6、KM为基本培养

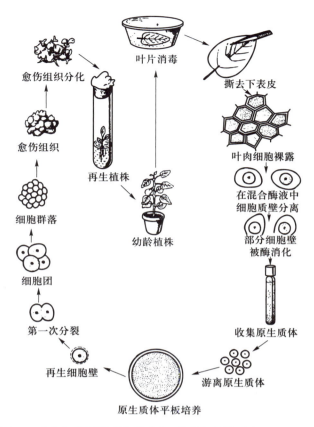

图 9-7　叶肉细胞原生质体的分离、培养和植株再生（Bajaj, 1977）

基。但原生质体在结构上和代谢上与细胞相比均有很大差异,在培养原生质体时,单纯地模仿细胞培养基往往不能达到满意的培养效果,下列物质是原生质体培养所不可缺的。

1. 碳源

实践证明,葡萄糖是最可靠的碳源。蔗糖单独使用效果较差,与葡萄糖配合使用效果较好。核糖等戊糖也可作为一些培养基的辅助碳源。碳源一方面保持再生细胞合适的渗透压,另一方面可作为细胞分裂时的能源及组成物质。

2. 氮源

适当浓度的谷氨酰胺对原生质体的再生、分裂和生长都有明显的作用。但 NH_4^+ 浓度太高的培养基不能用于原生质体培养。NH_4^+ 对许多植物如烟草、马铃薯的原生质体有毒害作用,抑制原生质体的生长。降低培养基中 NH_4^+ 的浓度对原生质体的存活、细胞再生及持续分裂都有利。

3. 植物生长调节物质

生长素与细胞分裂素对诱导细胞壁形成和细胞分裂通常是需要的。但不同植物的原生质体对培养基中的激素需求是不同的。有些植物材料如苜蓿的原生质体,无论培养基中有无激素,生长状况表现都一样,而有些植物在原生质体培养早期,需要一定浓度的激素来启动分裂,如爬山虎等。另外还有一些植物的原生质体不能在含有生长素和细胞分裂素的培养基中生长分裂。一般认为,在培养基中加入生长素类激素 2,4-D 对原生质体的分裂是必需的。自开始培养到形成愈伤组织,大多数使用 2,4-D,也有用 2,4-D 与 NAA、BA 或 ZT 等相结合的。而将愈伤组织转入分化培养基时,需降低或除去 2,4-D,同时降低 NAA 浓度或用 IAA 代替,适量增加 BA、KT 或 ZT 的用量。

4. pH

原生质体培养基的 pH 一般为 5.5~5.9,pH 过高或过低都会对原生质体的活力及其分裂产生不利的影响。

表 9-1　植物原生质体培养常用的几种培养基配方　　　　单位:mg/L

化 学 物 质	KM(Kao,Michayluk,1975)	KM8$_P$(Kao,Michayluk,1975)	NT(Nagata,Takebe,1971)
NH_4NO_3	600	600	825
KNO_3	1 900	1 900	950
$MgSO_4 \cdot 7H_2O$	300	300	1 233
$CaCl_2 \cdot 2H_2O$	600	600	220
KCl	300	300	—
KH_2PO_4	170	170	680
$FeSO_4 \cdot 7H_2O$	28	—	27.8
NaFe-EDTA	—	28	—
Na_2-EDTA	—	—	37.3
$MnSO_4 \cdot H_2O$	10.0	10.0	—
$MnSO_4 \cdot 4H_2O$	—	—	22.3
H_3BO_3	3.0	3.00	6.2
$ZnSO_4 \cdot H_2O$	—	—	—
$ZnSO_4 \cdot 7H_2O$	2.0	2.00	8.6
$NaMoO_4 \cdot 2H_2O$	0.25	0.25	0.25
$CuSO_4 \cdot 7H_2O$	—	—	0.03
$CuSO_4 \cdot 5H_2O$	0.025	0.025	0.025
KI	0.75	0.75	0.83
$CoCl_2 \cdot 6H_2O$	0.025	0.025	0.025
肌醇	100	100	100
烟酸胺	1.0	1	—
维生素 A	0.01	0.005	—
维生素 B$_1$	1.0	10	1
维生素 B$_2$	0.2	0.1	—
维生素 B$_6$	1.0	1	—
维生素 B$_{12}$	0.02	0.01	—
维生素 C	2.0	1	—
泛酸钙	1.0	0.5	—

化 学 物 质	KM（Kao，Michayluk，1975）	KM8_P（Kao，Michayluk，1975）	NT（Nagata，Takebe，1971）
维生素 D_3	0.01	0.005	—
叶酸	0.4	0.2	—
生物素	0.01	0.005	—
氨基苯甲酸	0.02	0.01	—
柠檬酸	—	10	—
苹果酸	—	10	—
延胡索酸	—	10	—
丙酮酸钠	—	5	—
氯化胆碱	1.0	0.5	—
ZT	0.5	0.1	—
2,4-D	0.2	1	—
NAA	1.0	—	3
BA	—	—	1
葡萄糖	68 400	68 400	—
蔗糖	250	125	1 000
果糖	—	125	—
核糖	—	125	—
木糖	—	125	—
甘露糖	—	125	—
鼠李糖	—	125	—
纤维二糖	—	125	—
山梨糖	—	125	—
甘露醇	—	125	0.7 *
水解酪蛋白	—	125	—
椰子乳	—	10	—

资料来源：谢从华，柳俊，2004。

（二）培养方法

1. 液体浅层培养

将原生质体以一定密度（约 2×10^5 个/mL 悬浮液）悬浮在液体培养基中，用巴斯德吸管将原生质体悬浮液转移到培养皿或三角瓶中，使成一薄层。一般在直径 3 cm 的培养皿中加 1~1.5 mL 培养液，直径 6 cm 的培养皿中加 2~3 mL 培养液。用石蜡膜封住培养皿，置于人工气候箱中，静置培养。该方法的优点是培养基与空气接触面大、通气好，原生质体的代谢物易扩散，防止了有害物质积累过多而造成毒害。此外，转移培养物或添加新鲜培养基也方便，并便于观察和照相。但因原生质体不易集聚而影响培养。

2. 平板培养

将悬浮在液体培养基中的原生质体悬浮液与热熔并冷却至温度 45 ℃ 的含琼脂或琼脂糖的培养基等量混合，使琼脂的最终质量浓度为 0.6% 左右，迅速轻轻摇动，使原生质体均匀地分布于培养基中。然后将其转移到培养皿中，直径 6 cm 的培养皿中可加入 5 mL 左右的混合物，冷却后原生质体将包埋在琼脂培养基中，封口后进行培养。该方法的优点是原生质体被彼此分开并固定了位置，可以避免细胞间有害代谢产物的影响，并便于定点观察，有利于跟踪观察单个原生质体发育过程，易于统计原生质体的分裂频率和植板率。其缺点是对操作要求较严格，原生质体悬浮液与琼脂或琼脂糖培养基混合时温度必须合适，太高会影响原生质体活力，太低培养基凝固较快使原生质体分布不均匀，并且原生质体的生长发育比液体浅层法要慢。

3. 悬滴培养

将含有液体培养基和一定密度原生质体的悬浮液，用滴管或定量加液器滴在培养皿盖的内侧上，一般直径为 6 cm 的培养皿盖上滴 6～7 滴，皿底加入培养液或渗透剂等液体以保湿，轻而快地将皿盖盖在培养皿上，此时培养小滴悬挂在皿盖内。这种方法所用材料较少，培养液用量也少，有利于通风和观察。可利用此方法做原生质体不同密度的培养对比实验，进行单细胞培养。

（三）原生质体密度

培养原生质体必须要有一定的密度，不然难以分裂。要求在 5 000～10 000 个/mL 的高密度条件下才能培养成功。随着培养基营养物添加的合理化，更能适合原生质体的培养，原生质体密度可适当降低。

（四）培养条件

培养温度保持在 25～27 ℃，光照时间 10～16 h/d，光照度一般为 1 000～3 000 lx，静置为主，但为了不使细胞集聚，最初几天需经常轻轻摇动，以助通气。有些材料如非叶肉细胞，不一定要光照，可置于黑暗中进行。有些材料可在最初 3 d 内置于暗处，以后在散射光下静置培养。

（五）原生质体再生

原生质体培养数小时后开始再生新的细胞壁，一至数天内便可形成完整的细胞壁。原生质体培养一般在 2～7 d 后开始第 1 次分裂，但开始第 1 次分裂的时间随植物的种类、分离原生质体的材料、原生质体的质量、培养基的成分和培养条件而异。培养 1 周后再生细胞进行第 2 次分裂，之后很快进行第 3、4 次分裂。培养 2 周后，形成多细胞的细胞团，大约 6 周后形成直径 1 mm 的小愈伤组织。对大多数植物来说，由细胞系到愈伤组织的培养过程中不需要额外调整培养基的主要成分，但可以补加一些新鲜培养基。

原生质体培养形成愈伤组织以后，将其转到分化培养基上诱导器官形成或胚胎发生，使其长成完整植株。形态器官的分化可通过愈伤组织诱导器官发生和胚状体发育成植株 2 条途径来实现。通过愈伤组织诱导器官发生的关键是选择合适的培养基和激素，激素的使用遵循细胞和组织培养中激素使用的基本原则。大多数是通过愈伤组织诱导器官发生途径再生植株的，尤其是双子叶植物成功最多的几个科，如茄科、菊科和十字花科的大多数以及豆科的相当一部分种，均是通过这种途径再生植株的。

三、体细胞杂交

植物体细胞杂交又称为原生质体融合，以体细胞为材料，通过化学或物理因素的诱导使原生质体进行融合,从而达到无性杂交的目的。由于植物细胞具有全能性,所以体细胞杂交和有性生殖一样可以获得杂种细胞,进一步可形成杂种后代。由于体细胞具有坚硬的细胞壁,直接用化学、物理因素诱导使体细胞融合是很困难的,所以必须要把细胞壁去掉,得到原生质体,用原生质体作为材料才能进行融合。

完整的体细胞杂交程序包括原生质体的分离、原生质体的纯化、原生质体融合、细胞杂种的选择、愈伤组织的形成、器官分化及植株再生、杂种植株的鉴定等(图9-8)。

(一)原生质体融合的方法

1. 无机盐诱导融合

无机盐诱导融合法是应用最早的诱导原生质体融合的方法,盐类融合剂有硝酸盐类:$NaNO_3$、KNO_3、$Ca(NO_3)_2$;氯化物类:$NaCl$、$CaCl_2$、$MgCl_2$、$BaCl_2$;葡聚糖硫酸盐类:葡聚糖硫酸钾、葡聚糖硫酸钠等。在粉蓝烟草与朗氏烟草融合时,采用 $NaNO_3$ 为融合剂,促使两种原生质体发生融合,培养出第一株烟草体细胞中间杂种,使细胞融合技术产生了一个新的飞跃。盐类融合法的优点是盐类融合剂对原生质体的活力破坏小。缺点是融合频率低,对液泡化发达的原生质体不易诱发融合,这种方法虽然获得一些成果,但成效甚微。

2. 聚乙二醇(PEG)诱导融合法

用不同来源的原生质体进行融合时,需要一种适当的融合剂来诱发两种原生质体的融合。不同来源的原生质体融合形成的杂种原

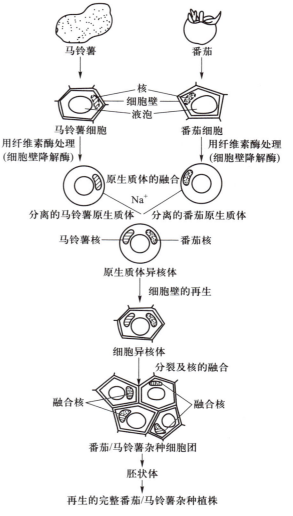

图9-8　番茄、马铃薯体细胞杂交示意图

生质体称为异核体。促使产生异核体比例最高的是聚乙二醇结合高钙、高 pH 处理的原生质体融合方法。影响 PEG 融合率的因素主要有 PEG 的纯度、浓度及原生质体的生理状况和密度等。对于不同的植物材料需要经过多次实验,才能找出这些参数的适当值。

(二)杂种细胞的选择与鉴定

1. 原生质体的融合产物

2 个不同亲本的原生质体混合后,经诱导融合,实际上得到的是各种原生质体的混合物,包括异核体、同核体以及未发生融合的双亲原生质体。如果是细胞质发生融合而细胞核未融合,2 个核同处在共同的细胞质中,则形成异核体或异核细胞。如果异核体的细胞核也发生融合,就会产生真正的杂种细胞。异核体中的 2 个细胞核,若亲缘关系太远,其中 1 个核中的染色体会一个个被排除掉,形成不对称杂种;如果其中 1 个核完全消失,但细胞质依旧是杂合的,这种融合产物叫作胞质杂种。如两个相同原生质体发生融合,则形成同核体。

2. 杂种细胞的选择

2 个不同亲本原生质体融合的目的是要获得体细胞杂交种，以实现有性杂交所难以做到的基因重组，达到利用远源基因改良性状的目的。因此，需借助一些特殊的方法，有目的地把融合产物中的异核体杂种细胞筛选出来。杂种细胞的筛选是体细胞杂交获得成功的关键技术。

（1）白化互补选择法　选择 1 个叶绿素缺失突变体，这一突变体在限定培养基上，能分裂、分化形成植株。具有正常叶绿素的植株，在上述限定培养基上，则不能分裂形成大细胞团（愈伤组织）。将缺绿突变体的原生质体和非缺绿正常体的原生质体，用诱导剂诱发融合，并在上述限定培养基上培养融合体。能发育形成绿色细胞团（愈伤组织）和幼苗的就是细胞杂种。如矮牵牛白化突变体和矮牵牛正常体融合后，在限定培养基上培养，利用白化互补选择法得到矮牵牛细胞杂种。矮牵牛白化突变体叶绿素缺失，在限定培养基上细胞可分裂、分化成植株。矮牵牛正常体具有叶绿素，在限定培养基上细胞不能分裂。矮牵牛杂种细胞具有叶绿素，在限定培养基上细胞可分裂和分化。白化互补选择法的优点是不依赖有性杂交的知识，可广泛用于任何亲缘关系的融合。自然界存在许多白化体（叶绿素缺失），而且也比较容易诱发白化体，如禾本科植物花药培养的白苗。白化互补选择法除在矮牵牛上获得成功外，还有曼陀罗属、胡萝卜属等，均能从原生质体融合，得到细胞杂种。

（2）双荧光标记选择法　可用 2 种不同的荧光染料分别对两个亲本进行染色。1 种是发绿色荧光的异硫氰酸荧光素，另 1 种是发红色荧光的碱性蕊香红荧光素，这两种荧光素可分别加到酶混合液中，在去细胞壁的同时进行染色。由于两个亲本用不同荧光染料，结果 1 个亲本的原生质体是绿色的，另 1 个亲本的原生质体是红色的，而两种原生质体融合后形成的杂种原生质体是灰色的。因为两种荧光互相作用和抵消而形成灰色。这样可以通过荧光显微镜来鉴别，绿色和红色的都是没有融合的亲本原生质体或同核体，灰色的则是融合的异核体。可以将异核体挑选出来进行培养，挑选方法可以人工单个进行，也可以通过仪器进行收集。

3. 杂种植株的鉴定

（1）形态学鉴定　形态学鉴定是 1 种鉴定杂种的最准确的方法。因为要在形态上表现出杂种性状，就必须有内部的大量基因的协调活动，而且基因的活动必须已和细胞的活性取得了协调。体细胞杂种植株的 1 个突出特点是：在不同的杂种植株中，各种性状可以产生很大的区别。许多形态学上的特征是介于二者之间的。因此可以从株高、叶片的形状、花的形态和颜色、花梗和表皮毛状体的长短、分蘖、芒、结实率、种皮颜色和谷粒质量等形态特征进行比较观察。从已有的大量报道来看，在种间的体细胞杂种中，这些性状的变化就复杂得多，更多的是偏于亲本的一方。

（2）细胞学鉴定　各种植物的染色体是相对稳定的，因此运用染色体计数方法、核型分析和显带技术可以鉴定杂种植株，如体细胞杂种是否为所期望的异源四倍体（双二倍体）。另外，染色体形态上也具有两亲的特点。

（3）DNA 内切图谱分析　分子生物学技术的进展对于分析体细胞杂种的遗传构成有重大的促进作用。线粒体和叶绿体 DNA 特异内切图谱已广泛地应用在鉴定体细胞杂种的线粒体和叶绿体基因上。杂种线粒体 DNA 发生广泛的重排，出现新的线粒体 DNA 内谱带。叶绿体 DNA 之间发生重组的少，到目前为止，仅在芸香科中得到新的 DNA 内切谱带。

（4）同工酶分析　研究者发现，一般来自不同亲本的 2 种同工酶均有不同的谱带，而杂种都具有两亲谱带的总和，有时还出现新的谱带。Wettet 等在粉蓝烟草和普通烟草的体细胞杂种植株中发现存在谷草转氨酶,在有性杂种中也有这种酶存在,但在亲本中不存在。这表明体细胞杂种植株产生了新的多肽,形成酶蛋白。有些种间和科间的杂种细胞中有明显不同的同工酶的酶带,或丢失部分亲本酶带。

四、原生质体培养及体细胞杂交应用实例

形成双核异核体比例最高的聚乙二醇(PEG)结合高钙、高 pH 处理的原生质体融合法具体过程如下。

(1)将 2 个亲本新分离的原生质体酶液按 1∶1 混合后,使悬浮液通过 62 μm 孔径的滤网,将滤液收集在离心管中。

(2)将滤出液在 600 r/min 下离心 6 min,使原生质体沉淀下来。用吸管吸去上清液,将原生质体用 10 mL 清洗液(葡萄糖 500 mmol/L,$KH_2PO_4 \cdot H_2O$ 0.7 mmol/L 和 $CaCl_2 \cdot 2H_2O$ 3.5 mmol/L,pH5.5)清洗。

(3)洗过的原生质体重新悬浮在上述清洗液中,制备成 5%(体积分数)的原生质体悬浮液。在 60 mm×15 mm 的培养皿中放 2~3 mL 硅液。在硅液上放 1 张 22 mm×22 mm 的盖玻片。

(4)用吸管吸取大约 150 μL 的原生质体悬浮液,置于盖玻片中央,大约 5 min 后原生质体沉降在盖玻片上形成 1 个薄层。

(5)在原生质体悬浮液中逐滴加入 450 μL PEG 溶液(PEG50%,$CaCl_2 \cdot 2H_2O$ 10.5 mmol/L,$KH_2PO_4 \cdot H_2O$ 0.7 mmol/L),在倒置显微镜下观察原生质体粘连情况。

(6)在 24 ℃ 条件下,将 PEG 溶液中的原生质体保温 10~20 min。每间隔 10 min,轻轻加入 2 滴(每滴 0.5 mL)高钙溶液(甘氨酸 50 mmol/L,$CaCl_2 \cdot 2H_2O$ 50 mmol/L,葡萄糖 300 mmol/L,pH 9~10.5),再过 10 min 加入 1 滴原生质体培养基。

(7)将原生质体清洗 5 次,每次用 10 mL 新鲜的原生质体培养基,间隔 5 min,这个阶段可以在倒置显微镜下确定异核体形成的频率。

(8)在同一块盖玻片上加一薄层 500 μL 培养基,将融合产物与未融合的原生质体一起培养。在盖玻片周围以小滴形式再加入 100 μL 培养基,以保持培养皿内的湿度。

延伸阅读:植物组织培养与多倍体育种

多倍体是指具有 3 个或 3 个以上完整染色体组的生物体。多倍体植物具有形态上加大(如茎秆、叶片、果实、种子、花朵等)和营养物质增多(如蛋白质、糖类、脂肪)等优点。如四倍体水稻的干粒质量是二倍体水稻的 2 倍,蛋白质含量提高 5%~15%;四倍体番茄的维生素 C 的含量比二倍体品种几乎增加了 1 倍;三倍体甜菜比较耐寒,含糖量和产量都较高,成熟也比较早;三倍体的西瓜没有种子,食用方便,且含糖量高。因此,多倍体育种是对植物种质资源的创新,通过对植物多倍体的诱导,可能出现新变异,既可选育优良的植物新品种,又丰富了植物种质资源。

在植物多倍体的诱导中,化学诱导是常用的方法,它以化学药剂如秋水仙碱等处理植物组织最活跃、最旺盛的部分,如处理萌动状态或刚发芽的种子、幼苗或嫩枝的生长点或愈伤组织。化学诱变与组培的结合,使得多倍体诱导中融入了组培的优点。首先,实验条件易于控制,由于组培在室内进行,在很大程度上降低了外界环境因素对于实验的干扰和影响。其次,可以缩短育种时间,由于组培能实现快速繁殖,多倍体诱导时可 1 次处理大量的植物材料,大大

地加快了育种进程。第三,利用组培技术可对诱导成功的材料进行快速繁殖,获得更多的多倍体材料。另外,由于所选材料大多为幼嫩且处在分生状态的组织细胞,容易受秋水仙碱的影响,诱导成功率较高。同时方便鉴定,在短期内可快速鉴定大批量株系,易筛选出多倍体,且多倍体纯度高。

对植物进行原生质体培养,通过物理或化学方法诱导同种或异种原生质体相互融合,成为"杂种细胞"。杂种细胞形成愈伤组织,进一步分化,成为多倍体植株。在大多数被子植物中,1个精子与2个极核融合完成双受精过程,从而产生三倍性的胚乳,通过对胚乳培养也可以获得三倍体。

组培与多倍体育种的结合应用,不仅是新的诱导方法,而且可以解决一些多倍体育种中容易产生的问题,加快多倍体育种的进展,具有较为广阔的应用和发展前景。

第五节　植物遗传转化

植物遗传转化又称为植物转基因,是指将外源基因导入植物体内,并稳定地整合表达与遗传的过程。自1983年首例转基因植株诞生以来,植物遗传转化成为培育植物新品种的重要途径。与常规育种方法相比,植物遗传转化具有以下优点:① 可定向改良植物性状。② 可不受亲缘关系的限制,充分利用各种种质资源,实现动物、植物、微生物之间遗传物质的交流。③ 可有效地打破有利基因和不利基因的连锁,充分利用有利基因,从而大大提高选择效率。④ 加速育种进程,缩短育种周期。植物转基因已成为植物分子学研究强有力的实验手段,更是基因克隆、功能基因组研究必不可少的实验工具,成为发展最快的领域之一。

植物遗传转化虽然不属于植物组培的内容,但与植物组培有着密不可分的关系。外源 DNA 通过农杆菌介导、基因枪等方法进入受体细胞或组织后,需相配套的组培技术对转化体进行筛选、鉴定,以获得携带目的基因的转基因植株。植物组培既是遗传转化的基础,又是遗传转化获得的新种质材料推广应用的桥梁。

一、植物遗传转化受体系统

植物遗传转化受体系统是指用于转化的外植体通过组培途径或非组培途径,能高效、稳定地再生无性系,并能接受外源 DNA 整合,对转化选择抗生素敏感的再生系统。其类型主要包括:愈伤组织再生系统、悬浮细胞受体系统、原生质体再生系统、胚状体再生系统、生殖细胞受体系统(种质系统)、叶盘受体系统和整株活体受体系统等。成功的遗传转化首先依赖于良好的植物遗传转化受体系统的建立。植物遗传转化受体系统建立的程序包括:外植体的选择制备、高频再生系统的建立、抗生素的敏感性试验、农杆菌的敏感性试验等。

二、植物遗传转化方法

植物遗传转化的方法有两大类,一类是利用农杆菌质粒将外源基因转入植物细胞,这是1种自然的转化方法,也称为间接转化。另一类是直接转化技术,包括基因枪法、电激法、原生质体转化法等。

（一）农杆菌介导法

农杆菌介导的遗传转化技术简单,易于掌握,对植物受体要求不严,绝大多数双子叶植物和少数单子叶植物的组织或器官均可,且转化频率较高,转化周期较短,是目前应用最广的一种遗传转化方法。

农杆菌属是一类土壤杆菌,该属中的根癌农杆菌侵染植物后可引起植物组织形成肿瘤。根癌农杆菌的细胞内含有 1 个染色体 DNA 和 1 个 Ti 质粒。Ti 质粒呈环形(图 9-9),其中有一段能控制生长素和细胞分裂素类的 T-DNA,T-DNA 可以自发地迅速地转移到植物细胞的染色体中,并且在植物细胞中进行表达,产生过量的植物激素,诱导植物细胞产生根瘤。当农杆菌从植物伤口侵入植物细胞时,染色体 DNA 不进入,黏附在细胞表面,而 Ti 质粒的一部分进入植物细胞中,细胞不正常分裂而形成肿瘤。

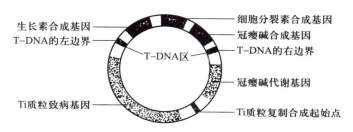

图 9-9　农杆菌 Ti 质粒的结构示意图

农杆菌介导的遗传转化的基本程序如图 9-10 所示。

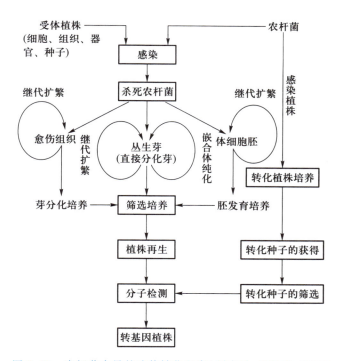

图 9-10　农杆菌介导的遗传转化程序 (刘庆昌,吴国良,2003)

延伸阅读：发根农杆菌

农杆菌属中有一种发根农杆菌，能够诱导植物产生毛状根。与根癌农杆菌类似，细胞内也含有 1 个染色体 DNA 和 1 个 Ri 质粒。和 Ti 质粒不同的是，Ri 质粒诱导植物细胞形成不正常的毛状根。

（二）基因枪法

基因枪法又称为微弹轰击法，是通过 1 个动力系统直接将含有外源 DNA 的微弹送入受体细胞中，外源基因进而整合到染色体上并得到表达。其操作程序是将外源 DNA 与金、钨等金属微粒共同温育，将 DNA 吸附在金属颗粒表面，当金属颗粒被高压放电加速后，颗粒直接射入完整的细胞和组织内，外源 DNA 随颗粒进入细胞内部（图 9-11）。

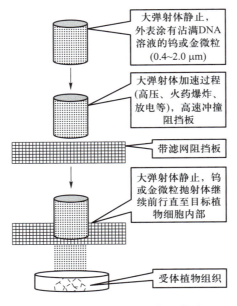

图 9-11　基因枪法转化示意图

基因枪法有以下优点：① 无宿主限制。对植物、动物和微生物都适用。② 受体广泛。所有具有潜在分生能力的细胞、组织和器官均可作为受体。③ 操作简便、快速，可控度高。但基因枪法所需仪器设备、轰击微弹的制备等较为昂贵，对细胞损伤较大，常会造成转化细胞的死亡，并且后代的遗传稳定性差。

（三）其他转化方法（表 9-2）

表 9-2　植物遗传转化的其他方法

转 化 方 法	原　　　理	特　　　点
电激法	利用高压电脉冲作用在原生质体膜上形成可逆的瞬间通道，从而促进外源 DNA 摄取	操作简便，可直接在带壁的植物组织和细胞上电击穿孔。但易造成原生质体损伤，设备较昂贵

转 化 方 法	原 理	特 点
激光微束穿刺法	在激光微束的作用下,细胞膜形成可逆性穿孔,外源 DNA 通过该孔进入细胞	操作简便,对细胞损伤小。但设备较昂贵,转化率较低
PEG 转化法	利用 PEG、磷酸钙等细胞融合剂类物质引起细胞膜表面电荷紊乱,干扰细胞间识别,有利于原生质体摄取外源 DNA	无宿主限制,对细胞的伤害小,设备简单,保护外源 DNA 免受核酸酶的降解。但原生质体的分离和植株再生费时,后代变异大
花粉管通道法	利用花粉管作为通道,将外源 DNA 导入受体细胞	适合任何开花植物,操作简便,育种周期短,可直接运用到常规育种中
浸泡法	将植物的幼苗、种子、胚或细胞等浸泡在含外源 DNA 的溶液中,通过渗透作用使外源 DNA 进入受体细胞	操作简便、快速,但转化效率低

三、转化植株再生及其检测

(一)转化植株再生

转化植株的再生一般分为 2 种形式:一种是愈伤组织再生,转化后的外植体首先发生愈伤组织,然后在分化培养基上诱导出芽直至长成 1 个完整的植株,这是植株再生最常用的 1 种方式。用注射器将发根农杆菌菌液针刺接种到丝石竹幼茎中段、茎段切口、叶片和愈伤组织,然后移入无激素 MS 培养基上,温度 25 ℃暗保温 3~5 d,随后转移到含 500 μg/L 羧苄西林的 MS 基本培养基上,25 ℃暗培养诱发毛状根。将从接种位点长出的毛状根剪成 1~1.5 cm 小段,置于无激素的 1/2MS 固体或液体培养基上温度 25 ℃暗培养,4 周后继代 1 次。在 MS+2,4-D 1~2 g/L+BA 0.1~0.5 mg/L 培养基上温度 25 ℃保温培养,毛状根小段去分化形成愈伤组织,在 MS+2,4-D 0.2 mg/L+ZT 2 mg/L 培养基上继代培养。在不含激素、蔗糖质量分数 2% 的培养基上可获得再生植株(王敬文,等,1992)。

另一种是直接再生,从外植体直接诱导出芽而不经过愈伤组织的分化。诸葛菜子叶在 MS+BA 3 mg/L+NAA 0.2 mg/L 培养基上光照培养,将分化出来的小苗从基部切下,插入生根培养基 1/2 MS+IBA 0.03 mg/L 中生根,建立了诸葛菜组培高频率再生系,其再生率可达 100%。采用根癌农杆菌转化子叶,在附加一定量的氨苄西林、头孢霉素和卡那霉素的相应培养基上进行筛选,进而培养出再生苗。转化子叶的芽再生率为 51%,获得完整转化植株的转化率为 5.53%(周翼明,等,1996)。

(二)转化植株检测

当带有目的基因的嵌合基因被转入某种受体系统(细胞或组织)后,必须对转基因植物材料进行分析鉴定,以确定外源基因是否在转基因植物中正常表达。在建立植物遗传转化体系时,常采用选择标记基因与报告基因作为标记,以便快速检测。除利用选择标记基因排除非转化细胞而保留转化细胞,以及利用报告基因显示转基因成功外,更重要的是从分子水平鉴定阳性转化体中目的基因的复制与表达情况。可采用原位杂交、PCR 技术、Southern 印迹杂交等方法,检测外源基因在转化植株中的整合及复制情况。可采用 Northern 印迹杂交、RT-PCR 技术等方法,检测转化植株中目的基因的转录情况。可采用 Western 印迹杂交、ELISA 等方法,检测转化植株中目的基因的表达情况。

四、植物的遗传转化实例

不同植物、不同组织转化的具体操作程序有所不同,应根据文献和实验进行适当的调整。下面以烟草为例,介绍 PEG 介导的转化操作程序。

(一)烟草叶肉原生质体制备

(1)选取已伸展开的 12 周龄烟草植株幼嫩叶片,先浸于 70%乙醇 30 s,无菌水冲洗 1 次,然后浸入 5%次氯酸钠溶液(其中可加入少许 Tween-20)30 min,无菌水冲洗 3 次。再浸入 1%次氯酸钠溶液 10 min,无菌水冲洗 3 次。

(2)无菌操作剪碎叶片,放入培养皿中,加入 25 mL 左右的原生质分离酶液,于 28 ℃温度,20~30 r/min 轻摇 4~6 h。

(3)用倒置显微镜观察原生质分离情况。

(4)将分离良好的原生质体悬液用 60~80 μm 孔径的滤网过滤,原生质体进入滤液。

(5)滤液经 600 r/min 离心 5 min,原生质体沉于管底,除去上清酶液。

(6)离心管内加入 2 mL 原生质体分离缓冲液重悬沉淀,然后在管底缓缓加入 10%蔗糖溶液 800 r/min 离心 10 min,原生质体漂浮在蔗糖溶液与分离缓冲液中间界面。

(7)吸取原生质体,用分离缓冲液洗涤,600 r/min 离心 3 min,除去上清液。

(8)反复洗涤 2~3 次后供转化使用。

(二)PEG 介导基因转化

(1)将纯化的原生质体悬浮于 W5 溶液中,保持 30 min 以上(在 8 ℃温度时保持 8 h 而不丧失转化能力)。

(2)转化前用 500 r/min 的速度离心 5 min,收集原生质体,随后用适量的转化介质重新悬浮,使原生质体密度为 $2×10^6$ 个/mL。

(3)取 0.5 mL 原生质体悬液放入 10 mL 的离心管中。加入 50 μL 小牛胸腺 DNA,轻轻混匀后静置 10 min。

(4)加入 10 μL 质粒 DNA(对照不加),轻轻混匀后静置 10 min。

(5)加入等体积 40%PEG 溶液,并立即混匀。在室温下放置 30 min,偶尔摇动一下。

(6)每隔 5 min 加 1~2 mL 0.2 mol/L $CaCl_2$ 溶液,逐步稀释到 10 mL 为止。

(7)离心收集原生质,并重新悬浮到 10 mL 原生质体培养基中进行培养。

(8)1 周后转入附加 50 mg/L 卡那霉素的培养基中进行筛选。

(9)转化体的鉴定。

技能训练 9-1　花粉分离与发育时期的检测

一、训练目标

能够分离出花粉,并会识别花粉的发育时期。

二、材料用具

1. 材料与试剂

各发育时期的草莓花蕾,45%冰醋酸,洋红等。

2. 仪器与用具

显微镜,镊子,解剖针,载玻片,盖玻片,酒精灯,滤纸,锥形瓶。

三、训练操作规程

以草莓的花粉分离与发育时期的检测方法为例(表9-3)。

表9-3 草莓花粉分离与发育时期的检测操作流程及操作技术要点

操作流程	操作技术要点
配制乙酸洋红染色液	1. 将 100 mL 45%冰醋酸置锥形瓶中煮沸 2. 徐徐加入 0.5～1 g 洋红粉末(注意不要 1 次加入,以免溅沸) 3. 继续煮沸 20 min,冷却备用
分离花粉	1. 剥去花冠,取出花药置于载玻片上 2. 滴 1 滴乙酸洋红染色液 3. 用镊子轻轻压碎花药,使花粉从药囊中游离出来 4. 挑去药壁残渣,盖上盖玻片
加热染色	在酒精灯火焰上迅速来回轻烤几次,可随时用手背测试温度,注意不可过热或煮沸(目的是破坏染色质,促使细胞核着色,同时驱赶气泡)
镜检	1. 制片冷却后,在显微镜下检查花粉发育时期,各发育时期特征见表9-4 2. 重点观察单核后期,记录其花蕾的大小、色泽、花瓣松动程度等,作为田间取样的标准

表9-4 花粉发育时期的特征

发育时期	主要特征
四分孢子期	花粉经过减数分裂后,形成连接在一起的 4 个小孢子。显微镜镜检时,在 1 个平面上往往只能看到 3 个小孢子及小孢子核。在同 1 个平面上看到 4 个小孢子及小孢子核的情况较少
单核早期	细胞体积较小,核显得大并位居正中,细胞质没有液泡化
单核中期	细胞体积增至正常大小,细胞质中开始出现小液泡,细胞核开始向边缘移动
单核后期	胞质中小液泡连成大液泡,核被挤到边缘靠近细胞壁
双核期	单核小孢子第一次有丝分裂后,形成 2 个形态、大小不同的子核。1 个是染色质松散、染色较浅的营养核,另 1 个是染色质紧密,染色较浓的生殖核

四、训练报告

绘出单核早期、单核后期、双核期的细胞图。

技能训练 9-2 花 药 培 养

一、训练目标

会利用花药诱导出愈伤组织。

二、材料用具

1. 材料与试剂

草莓花蕾,70%乙醇,12%次氯酸钠,乙酸洋红,MS 培养基母液。

2. 仪器与用具

显微镜,枪状镊子,载玻片,盖玻片,手术剪,超净工作台,接种环,酒精灯,滤纸,高压灭菌锅,50 mL 三角瓶,250 mL 广口瓶,培养皿,纱布等。

三、训练操作规程

表 9-5 为草莓花药培养的具体方法。

表 9-5 草莓花药培养操作流程及操作技术要点

操 作 流 程	操作技术要点
制备培养基	1. 制备诱导愈伤培养基:MS+BA 0.5 mg/L+NAA 0.2 mg/L+蔗糖 30 g/L 2. 制备分化培养基:MS+BA 0.5 mg/L+KT 0.5 mg/L+蔗糖 20 g/L 3. 制备无菌水
采集草莓花蕾	从田间采集草莓花粉发育至单核后期的花蕾 花粉发育时期的检查方法见技能训练 9-1,花粉单核后期的草莓花蕾形态是:未开放,花萼略长于花冠或花冠刚露白,花冠白色或淡绿色且不松动,花药微黄而充实
花蕾预处理	用湿润纱布包好花蕾,放塑料袋中,温度 4 ℃左右冰箱中放置 24~48 h
花蕾消毒	1. 将预处理的草莓花蕾用蒸馏水冲洗干净,用 70%乙醇浸泡 10 s 2. 用 12%次氯酸钠消毒 15 min,经无菌水冲洗 3 次
接种	1. 在无菌条件下小心从花蕾中取出花药 2. 去掉受损的花药,同时把花丝也去掉 3. 把花药接种到诱导愈伤组织培养基表面
培养	将材料置于温度 28 ℃,光照度 2 000 lx,光照时间 14 h/d 的培养箱中培养
观察	1. 培养至第 7 d 时,挑出污染材料,统计污染率 2. 培养至第 21 d 时,观察愈伤组织形成情况,统计愈伤组织诱导率
芽苗诱导	将草莓花药形成的愈伤组织接种到分化培养基上,置于温度 28 ℃、光照度 2 000 lx、光照时间 14 h/d 的条件下培养
观察	定期观察愈伤组织分化情况

四、训练报告

整理资料,计算污染率、愈伤组织诱导率、分化率,撰写出实训报告。

技能训练 9-3　胚培养技术

一、训练目标

能利用胚培养技术培养出完整植株。

二、材料用具

1. 材料与试剂

受精后的小麦颖果,N_6 培养基母液,NAA 和 KT 母液,10% 次氯酸钠等。

2. 仪器与用具

超净工作台,培养箱,高压灭菌锅,解剖镜,三角瓶或试管,解剖刀,解剖针,50 mL 烧杯,培养皿。

三、训练操作规程

以小麦的胚培养为例介绍胚培养操作流程(表 9-6)。

表 9-6　小麦胚培养操作流程及操作技术要点

操作流程	操作技术要点
实训准备	制备 N_6+NAA 0.2 mg/L+KT 0.5 mg/L 培养基和无菌水
消毒	小麦颖果用 10% 次氯酸钠消毒 8~10 min,再用无菌水冲洗 3~4 次
剥取种胚	在超净工作台上剥取小麦种胚,接种于培养基上
标记培养	包好培养瓶,做好标记,置于 28 ℃下黑暗培养
观察	1~2 周后观察种胚的萌发情况,成熟种胚经过 1 周左右的培养即可发芽生长,未成熟幼胚 3~4 周后形成愈伤组织

四、训练报告

撰写实训报告,并统计萌发率。

技能训练 9-4　原生质体的分离与培养

一、训练目标

能够分离和纯化原生质体,并会培养原生质体。

二、材料用具

1. 材料与试剂

种在温室的 7~8 周龄的烟草植株,MS 培养基母液,70% 乙醇,2% 次氯酸钠,0.5% 果胶酶 Macerozyme R-10,2% 纤维素酶 Onozuka R-10,13% 甘露醇。

2. 仪器与用具

高压灭菌锅,超净工作台,离心机,显微镜,振荡培养箱,针式过滤器,微孔滤膜,小滴管,小烧杯,10 cm×1.5 cm 培养皿,离心管,镊子,小漏斗,10 mL 注射器,50 mL 三角瓶,45 μm 尼龙网,封口膜,刻度移液管。

三、训练操作规程

表 9-7 为烟草原生质体的分离与培养方法。

表 9-7 烟草原生质体的分离与培养操作流程及操作技术要点

操 作 流 程	操 作 技 术 要 点
配制酶混合液	1. 将 0.5% 果胶酶 Macerozyme R-10 和 2% 纤维素酶 Onozuka R-10 溶解到 13% 甘露醇溶液中,pH 5.4 2. 混合液用微孔滤膜(0.45 μm 滤膜)过滤
制备培养基	1. 固体培养基:MS+NAA 3 mg/L+BA 1 mg/L+甘露醇 130 g/L+琼脂 15 g/L,pH 5.7 2. 液体培养基:MS+NAA 3 mg/L+BA 1 mg/L+甘露醇 130 g/L,pH 5.7
材料消毒	1. 从烟草植株上摘取充分展开的叶片,用自来水洗净 2. 将叶片浸于 70% 乙醇中 30 s 3. 以 2% 次氯酸钠消毒 30 min,用无菌水冲洗 5 次
分离原生质体	1. 将叶片下表皮朝上置于一块白瓷板上,用一把镊子按住主脉与侧脉的交汇部位,再用另一把尖头镊子由这个部位夹起下表皮外撕(如果撕不下来,可待叶片稍许萎蔫后再撕) 2. 将叶片切成边长为 3~5 mm 的正方形小块 3. 取 1 g 左右叶片置于一个装有 10 mL 酶混合液的培养皿中 4. 将培养皿用封口膜封口,用铝箔包严,置于温度 36 ℃条件下 2 h 5. 用镊子轻轻挑动和压挤叶片,以释放出原生质体
纯化原生质体	1. 将含有原生质体的酶混合液用一个孔径为 45 μm 的尼龙网过滤,以去掉未消化的组织、成团的细胞和细胞壁碎片 2. 用 10 mL 移液管将滤出液转入一个离心管中(避免原生质体损伤) 3. 以 800 r/min 离心 5 min,使原生质体沉到离心管底部,用移液管吸去上清液 4. 将原生质体重新加入悬浮培养基中,再次离心,以清洗和纯化,该过程重复 2 次
测定原生质体活力	用荧光素双乙酸酯法测定原生质体的活力
调节原生质体密度	1. 用血细胞计数器确定原生质体的密度 2. 加入悬浮培养基,将原生质体密度调节到 $1×10^5$ 个/mL
原生质体植板	1. 原生质体悬浮液 5 mL 加到一个培养皿(10 cm×1.5 cm)中 2. 再加入 5 mL 冷却至温度 40~45 ℃的琼脂培养基 3. 盖上盖子后,转动培养皿,使这两种等量的液体充分混合

操 作 流 程	操 作 技 术 要 点
原生质体培养	1. 将包埋后的原生质体置于温度 25 ℃、黑暗或弱光条件下培养 2. 3~4 d 后转入正常的光照条件下培养,光照度 2 000 lx,光照时间 16 h/d 3. 3~4 周后,由细胞团形成肉眼可见的愈伤组织 4. 将愈伤组织转到 MS+甘露醇 40 mg/L 培养基上
植株再生	把愈伤组织转到 MS 培养基上,诱导形成胚状体,进而长成小植株

四、训练报告

1. 说明原生质体分离和纯化的过程,并说明应注意哪些问题。
2. 观察原生质体培养中愈伤组织的生长情况,并作详细记录。

【单元技能考核建议】

花药培养、胚培养、原生质体分离与培养为综合性技能训练,建议采取项目教学法,考核时注重过程考核、动态考核、跟踪考核,做到定性与定量考核相结合,考核的重点是操作的规范性与熟练性。花粉分离与发育时期的检测考核侧重于操作的规范性以及结果的准确性。本单元技能考核方案见表9-8。

表 9-8　单元九技能考核方案

考 核 项 目	考 核 标 准	考 核 方 式
训练态度	训练前准备充分;训练中积极主动,操作认真,经常主动观察实验结果;训练后及时总结,撰写训练报告	随机观察
花粉分离与发育时期的检测	分离花粉的方法正确,染色效果好,能正确判断花粉发育时期	现场操作
花药培养	能正确采集花蕾;消毒效果好;取花药操作规范;接种规范、迅速;愈伤组织诱导率高,能分化成苗	现场操作 现场检查
胚培养	消毒方法正确,剥离胚快速;萌发率高,形成愈伤组织或分化成苗	现场操作 现场检查
原生质体的分离与培养	操作流程正确,培养基和酶液配制准确,分离、纯化原生质体方法正确,培养方法适当	现场操作 现场检查
训练报告	撰写认真,记录全面,结果翔实	批阅报告

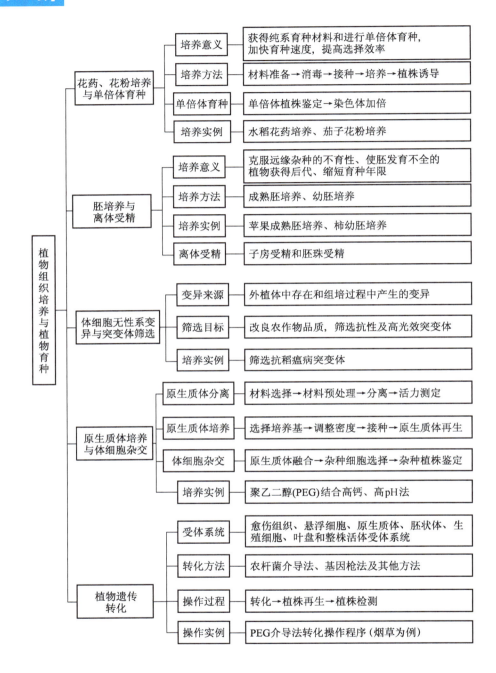

1. 解释名词：花药培养　花粉培养　胚培养　离体受精　体细胞无性系变异
　　　　　　体细胞杂交　遗传转化
2. 简要说明花药培养的过程，你认为花药培养中应注意哪些主要环节？
3. 花药分离有几种方法？哪一种方法对双子叶植物较为合适？
4. 简述单倍体植物在育种中的作用。
5. 在进行幼胚培养时，由于幼胚过小而分离困难，可采取什么措施处理？
6. 幼胚培养时胚的发育方式有哪几种？各有何特点？
7. 说明体细胞无性系变异的来源。
8. 简述酶解分离法分离原生质体的步骤。
9. 测定原生质体活力的方法有几种？简要说明。
10. 比较植物遗传转化方法的特点。

单元十　植物细胞培养与次生代谢产物生产

植物细胞培养是指在离体条件下将植物单细胞或者小细胞团接种于培养基中进行培养,使其增殖的一门技术。该培养技术已成为细胞工程最重要的构成部分,是现代生物技术最具活力的应用热点。

第一节　单细胞培养

单细胞培养是从外植体、愈伤组织、群体细胞或者细胞团中获得单细胞,然后在一定条件下进行培养的技术。单细胞培养始于 20 世纪初并取得巨大的进展,不仅能够培养游离的细胞,而且还能够使完全隔离环境中的单个细胞进行分裂,进而再生植株。目前,这种培养方式在突变体的筛选、遗传物质的转化、植物次生代谢产物的生产等方面发挥着重要的作用。

一、单细胞的分离

植物单细胞的来源主要有 2 条途径,即从外植体或愈伤组织分离单细胞。

(一) 由外植体直接分离单细胞

从外植体上直接分离单细胞的方法,通常有机械法和酶解法 2 种。

1. 机械法

叶片组织排列松弛,是直接分离单细胞的最好材料。现在广泛用于分离叶肉细胞的方法是先把叶片轻轻捣碎,然后再通过过滤和离心即可分离得到单细胞。

Gnanam 和 Kulandaivelu 从成熟的叶片中分离获得具有活性的叶肉细胞的操作过程如下。

(1) 在研钵中放入 10 g 叶片和 40 mL 研磨介质(蔗糖 20 μmol/L + MgCl$_2$ 10 μmol/L + Tris-

HCl 缓冲液 20 μmol/L,pH 7.8),轻轻研磨。

（2）用细纱布过滤匀浆液。

（3）滤液在研磨介质中低速离心,净化细胞。

Rossini 介绍了一种从篱天剑叶片中分离叶肉细胞的机械方法,Harada 等利用此方法成功进行了石刁柏等植物的叶片细胞分离。其方法如下。

（1）用 70% 乙醇和 75% 次氯酸钙溶液对叶片进行表面消毒,用无菌水洗净。

（2）把叶片切成小于 1 cm² 的小块。

（3）在玻璃匀浆管中放入 1.5 g 小块叶片,用 10 mL 液体培养基制成匀浆。

（4）制成的匀浆用 2 个无菌金属滤器过滤,上层滤器的孔径为 61 μm,下层为 38 μm。

（5）将滤液进行低速离心,除去细微的碎屑。离心时游离细胞会沉降在底层,弃去上清液,把细胞悬浮在一定容器的培养基中,使达到所要求的细胞密度。

（6）把细胞接种于培养基中培养。

机械法分离植物细胞的优点是细胞没有经过酶的作用,不会受到伤害;不需要经过质壁分离,有利于进行生理和生化研究。其缺点是获得的完整的细胞团或细胞数量少,使用不普遍。只有在薄壁组织排列松散、细胞间接触点很少时,用机械法分离细胞才容易取得成功。

2. 酶解法

酶解法分离细胞是利用果胶酶、纤维素酶等处理外植体材料(具有分生能力的根尖、茎尖、下胚轴、子叶等),分离出具有代谢活性的细胞。这一方法是从叶片分离单细胞的常用方法。

酶解法不仅能降解细胞之间的中胶层,而且还能软化细胞壁。所以用酶解法分离细胞的时候,必须对细胞给予渗透压保护,如加入适量甘露醇、山梨醇、葡萄糖等。

用果胶酶处理烟草叶片,可从中获得大量具有代谢活性的叶肉细胞。其方法如下。

（1）从 60~80 日龄的烟草植株上取充分展开的叶片,先将叶片投入 70% 乙醇中 30 s,再用 3% 次氯酸钠溶液(含 0.5% 表面活性剂)消毒 30 min。

（2）把消毒好的叶片用无菌水洗净,将其下表皮用无菌的镊子撕去。

（3）将叶片切成 4 cm² 的小块。

（4）取小块叶片 2 g 置于 100 mL 三角瓶中,瓶中预先装有 20 mL 无菌酶液(离析酶 0.5%+甘露醇 0.8%+硫酸葡聚糖钾 1%)。

（5）用真空泵抽气,使酶液渗入叶片。

（6）将三角瓶置于往复式摇床上,摇动速度为 120 r/min,25 ℃,2 h。

（7）其间每隔 30 min 更换酶液 1 次,将第 1 次更换出的酶液弃去,第 2 次酶液中主要含海绵薄壁细胞,第 3 次和第 4 次酶液中主要含栅栏薄壁细胞。

（8）分别收集细胞,用培养基洗 2 次后便可进行培养。

酶解法分离细胞的优点是:细胞结构一般不会受到大的伤害,比机械法获得的完整细胞或细胞团的数量多,可以得到海绵薄壁细胞或栅栏薄壁细胞的纯材料。其缺点是:对酶的用量要求比较严格,否则容易造成细胞损伤。

（二）由愈伤组织分离单细胞

从愈伤组织中分离单细胞不仅方法简便,而且应用普遍。其分离方法见技能训练 10-1。

二、单细胞培养

植物细胞具有群体生长的特性,经过分离,获得单细胞后按照常规的培养方法,往往达不到细胞生长繁殖的目的。为此,产生了植物单细胞培养技术。

(一) 单细胞培养方法

1. 看护培养法

看护培养法是指用一块生长活跃的愈伤组织块来看护单细胞,使之持续分裂和增殖,从而获得由单细胞形成的细胞系的培养技术。其优点是培养效果较好,操作简便,易于成功,且适合于难以培养的植物种类。缺点是不能在显微镜下直接观察细胞的生长过程。看护培养的基本技术如下(图10-1)。

(1)在三角瓶中配制好适合于愈伤组织继代培养的固体培养基。

(2)将生长旺盛的愈伤组织块转接在固体培养基上。

(3)在愈伤组织上面放置1片大小适宜的无菌滤纸,滤纸下方紧贴愈伤组织块,放置过夜,滤纸湿润且充分吸收从组织块渗出的培养基的成分。

(4)用毛细吸管吸取1小滴经过稀释的单细胞悬浮液,接种于湿润的滤纸上。

(5)置于培养箱中,在一定的温度和光照条件下培养若干天,单细胞在滤纸上进行持续的分裂和增殖,形成细胞团。

(6)将在滤纸上由单细胞形成的细胞团转接到新鲜的固体培养基中进行继代培养,获得由单细胞形成的细胞系。

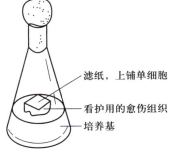

图 10-1　看护培养法示意图

2. 平板培养法

平板培养法指将一定密度的单细胞悬浮液,接种到固体培养基中进行培养的方法(图10-2)。该法优点是操作简便,容易观察和挑选,筛选效率高,筛选量大。缺点是通气性较差。具体的平板培养技术见技能训练10-1。

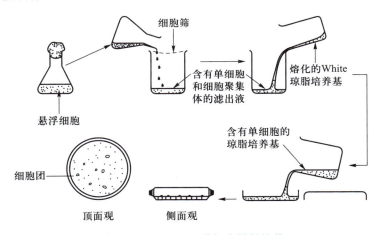

图 10-2　Bergmann 单细胞平板培养

3. 微室培养法

微室培养法是指将接种有单细胞的少量培养基,置于人工制造的小微室中培养,使之生长、增殖形成细胞团的培养方法。微室培养的基本技术如图 10-3 所示。

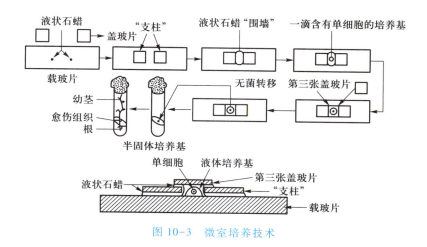

图 10-3　微室培养技术

（1）从悬浮培养物中取出 1 滴只含有 1 个单细胞的条件培养液,置于无菌的载玻片中央。

（2）在这滴培养液周围并与之隔一定距离加上 1 圈液状石蜡,构成微室的"围墙"。

（3）在"围墙"左右两侧各滴加 1 滴液状石蜡,在每滴液状石蜡上放上 1 张盖玻片,作为微室的"支柱",然后将第三张盖玻片架于 2 个"支柱"之间,这样就构成了 1 个微室,单细胞的条件培养液就在此微室中。

（4）把筑成了微室的整张载玻片置于培养皿中培养。

（5）当单细胞分裂成一定大小的细胞团后,将其转接到新鲜的液体或半固体培养基上继代培养。

微室培养法的优点:能在显微镜下观察单细胞分裂增殖形成细胞团的全过程。缺点:培养基少,营养和水分难以保持,pH 变动幅度大,培养的单细胞仅能短期分裂。

4. 条件培养法

条件培养法是将单细胞接种于条件培养基中进行培养,使单细胞生长繁殖,而获得由单细胞形成的细胞系的培养方法。条件培养基是指含有植物细胞培养的上清液或静止细胞悬浮液的培养基。条件培养由条件培养基提供单细胞生长繁殖所需的条件,具有看护培养和平板培养的特点,在植物单细胞培养中经常采用。条件培养法的基本技术如下。

（1）植物细胞培养上清液或静止细胞悬浮液的配制　首先将群体细胞或者细胞团接种于液体培养基中进行细胞悬浮培养,在一定条件下培养若干天以后,在无菌条件下,将培养液移入无菌的离心管中进行离心分离,分别得到植物细胞培养上清液和细胞沉淀。得到的细胞沉淀在 60 ℃条件下处理 30 min,或者采用 X 射线等照射处理,得到没有生长繁殖能力的细胞,即为静止细胞或称为灭活细胞。将静止细胞悬浮于一定量的无菌水中,得到静止细胞悬浮液。

（2）条件培养基的配制　将植物细胞培养上清液或者静止细胞悬浮液与温度 50 ℃左右含有 1.5%琼脂的培养基混合均匀,分装于无菌培养皿中,水平放置冷却,即为条件培养基。

（3）接种　将单细胞接种到条件培养基上进行培养。

（4）培养　将上述已经接种的条件培养基置于培养箱中，在适宜的条件下进行培养，单细胞生长繁殖，形成细胞团。

（5）继代培养　选取生长良好的细胞团，转接于新鲜的固体培养基中，在适宜的条件下进行继代培养，获得由单细胞形成的细胞系。

（二）单细胞培养的影响因素

植物细胞具有群体生长的习性，单个细胞很难进行分裂，因此单细胞培养比愈伤组织和悬浮细胞培养更为困难和复杂，对培养条件的要求更加苛刻，必须根据需要控制好各种培养条件。

1. 基因型

不同的植物体其基因型不同，基因型的不同导致对培养的反应有差异。

2. 培养基

不同种类的植物细胞对营养成分的要求各不相同，要根据不同的要求调整无机元素和有机成分的浓度。此外，由于植物细胞具有群体生长的特性，所以用于单细胞培养的培养基中还有某些特殊的成分，如看护培养基中需要植入愈伤组织块，添加椰乳、酵母提取物、水解酪蛋白等。

3. 细胞密度

单细胞培养要求接种的细胞具有一定的密度，一般平板培养要求达到临界细胞密度（10^3 个/mL）以上。细胞密度过低，细胞不能进行分裂，难以形成细胞团；密度过高则形成的细胞团混杂在一起，难以获得单细胞系。

单细胞悬浮液的密度可以通过血细胞计数器计数来计算。如果细胞密度过高，则用一定量的无菌蒸馏水进行稀释；如果密度过低，则可以采用膜过滤、离心等方法进行浓缩。经过细胞密度调整，将单细胞悬浮液的细胞密度控制在 $10^3 \sim 10^5$ 个/mL。

单细胞平板培养的效率可以通过植板率来表示。即：

植板率＝（平板中形成的细胞团数/平板中接种的细胞总数）× 100%

如果植板率低，表明有较多的细胞未能生长繁殖形成细胞团，就要从培养基、培养条件、细胞的分散程度、接种的单细胞密度等方面进行调节，以提高植板率。

4. 植物生长调节物质

植物生长调节物质的种类和浓度对单细胞的生长繁殖有重要作用。尤其在单细胞的密度较低的情况下，适当附加植物生长调节物质，可以显著提高植板率。

5. 温度

单细胞培养的温度与细胞悬浮培养和愈伤组织培养的温度相似，一般控制在温度 25 ℃ 左右。在许可的范围内适当提高培养温度，可以加快单细胞的生长速度。

6. pH

单细胞培养基的 pH 一般控制在 5.2~6.0。根据情况适当调节培养基的 pH，有利于植板率的提高。

7. CO_2 含量

植物细胞培养系统中 CO_2 含量对细胞生长繁殖有一定的影响。植物细胞可以在通常的空气中（CO_2 的含量约占 0.03%）生长繁殖；若人为地降低培养系统中 CO_2 的含量，细胞分裂就会减慢或停止；若将培养系统中的 CO_2 含量提高到 1% 左右，则对细胞的生长有促进作用；再提高 CO_2 的含量至 2%，则对细胞生长有抑制作用。

第二节　细胞悬浮培养

将游离的植物细胞或小的细胞团置于液体培养基中进行培养和生长的技术,称为植物细胞悬浮培养。它是从愈伤组织的液体培养基础上发展起来的一种新的培养技术。

20世纪80年代以来,植物细胞悬浮培养已发展成为一门新兴的产业体系。悬浮培养技术为研究植物细胞的生理生化、遗传和分化的机制提供实验材料,也为利用植物细胞进行次生代谢产物的工业生产提供技术基础。此外,悬浮培养技术在育种、快速繁殖、原生质体培养、体细胞杂交以及作为基因遗传转化的受体方面均得到广泛的应用。

一、细胞悬浮培养系统

植物细胞具有聚集在一起的特性,在分裂后往往不能像细菌细胞那样各自分开,而是大多数以细胞团的形式存在。因此,进行细胞悬浮培养要在制备细胞悬浮物后,将其置于生物反应器中,且按照不同植物细胞生长特性或培养目的而采用不同的系统操作方式。

(一) 细胞悬浮培养原理

植物离体培养可产生愈伤组织,将松散的愈伤组织悬浮在液体培养基中并在振荡培养条件下培养一段时间后,可形成分散悬浮培养物。良好的悬浮培养物有以下特征:① 主要由单细胞和小细胞团组成。② 细胞有旺盛的生长和分裂能力,增殖速度快。③ 大多数细胞在形态上具有分生细胞的特征,即成等径形、核质比大、细胞质浓、液泡化程度低。要建成这样的悬浮培养体系,首先要有良好的起始培养物——迅速增殖的疏松型愈伤组织。然后经过培养基成分和培养条件的选择,经过多次继代培养才能达到。

1. 悬浮培养的基本特点

悬浮培养是从愈伤组织的液体培养基础上发展起来的一种培养技术,主要有2个基本特点:① 细胞可以不断增殖,形成高密度的细胞群体,适合于大规模生产。② 可以提供大量的比较均匀的细胞,为深入研究细胞的生长、分化创造很好的实验方法和条件。但是,这种理想状态不容易得到,到目前为止,还不能完全做到只有游离的单细胞,通常还有小的细胞团,这是由于植物细胞具有聚集在一起的特性。

2. 悬浮培养的目的

悬浮培养主要用于生产植物次生代谢产物,所以使细胞停留在增殖阶段十分重要,细胞无须继续分化。

在培养过程中,接种好的三角瓶应当置于摇床上培养(黑暗或弱光温度,25 ℃)。定期或不定期地用倒置显微镜检查细胞分裂情况。当培养基中出现较大的球形胚时,在无菌条件下,将其挑出放在固体培养基上进行继代培养,随后反复进行此操作。在培养过程中会发生不同程度的变异,因而可以作为人工创造变异的途径。

在悬浮培养过程中,密度大的单细胞比密度小的单细胞分裂速度快。一般认为,单细胞培养过程中,由于每个细胞形成的代谢产物不断地向胞外渗漏,使得胞内存留的代谢产物有时低于细胞分裂临界浓度;而许多细胞在一起培养时,提高了培养基(液)中这类代谢产物的浓度,使之保持在实现细胞正常分裂的临界限度以上,从而促使细胞分裂。

(二) 生物反应器类型

在大规模的细胞培养中,根据生物反应器的搅拌系统不同,植物细胞悬浮培养系统所使用的生物反应器可分为机械搅拌式反应器和非机械搅拌式反应器。

1. 机械搅拌式反应器

此类反应器为具有搅拌装置的反应器(图10-4),常用于微生物发酵。植物细胞培养采用该系统可以直接借鉴其经验进行研究和控制。其主要优点是混合效果好,并能够避免细胞团沉降,提高悬浮效果,适用于对剪切力耐受能力较强的植物细胞系。剪切力是指反应器内流体运动对细胞和细胞团的切割与破损力。由于细胞个体大,细胞壁僵硬且有较大的液泡,使得大多数植物细胞对剪切力比较敏感。若将搅拌器的桨叶由叶轮式改为螺旋式,既可保持较好的搅拌效果,又能防止剪切力对细胞的破坏。此外,细胞通过在搅拌式反应器中进行长期的驯化,也可以提高细胞对剪切效应的耐受能力。

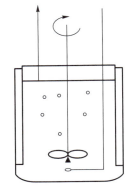

图 10-4　搅拌式反应器

2. 非机械搅拌式反应器

针对机械搅拌式反应器对植物细胞的剪切力作用较大的问题,发展了利用气流和气泡进行搅拌的非机械搅拌式反应器。气升式反应器利用充入反应器的无菌空气形成的上升气流来进行供氧和搅拌,包括导筒气升式反应器(图10-5)和外环气升式反应器(图10-6)2种。它们均无搅拌装置,优点是降低了剪切力,对细胞的伤害较小;缺点是搅拌不均匀,尤其是在细胞密度较高时混合效率下降,并且过量通气对细胞的生长有阻碍作用。

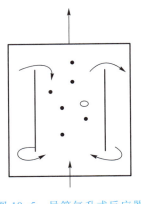

图 10-5　导筒气升式反应器

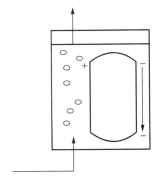

图 10-6　外环气升式反应器

利用悬浮系统大量培养植物细胞生产次生代谢产物,在生产上常采用“两步法”,即第一步先扩大细胞生物量,第二步再促进次生代谢产物的合成。这两步通常在不同的生物反应器中进行。

(三) 悬浮培养方式

悬浮培养系统是将游离植物细胞在液体培养基中进行培养,通常分为分批培养、半连续培养、连续培养3种操作方式。

1. 分批培养

分批培养又称为间歇培养,是将细胞扩大培养后,一次性接种到生物反应器内的液体培养基中进行密封培养的方法。培养系统属于封闭式,培养体积固定,在培养过程中与外界环境没有物料交换,除了控制温度、pH 和通气外,不进行其他任何控制。待细胞增长和产物形成积累到适当的时间,一次性收获细胞和产物。该方式是一种较为早期的细胞悬浮培养方式,是其他操作方式的基础,可以采用机械搅拌式生物反应器。

分批培养的主要特点是:① 操作简单,培养周期短,染菌和细胞突变率低。② 可以直观反映细胞生长代谢的过程。③ 可以直接放大。由于反应器参数的放大原理和过程控制比其他培养系统更易理解和掌握,因此,分批培养在工业化生产过程中其工业反应器规模可达 12 000 L。

分批培养过程中,植物细胞的生长分为 5 个阶段:滞后期、对数生长期、直线生长期、减慢期和静止期,其生长曲线呈"S"形(图 10-7)。分批培养的周期为 3~5 d,细胞生长动力学表现为细胞先经历对数生长期(48~72 h),当细胞密度达到最高值后,因营养物质的耗尽或代谢毒副产物的积累,细胞生长进入减慢期进而死亡,表现出典型的生长周期。收获产物通常是在细胞快要死亡或死亡后进行。

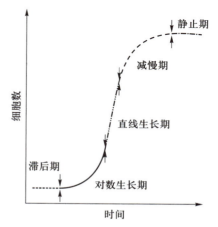

图 10-7　植物细胞生长曲线

2. 半连续培养

半连续培养又称为重复分批培养或换液培养,是在反应器中投料和接种细胞培养一段时间后,将细胞悬浮液移除一部分(不超过 50%),同时再加入新鲜培养液继续进行培养的方法。细胞增长和产物形成过程中,每间隔一段时间,从中取出部分培养物,再用新的培养液补足到原有体积,培养液体积固定。

半连续培养特点是:① 培养物的体积逐步增加,反应器内培养液总体积保持不变。② 细胞可持续呈指数生长,并可保持产物和细胞在一较高浓度水平,培养过程可延续到很长时间。③ 操作简便,生产效率高,可长期进行生产,反复收获产品。

半连续培养可以提高设备利用率,可以适当提高单位体积反应器的产量,但在添新鲜培养基的时候,要注意防止微生物的污染。在半连续式操作中因细胞适应了生物反应器的培养环境和高接种量,经过数次的稀释、换液培养过程,细胞密度常常会提高。

3. 连续培养

连续培养是一种较为常见的悬浮培养方式,是指将细胞接种到生物反应器内的液体培养基进行培养的过程中,连续有新鲜培养基加入与用过的培养基及悬浮细胞等体积排出的一种培养方法。将细胞接种于一定体积的培养基后,为了防止衰退的出现,在细胞达到最大密度之前,以一定速度向生物反应器连续添加新鲜培养基,同时,含有细胞的培养物以相同的速度连续从反应器中流出,以保证培养体积的恒定。该方式也可以采用机械搅拌式生物反应器。

连续培养有封闭型和开放型之分。封闭型操作方式是指新鲜培养基和旧培养基以等量进出,并把排出的细胞收集起来,放入培养系统继续培养,因此,培养系统中的细胞数目不断增加。开放型操作方式是在连续培养期间,新鲜培养基的注入速度等于细胞悬浮液的排出速度,细胞也随悬浮液一起排出,当细胞生长达到稳定状态时,流出的细胞数目相当于培养系统中新细胞的增加数目,所以培养系统中的细胞密度保持恒定。

开放型连续培养又可分为化学恒定式和浊度恒定式 2 种类型。在化学恒定式培养中,以固定速度注入的新鲜培养基内的某种选定营养成分(如氮、磷或葡萄糖)的浓度被调节为一种限制生长浓度,从而使细胞的增殖保持在一定的稳定状态上。在浊度恒定式培养中,新鲜培养基是间断注入,受由细胞密度增长所引起的培养液浑浊度的增加所控制,可以预先选定一种细胞密度,当超过此密度时细胞随培养液一起排出,从而保证细胞密度的恒定。

连续培养的特点是:① 细胞维持持续的指数增长。② 产物体积不断增大。③ 可控制衰退期与下降期。

连续培养适合大规模工业化生产,但由于开放式操作,加上培养周期长,容易造成污染。在长周期的连续培养中,细胞的生长特性和分泌产物容易变异,对设备、仪器的控制技术要求较高。

二、细胞悬浮培养技术

细胞悬浮培养技术主要涉及悬浮细胞系建立、培养基选择、细胞密度和培养条件的确定等。

(一) 悬浮细胞系的制备

一个成功的悬浮细胞培养体系必须具备 3 个条件:① 悬浮培养物分散性良好,细胞团较小,一般在 50 个细胞以下。② 均一性好,细胞形状和细胞团大小大致相同。③ 细胞生长迅速,悬浮细胞的生长量一般 2~3 d 甚至更短时间便可增加 1 倍。

1. 选择恰当的外植体

外植体的选择对以后诱导出疏松易碎的愈伤组织至关重要。在双子叶植物中,常用的外植体为幼胚、成熟胚、下胚轴、子叶、叶片、根等;在单子叶植物中常用幼胚、成熟胚、幼穗、花药等。无论是双子叶植物还是单子叶植物,以幼胚诱导愈伤组织为最佳,其产生的愈伤组织质量好,分化能力强。某些情况下直接用幼胚、下胚轴、子叶等作为外植体进行悬浮培养,建立悬浮细胞系也能成功。

2. 诱导高质量的愈伤组织

质地疏松易碎,颗粒细小,色泽湿润鲜艳,白色或淡黄色的愈伤组织为高质量的愈伤组织,其分散程度大,适合用作悬浮培养的起始材料。诱导高质量的愈伤组织除了考虑使用的外植体外,还可从以下几方面进行。

(1) 基本培养基　常用的培养基为 N_6、MS 或 B_5。

(2) 植物激素　一般使用 2,4-D(2 mg/L)或附加少量 6-BA、NAA 或 IBA。

(3) 有机附加物　添加有机物对愈伤组织的状态极为重要,如水解酪蛋白、L-脯氨酸、谷氨酸对诱导愈伤组织十分有利。

(4) 蔗糖　蔗糖质量浓度较低时(10~30 g/L),利于诱导疏松易碎的愈伤组织,而较高浓度的蔗糖可能利于坚硬的愈伤组织或胚状体的形成。

(5) 继代间隔　大多数情况下疏松的愈伤组织不能直接由外植体诱导获得,而是通过愈伤组织继代筛选获得的。由于愈伤组织内部不均一,生理状态和生长速度也不同,疏松易碎的小愈伤组织可能被包埋在大块愈伤组织中,因此,适当调整培养周期,使疏松易碎的小愈伤组织充分生长出来,从而获得适合悬浮培养的愈伤组织。

3. 悬浮培养

取新鲜疏松易碎的愈伤组织放入盛有液体培养基的三角瓶中,在摇床的转速为 120 r/min、温度为 25±2 ℃的黑暗或弱光条件下培养。如果愈伤组织不易分散,可事先用镊子轻轻将其拨碎,但应避免损伤。培养初期,悬浮细胞培养物可能呈现黏稠状,影响生长,可以进行短间隔(2~3 d)更换培养基,继代培养一段时间后,此情况便可以消失。要注意细胞与培养基的比例,以转速在 120 r/min 以下时,细胞能在培养液中浮起为宜。当然光照、温度、振荡对细胞培养物生长也存在显著的影响。

4. 悬浮细胞的继代与选择

悬浮培养的初始阶段细胞生长缓慢,原有的较小细胞团逐渐变大,同时又有许多小的细胞团产生,所以要除去大块细胞团或愈伤组织块,保留小的细胞团,直至得到均一的悬浮系为止。常用的方法有 3 种。

第一种方法是在每次更换培养基时将培养物摇匀,稍静置片刻,将上层培养基连同其中的小细胞团倒入另一无菌三角瓶中,弃去底部愈伤组织块或大的细胞团,再将小细胞团沉入瓶底,弃去大部分培养基,加入新鲜培养基。

第二种方法是先将培养物摇匀,静置片刻,用吸管吸取培养基中的培养物(此处的细胞团小且均一,细胞质浓厚),加入另一无菌三角瓶中,最后加入新鲜培养基。

第三种方法是将培养物用一定孔径的尼龙网或不锈钢网(约 520 μm)过滤,然后收集小细胞团进行继代培养。

在更换培养基时要注意条件培养基(即培养物中原有的培养基)和新鲜培养基的比例,条件培养基具有促进细胞分裂的效果,二者的比例一般以 1∶3 为宜。继代培养的最佳时期为对数生长期和直线生长期。上述 3 种方法可结合使用,继代培养一段时间后便可进行一次筛选,直至建立分散良好、均一、生长迅速的悬浮细胞系。

5. 悬浮细胞的同步化

细胞的同步化是指同一悬浮培养体系的所有细胞都同时通过细胞周期的某一特定时期。同一体系中,细胞不同步使悬浮细胞的分裂、代谢以及生理生化状态更趋复杂化。人们一直希望同一培养体系中的细胞能保持相对一致的生理状态,促使悬浮培养细胞同步化的处理方法有两类。

(1)物理方法

① 分选法。按细胞大小进行分级,直接将处于相同周期的细胞进行分选,然后把同一状态的细胞置于同一培养体系中进行继代培养。

② 冷处理法。低温处理能提高培养体系中细胞的同步化程度。

(2)化学方法

① 饥饿法。在培养液中不添加细胞分裂所必需的营养物质或激素,使细胞停滞于 G1 期(合成前期)或 G2 期(合成后期),经过一段时间培养后,当在培养液中重新附加这种限制因子时,静止的细胞就会同步进行分裂。

② 抑制剂法。受到 DNA 合成抑制剂(5-氟脱氧尿苷、5-氨基尿嘧啶等)的处理时,细胞都停留在 DNA 合成前期,当解除抑制后,即可获得处于同一细胞周期的细胞。

③ 有丝分裂阻抑法。秋水仙碱能将细胞分裂抑制在分裂中期。用 0.2 g/L 的秋水仙碱处理对数生长期的悬浮细胞 4~8 h,可获得理想的细胞同步化效果。

6. 悬浮细胞的活力和生长速度

悬浮细胞的活力和生长速度受悬浮培养物起始密度的影响。当紫草的接种量为 2.5 g/L 时,细胞的生长最好,其绝对生长率(以干细胞计)为 0.65 g/L,相当于月产 22 g/L。每当悬浮细胞生长积累到一定量时,总要弃去一部分细胞,否则细胞积累量多时,培养基的成分和 pH 均会发生较大的变化,往往造成细胞活力下降、生长减慢。通常悬浮细胞继代培养或更换新鲜培养基3 d 时,细胞的活力最强。

因悬浮细胞的生活力较弱,再加上强光容易引起细胞膜的光氧化,对细胞活力造成更大的损伤,所以一般避免在强光下培养,以黑暗和弱散射光为宜。悬浮细胞活力可用酚藏花红染色法和二乙酸荧光素染色法以及氯化三苯四氮唑还原法进行测定。

悬浮细胞生长速度目前尚无统一的标准和测定方法。常采用测定不同时间细胞的鲜重、干重或细胞密实体积(即每毫升培养液中细胞总体积的毫升数)进行衡量。

(二)培养基选择

选择合适的培养基对细胞悬浮培养十分重要,但目前尚无一般规律可循,不同的植物细胞适合不同的培养基设计。悬浮细胞培养基通常可以参考愈伤组织培养基,并在此基础上进行改进,当愈伤组培基不适合悬浮培养时,就要重新选择培养基。选择顺序依次为基本培养基、激素种类与浓度、有机添加物。通常适合单子叶植物的培养基为 N_6、MS 和 B_5,而 MS、B_5、LS、SL 等则适合双子叶植物。悬浮细胞培养与愈伤组织培养相比要有更丰富的营养物质,故培养基中常附加水解酪蛋白、椰乳、脯氨酸或谷氨酸等。进行悬浮培养时细胞生长迅速,易造成 pH 的下降,因此,培养 3~5 d 后要及时更换新鲜培养基,同时可在培养液中预先附加 pH 缓冲剂,如 MES(2-吗啡啉乙基磺酸)等,可增加培养基 pH 的稳定性。

1. 矿质营养

无机营养中以氮和磷的含量对细胞的影响最大,氮和磷都能刺激细胞生长,当二者的来源受到限制或含量下降时,通常细胞生长减慢,从而增加植物次生代谢产物的积累。

2. 碳源

糖是培养基中常用的碳源,以葡萄糖和蔗糖为多,一般以蔗糖效果更好,其使用质量浓度为1%~3%,此浓度范围利于细胞的生长。

3. 植物生长调节物质

培养基中生长调节物质的种类和浓度与细胞的生长和植物次生代谢产物的合成关系密切,通常使用的生长调节剂有 2,4-D、NAA、IAA 和细胞分裂素等,它们对不同的植物细胞的生长产生不同影响。

(三)细胞密度

细胞密度是指单位体积内的细胞数目。初始细胞密度就是细胞培养最低的有效密度,即能使细胞分裂、增殖的最低接种量,低于此密度细胞不分裂,甚至解体死亡。悬浮培养的最低有效密度一般为 $(0.5~1.0)×10^5$ 个/mL,不同的植物有差异,如烟草为 $(0.5~1.0)×10^4$ 个/mL,假挪威槭为 $(9~15)×10^3$ 个/mL。

(四)培养条件

1. 温度

植物细胞的生长、繁殖和次生代谢产物的生产需要一定的温度条件。不同的植物细胞有各自的最适生长温度,通常为 25~30 ℃。有些植物次生代谢产物的最适温度与细胞生长的最适温度不同,且往往低于生长的最适温度。培养温度高些,利于细胞的生长,温度低些,利于次生代谢产物的积累,但是温度不能低于 20 ℃,也不要高于 35 ℃。

在大规模的细胞悬浮培养过程中,细胞新陈代谢释放热量,温度升高,同时培养基向外散失热量,温度降低,二者综合作用,决定了培养基的温度。由于细胞的生长和次生代谢产物产生处于不同阶段,细胞新陈代谢产生的热量有较大差别,散失的热量又受环境温度等因素的影响,使培养基温度发生显著的变化,为此应及时对培养基的温度进行调控。

2. pH

悬浮培养中培养基的 pH 与细胞生长繁殖和次生代谢产物产生的关系密切。不同的植物细胞的最适 pH 不同,通常 pH 为 5~6。植物细胞生长繁殖的最适 pH 与产生次生代谢产物的最适 pH 不同,需要在不同的阶段控制不同的 pH。

随着悬浮细胞的生长繁殖和次生代谢产物的积累,培养基的 pH 往往会发生变化,这种变化取决于细胞特性、培养基的组成成分和悬浮培养的工艺条件。如在含糖高的培养基中,因糖代谢产生有机酸,会使 pH 向酸性方向移动;含蛋白质或氨基酸较多的培养基,经代谢产生较多的胺类物质,使 pH 向碱性方向移动;磷酸盐的存在,对培养基的 pH 变化有一定的缓冲作用;在氧气供应不足的情况下,由于代谢积累有机酸,可使培养基的 pH 向酸性方向移动。

3. 溶解氧

悬浮培养的细胞需要获得充足的氧才能进行生长繁殖。在培养基中的细胞一般只能吸收和利用溶解氧。溶解氧指溶解在培养基中的氧气。因氧气难溶于水,培养基中的溶解氧不多,在培养的过程中会很快被利用完,所以反应器内要不断供氧。

细胞在不同的生长阶段,其细胞浓度和细胞呼吸强度各不相同,从而耗氧速率不同,因此,要根据耗氧量的不同,不断供给适当的溶解氧。

溶解氧一般用无菌空气通过通风和搅拌来供给,适当的通风和搅拌还可以使植物细胞不至于凝集成较大的细胞团,使细胞分散,分布均匀,利于细胞的生长和新陈代谢。但是因植物细胞生长缓慢,需氧量不多,过量的氧反而会带来不利的影响;加上植物细胞体积大,脆弱,对剪切力敏感,故通风和搅拌不能太强烈,以防止细胞被破坏。

4. 光照

光照对植物细胞培养有重要影响。大多数的植物细胞生长要求一定波长光的照射,并对光照度和时间有一定的要求。因此,在细胞悬浮培养过程中,应根据细胞的特性和目标次生代谢产物种类的不同,进行光照的调节控制。尤其在植物细胞大规模培养过程中,如何满足细胞对光照的要求是重要的问题。

延伸阅读:植物细胞固定化培养

植物细胞悬浮培养适于大量快速地增殖细胞,但往往不利于次生代谢产物的积累;而固定化培养植物细胞则相反,细胞生长缓慢而次生代谢产物含量相对较高。1979 年,Brodelius 等报道了用海藻酸钙成功固定培养植物细胞。植物细胞固定化培养是将游离的植物细胞包埋或吸附在一种惰性基质的特定空间内或其表面上,培养液呈流动状态进行培养的技术。选用固定化细胞培养应具有如下 2 个条件:① 目的产物应自然分泌到培养液中,或者通过改变 pH、离子强度或使用渗透剂使之分泌于培养液中;② 要求产物的形成在细胞生长之后。

植物细胞固定化培养优点主要包括:可以减少剪切力对细胞的损伤,细胞生长缓慢有利于次生代谢产物的积累,便于次生代谢产物的收集,换液方便能除去有毒或抑制性代谢产物,提高细胞次生代谢产物的产量,有利于细胞的分化和组织化,从而有利于次生代谢产物的合成。这些优越性使固定化细胞培养生产次生代谢产物具有很大的吸引力。

第三节　次生代谢产物生产

　　植物细胞内存在着数以万计的化合物,根据其形成过程可分为初生代谢产物和次生代谢产物。初生代谢产物包括氨基酸、蛋白质、核酸、糖类和脂类等,它们是植物生长、繁殖不可缺少的基本成分,也是人类食物的主要来源,某些也是重要的化工原料。次生代谢产物是由初生代谢产物经特殊的代谢途径产生的,为植物的贮藏物质或废弃物,对植物生长、繁殖并非必需,它们可能积累在细胞内的液泡中,也可能排到外环境中。次生代谢产物不像初生代谢产物那样参与宿主细胞旺盛的新陈代谢活动,但是其在植物自身与周围环境之间起着化学联系的桥梁作用。次生代谢产物包括生物碱、黄酮类、萜类、皂苷、糖苷、甾体、酚类和有机酸等,它们是药物和食品添加剂的主要来源。

　　自从 1975 年以来,利用植物细胞培养技术生产有用化合物质方面的理论研究取得了迅猛的进展。研究者们已经对 1 000 余种的植物进行了研究,从培养的细胞中分离获得了 600 多种重要的化合物,其中有 60 多种物质在含量上超过或接近原植物体中的含量。这些物质包括食用香料、香精、色素、甜味剂、化工原料、抗菌剂、药物和酶等。利用植物细胞培养生产次生代谢产物的优点见表 10-1。

表 10-1　植物植株与细胞培养生产次生代谢产物的比较

项　　目	植物细胞培养	植物植株生产
生长速度	生长快,周期短	生长慢,周期长
次生代谢产物含量	高	低
生产时间	周年生产	季节生产
生产条件	可人为控制	易受环境和病虫害的影响
分离与纯化	容易	复杂

一、次生代谢产物生产的工艺

　　植物细胞大规模培养生产次生代谢产物的基本程序为:高产源植株(或母株)检测→选择适合的外植体→外植体表面消毒和初代培养的建立→愈伤组培→细胞悬浮培养→确定最适细胞生长和次生代谢产物的生产条件→选择适合的培养体系或生物反应器类型→设计生产的工艺流程,使之逐级放大→下游产品回收、纯化。利用植物细胞工业化生产次生代谢产物过程中的关键问题是,高产细胞系(株)的获得和细胞大规模培养生产次生代谢产物最适培养参数的控制。筛选高产细胞系(株),探寻适宜的培养基、培养条件和合适的培养技术,是提高植物细胞生长速度和次生代谢产物产量的重要途径。

(一)筛选高产细胞系(株)

　　高产细胞系(株)要满足 2 个基本要求:一是细胞生长快速,二是次生代谢产物含量高。

　　筛选高产细胞系(株)常用的方法有克隆选择、抗性选择和诱导选择等,其中克隆选择应用较广。克隆选择是通过单细胞克隆技术,将培养细胞中次生代谢产物产量高且具有相同基因型的细胞群挑选出来,并适当扩大培养形成高产细胞系(株)。抗性选择是指在选择压力下,通过直接或间接的方法筛选获得抗性变异的细胞株。诱导选择是利用化学诱变或物理诱变(如紫外线照射等)产生比原亲本细胞合成能力强的细胞系(株)。现在已能通过转基因技术对植物细胞进行改良,建立高产细胞系(株),进行有用物质生产。

(二)筛选合适的培养基

1. 营养成分

培养基对植物细胞培养和次生代谢产物生产是非常重要的。适合细胞快速生长的培养基(即生长培养基)与适合次生代谢产物合成的培养基(即生产培养基),其营养成分往往是不同的。生长培养基要为植物细胞的生长、繁殖提供所需的营养,而生产培养基要使每个细胞能合成和积累次生代谢产物。普通培养基主要是为了促进细胞的生长而设计的,一般不利于次生代谢产物的产生。通常情况下,提高培养基中氮、磷、钾的含量会促进细胞生长加快,而提高糖的含量可以促进次生代谢产物的合成。

2. 前体饲喂

前体是指处在目的代谢途径上游的物质。植物体内合成代谢处于代谢的众多分支之中,前体化合物供给不足和信号诱导缺乏会严重影响次生代谢产物的积累。前体饲喂,一方面可以通过增加底物量来加快反应速率和提高产率,另一方面还能反馈抑制分支路径而促进反应顺利进行。

3. 诱导子的应用

诱导子是指能引起植物细胞某些代谢强度或代谢途径改变的物质。不同诱导子作用于不同植物可以产生多种多样的次生代谢产物。按照来源,可分为生物诱导子和非生物诱导子。生物诱导子来源于生物体,又分为外源性诱导子和内源性诱导子。外源性诱导子是指侵染植物的微生物自身被降解的产物及其代谢产物,包括多糖类、蛋白类等。内源性诱导子来自植物细胞本身的物质,如降解细胞壁的酶类及降解产物等。非生物诱导子包括物理伤害胁迫和化学伤害胁迫,前者包括机械损伤、X 射线及紫外线等,后者包括稀土元素及重金属盐类、去污剂等。

(三)合理调控培养条件

各类代谢产物是在代谢过程的不同阶段产生的,因此影响植物细胞培养生产次生代谢产物的因素很多,除了细胞本身的特性和培养基成分外,温度、pH、溶解氧和光照等环境因子也有很大影响。合理调控这些培养条件满足某种次生代谢产物生产的需要,可以有效地提高其产量。

(四)优化培养技术

1. 两步培养法

实验证明,细胞增殖生长和次生代谢产物的生产对培养基和培养条件要求不同。为了提高生物量和次生代谢产物的产量,一般采用两步培养法。第一步利用生长培养基,尽可能快地使细胞的生物量得到增长;当细胞生长处于指数生长的后期时及时转入第二步培养。第二步培养是通过生产培养基来诱发和保持次生代谢作用。在实际操作中,调整培养基组分和培养条件,使生长和代谢均能在最适条件下进行,可以解决细胞生物量增长与次生代谢产物积累之间的矛盾,从而提高目标产物的产率。

2. 两相培养法

两相培养,又称为细胞培养–分离耦合过程,是指在植物细胞培养体系中加入水溶性或脂溶性的有机化合物(萃取剂),或者是具有吸附作用的多聚化合物(吸附剂),使培养体系由于分配系数不同而形成上、下两相,细胞在其中一相(培养相)中生长并合成次生代谢产物,这些次生代谢产物又通过主动或被动运输的方式释放到胞外,并被另一相(萃取相或吸附相)所萃取或吸附。由于产物的不断释放与回收,两相培养可以防止产物积累在细胞内造成反馈抑制及产物受培养基成分的影响而分解,有利于提高产物产率,并简化下游处理过程。常用到的第二相是液体物质(即液-液两相)和固体物质(即固-液两相)。液体物质目前应用较多的主要包括烷烃(如十六烷)、有机酸、醇和酯等,固体物质主要包括活性炭、硅胶(如 RP-8)、大孔树脂(如 XAD 系列)等。

3. 冠瘿组织与毛状根培养技术

冠瘿组织是由根瘤农杆菌(细胞中含有 Ti 质粒)侵染植株受伤组织而形成。冠瘿组织离体培养时具有激素自主、细胞增殖和生长迅速等特点,并且次生代谢产物合成能力强。目前,利用冠瘿组织培养技术生产次生代谢产物的研究已有不少报道。

毛状根又称为发状根,是用发根农杆菌(细胞中含有 Ri 质粒)转化植物细胞而得到的特化器官。毛状根具有激素自主、生长快、分枝多,遗传及生理生化特性稳定,处于器官分化水平,代谢通路完整等特点,其培养系统具有比悬浮细胞培养更强的次生代谢产物生产能力。到目前为止,国内外现已成功地建立人参、长春花、紫草等几十种植物的毛状根培养系统。

4. 反义技术

反义技术是根据碱基互补原理,通过人工合成或生物合成互补 DNA 或 RNA 片段,干扰基因的解旋、复制、转录、mRNA 的剪接加工乃至输出和翻译等各个环节,从而调节细胞的生长、分化等。次生代谢产物合成途径属于植物的分支代谢,利用反义技术抑制与其无关的分支代谢,改变代谢流的分配,调控目标物质的合成,是提高次生代谢产物产率的一个重要方法。

二、药物生产概况及实例

(一)药物生产概况

植物是药物的重要来源之一,用植物防病治病在我国历史悠久。我国药用植物约有 8 000 种,在中成药中,从植物中提取的药物或半合成的药物约占商品药的 20%。随着人口的增长和对植物药物需求的急剧增加,人们对植物资源的掠夺性开发,造成许多植物资源匮乏。

从天然产物中寻找新的生理活性成分,开发新药成了全球关注和研究的热点。在植物次生代谢产物的生产与研究中已经广泛采用了植物细胞培养技术。国外利用药用植物通过细胞培养技术生产植物有用药效成分的研究工作开展得较早且深入,我国也在人参、西洋参、甘草、红豆杉、三七和紫草等植物上相继取得成功。采用植物细胞培养技术生产的主要药物成分见表10-2。

表 10-2 植物细胞培养生产的主要药物

类　　别	主要药物成分
苷类	人参皂苷、三七皂苷、柴胡皂苷、强心醇苷、甘草甜苷和香豆精苷
甾醇	油菜甾醇、豆甾醇、谷甾醇、胆甾醇和异岩藻甾醇
生物碱	吡啶、喹啉、异喹啉
醌类	蒽醌、萘醌
蛋白质类	胰岛素、氨基酸、蛋白酶抑制剂、植物病毒抑制剂和植物抗生素

目前,利用植物细胞培养或毛状根培养生产用于制药工业的次级代谢产物主要有紫草素、长春花生物碱、紫杉醇、人参皂苷等。下面主要介绍长春花生物碱的生产。

长春花生物碱是从长春花中提取的生物碱的总称,主要包括长春碱、长春质碱、去甲长春碱等 100 余种,具有抗肿瘤、降血糖、抗病毒等功效。

1. 培养基

（1）基本培养基　长春花的毛状根可以在不含激素的 MS 固体或液体培养基中保持稳定且生长迅速,若在以蔗糖为碳源的 1/2 MS 培养基上则会生长得更好,且利于生物碱的合成;在培养基中加入铵盐或磷酸盐,能促进毛状根生产,却抑制生物碱的积累,只有当培养液中磷的浓度低于某一值时,生物碱才会大量合成;在培养基中添加硝酸盐,既利于毛状根的生长,又能促进生物碱的生产。

（2）植物生长调节物质　向长春花的细胞悬浮培养系统中添加 1 mg/L ABA 有利于阿玛碱的积累,添加 2 mg/L ABA 有利于长春碱的积累;添加 6-BA 时,可促进生物碱的合成,但不利于细胞的生长;加入 2,4-D 和 NAA 能促进细胞生长,却强烈地抑制生物碱的合成;当加入 NAA 时,对细胞生长和生物碱合成都有促进作用。

（3）诱导子与前体物质　长春花细胞用 2.98 mg/L 的硝普钠处理,可以使阿玛碱、长春质碱和总碱产量分别提高 1.6 倍、2.9 倍和 1.8 倍;在培养基中添加不同的真菌提取物作诱导子可以分别将阿玛碱、长春质碱等生物碱的产量提高 2~5 倍;加入 500 mg/L 的生物碱合成前体 L-色氨酸能促进发状根生长和生物碱的合成。

2. 培养条件

培养液的 pH 变化对长春花细胞的生长影响不大,但能影响生物碱的合成。光照能抑制阿玛碱的积累,从而提高长春质碱的产量。培养温度在 27~35 ℃ 时,细胞生长保持恒定;温度35 ℃ 时,细胞生长最快。

3. 培养技术

长春花细胞的大规模培养可采用悬浮培养,反应器可使用搅拌式反应器和气升式反应器。在悬浮培养过程中,通气状况和剪切力是影响生物碱合成的主要因素。

三、食品添加剂生产概况及实例

（一）食品添加剂生产概况

过去人们获取天然食品添加剂的主要途径是直接从植物中提取。天然食品添加剂在组织细胞中含量很低,提取工艺复杂,生产费用昂贵,所以很难满足市场需求。现在利用植物细胞培养技术可以大量生产这类次生代谢产物。

通过植物细胞培养技术可以生产的食品添加剂主要有 5 类:① 食品着色剂,主要有花青素、花黄素、胡萝卜素、辣椒素和甜菜苷等。② 甜味剂,如茶氨酸、甜菊苷等。③ 鲜味剂,如 5-核苷酸和相关酶(如 5-磷酸二酯酶)。④ 防腐剂,如没食子酸乙酯等。⑤ 加香剂,如薄荷醇、香兰素等。

（二）食品添加剂生产实例

目前,较成功地利用植物细胞培养技术生产的食品添加剂主要有香兰素、辣椒素、花青素等。

下面以香兰素的生产为例加以介绍。

香兰素,又名香草醛,是世界上用得最广的香料香荚兰的主要成分,主要作为食品和化妆品的配香原料。

1. 培养基

（1）基本培养基　香荚兰的细胞培养以 MS 作为基本培养基,以 5% 蔗糖为碳源有助于细胞生长和香兰素生产;以 KNO_3 作氮源能促进细胞生长和香兰素生产,但以 NH_4NO_3 为氮源则二者都受到抑制。

（2）植物生长调节物质　2,4-D 能抑制香兰素的产生,而 NAA 则能促进香兰素的产生,细胞分裂素能部分缓解 2,4-D 对香兰素产生的抑制作用。

（3）诱导子与前体物质　向培养基中附加未经高温处理的黑曲霉能促进香兰素的产生,附加苯丙氨酸也能促进细胞生长,但对香兰素的合成无明显作用;添加阿魏酸能减缓细胞生长,但能促进香兰素的合成;附加前体物质苯丙烯酸也可以提高香兰素的产量。

2. 培养技术

香荚兰细胞的大规模培养可以采用分批培养。在培养系统中加入活性炭、树脂等吸附剂及时移走香兰素,可以减少其对反应过程的反馈抑制作用,明显提高香兰素的产量。活性炭用量与香兰素的产量呈正相关。

植物细胞培养技术除主要应用在利用植物细胞的规模化培养生产次生代谢产物之外,也应用于细胞培养进行植株再生实现快速繁殖、诱发和筛选细胞突变体进行遗传育种研究、原生质体分离和细胞器分离、诱导多倍体和生产人工种子等方面。

技能训练 10-1　单细胞分离与培养

一、训练目标

1. 能分离出植物单细胞,并会采用平板法培养单细胞。
2. 会使用血细胞计数器计数植物细胞数目。

二、材料用具

1. 材料与试剂

胡萝卜愈伤组织,MS 培养基母液,White 有机成分,肌醇 100 mg/L,2,4-D,琼脂。

2. 仪器与用具

超净工作台,接种工具,离心机,旋转式摇床,玻璃滤器,各式规格的尼龙网,培养皿,电磁搅拌器,血细胞计数器等。

三、训练操作规程

胡萝卜单细胞的分离与培养操作流程见表 10-3,如分离和培养其他植物的单细胞更换相应的培养基即可。

表 10-3　胡萝卜单细胞的分离与培养操作流程

操作流程	操作技术要点
诱导愈伤组织	参阅技能训练 4-1
配制培养基	MS 无机盐+White 有机成分+肌醇 100 mg/L+2,4-D 0.1 mg/L+蔗糖 2% 液体培养基

操 作 流 程	操作技术要点
制备细胞悬浮液	挑取疏松、鲜嫩的愈伤组织接种到三角瓶中进行液体振荡暗培养。摇床的转速为 110 r/min,培养温度为 25~28 ℃
纯化悬浮液	1. 培养 3 周后,用 200 μm 的无菌尼龙网过滤,除去大块的愈伤组织 2. 收集的滤液再以 4 000 r/min 速度离心,除去比单细胞小的残渣碎片
收集单细胞	1. 将纯净的细胞悬浮液依次用孔径为 60~100 μm 和 20~30 μm 的无菌尼龙网过滤,收集滤液 2. 滤液再次低速离心,弃去上清液 3. 将沉降在底层的游离细胞悬浮在液体培养基中
配制培养基	MS 无机盐+White 有机成分+肌醇 100 mg/L+2,4-D 0.1 mg/L+蔗糖 2%+琼脂 1.4%
调整密度	通过血细胞计数器计数,将悬浮液的细胞密度调节到 10^5 个/mL 左右
制备平板	1. 加热熔化琼脂培养基 2. 当培养基冷至温度约 50 ℃ 时,将细胞悬浮液与其按 1:1(体积比)混合均匀 3. 趁热分装于无菌的培养皿中,水平放置,冷却,即为单细胞培养平板
培养	1. 将平板置于培养箱中培养,单细胞即分裂形成细胞团 2. 选取生长良好的细胞团,接种于新鲜的固体培养基上进行继代培养

四、训练报告

1. 详细叙述血细胞计数器的使用方法。

2. 观察单细胞平板培养结果,计算植板率。

技 能 训 练 10-2　细 胞 的 悬 浮 培 养

一、训练目标

会进行植物细胞的悬浮培养。

二、材料用具

1. 材料与试剂

胡萝卜愈伤组织,MS 无机盐母液,盐酸吡哆醇,盐酸硫胺素,烟酸,甘氨酸,肌醇,KT、2,4-D 母液,蔗糖,琼脂,果胶酶。

2. 仪器与用具

过滤除菌器,无菌注射器,离心机,摇床,天平,培养箱,超净工作台,三角瓶等。

三、训练操作规程(表 10-4)

表 10-4　胡萝卜细胞的悬浮培养操作流程

操 作 流 程	操作技术要点
制备培养基及酶液	1. 配制 MS 无机盐+盐酸吡哆醇 0.01 mg/L+盐酸硫胺素 0.01 mg/L+烟酸 0.05 mg/L+甘氨酸 3 mg/L+肌醇 100 mg/L+KT 0.2 mg/L+2,4-D 0.1 mg/L+蔗糖 20 g/L,pH5.8 液体培养基,分装于 200 mL 三角瓶中,每瓶 30~50 mL 培养基,及时灭菌备用 2. 用 MS 培养基配制 2%果胶酶,用过滤法除菌

操作流程	操作技术要点
液体培养愈伤组织	1. 用无菌注射器吸取 1 mL 果胶酶加入已灭菌的含有液体培养基的三角瓶中,轻轻摇匀 2. 将松散的胡萝卜愈伤组织接种到液体培养基中,接种量为 1/10 3. 将接种后的三角瓶置于转速 100 r/min 的摇床上,温度 25 ℃黑暗条件下培养 24 h
分离细胞	1. 将三角瓶中的培养物收集到离心管中,在转速 800 r/min 下离心 5 min 倒去上清液(去除含有果胶酶的培养基) 2. 加入新鲜培养基再离心 1 次,去除上清液即可获得细胞悬浮液
细胞培养	1. 用天平称量初始接种细胞质量,然后按照细胞与培养基 1∶10 的比例接种到三角瓶中 2. 将接种后的三角瓶置于摇床上,在转速 100 r/min,温度 25 ℃黑暗条件下培养
测定生长量	1. 培养 7 d 后取一部分三角瓶,800 r/min 离心 5 min 2. 收集瓶中的培养物,称量培养后的细胞质量

四、训练报告

1. 观察细胞悬浮培养中出现的现象,并做好详细记录。
2. 撰写本次技能训练报告。

【单元技能考核建议】

本单元技能训练为综合性技能训练,建议采取项目教学法,考核时注重过程考核、动态考核、跟踪考核,做到定性与定量考核相结合,考核的重点是操作规范性、熟练性。本单元技能考核方案见表 10-5。

表 10-5　单元十技能考核方案

考核项目	考核标准	考核方式
训练态度	训练前准备充分;训练中积极主动,操作认真,主动观察实验结果;训练后及时总结,撰写训练报告	随机观察
单细胞分离与培养	能正确选定培养基;分离细胞方法适当;能准确测定细胞密度;制备平板方法正确;培养方法适当,效果好	现场操作 现场检查
细胞的悬浮培养	操作流程正确;培养基和酶液配制准确;液体培养愈伤组织正确;细胞分离方法正确;培养条件适当,效果好	现场操作
训练报告	撰写认真,记录全面,结果翔实	批阅报告

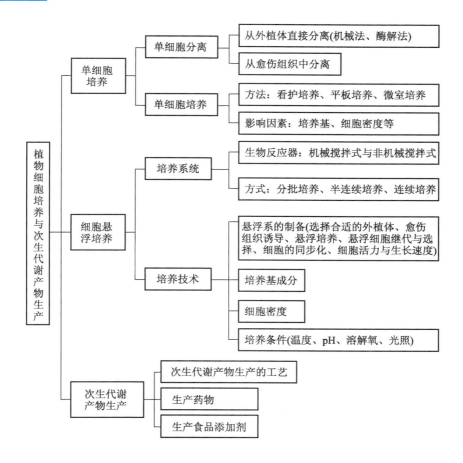

1. 获取单细胞的途径有哪些？如何从愈伤组织中分离出单细胞？

2. 简述平板培养单细胞的基本技术。

3. 试述影响单细胞培养的因素。

4. 良好的悬浮培养物应该具备什么样的特征？

5. 悬浮培养的操作方式有哪些，它们各自的特点是什么？

6. 什么叫细胞同步化？可以使用哪些手段来促使细胞同步化？

7. 简述细胞悬浮系的制备路线。

8. 简述植物细胞培养生产次生代谢产物的基本程序。

单元十一　植物种质资源离体保存与人工种子

■　**知识目标**
- 掌握植物种质资源的超低温保存技术
- 理解不同类型的常温保存方法和超低温保存的原理
- 了解人工种子的作用和人工种子的生产工艺

■　**技能目标**
- 会保存离体植物种质资源

　　植物的优良基因是品种改良与农业可持续发展的基础。但随着经济的发展,生态环境的恶化,物种流失极其严峻。因此,植物种质资源保存已成为全球关注的焦点。植物组培技术为种质资源保存开辟了一条新颖有效的途径。

第一节　植物种质资源离体保存

　　种质是指决定生物遗传性状,并将遗传信息从亲代传递给子代的遗传物质。具有种质并能繁殖的生物体统称为种质资源,也称为遗传资源。

　　种质资源离体保存是将离体培养得到的组织或细胞在一定条件下保存,使其缓慢生长或停止生长,以达到长期保存的目的。在需要的时候,可以将保存的组织或细胞取出,给予适宜的条件,使其迅速恢复生长。

　　应用植物组培技术进行种质保存具有独特的优点:① 保存无性系繁殖材料占用空间小,保存数量大。② 材料保存在无害虫或病原体的环境中,减少了受病虫害侵袭的可能性。③ 避免了自然环境灾害的威胁。④ 横跨国界运输活体植物的法定检疫过程最大限度地缩短。⑤ 以植物细胞、组织、器官等形式保存的种质具有很强的再生能力,在适合的条件下,短期内便可得到大量的无性系植株。

　　目前,植物种质资源常用的离体保存方法主要有常温保存、低温保存和超低温保存。

一、常温保存

　　常温保存即在一定条件下,间隔一定时间,将植物细胞或组织进行新一轮的继代培养,以达到保存种质的目的。常温保存所用的温度通常是植物组织培养的常用温度(25 ℃左右),也可以是自然温度,所以又称为继代培养保存。

（一）常温下试管保存

可利用试管苗继代培养保存，但需要经常更换培养基。

（二）常温抑制生长保存

为了延长继代时间，可以采用控制培养基中的营养物质供应、添加生长抑制剂、提高培养基渗透压、改变培养物生长环境中的氧含量等措施，抑制培养物的生长，仅允许它们以极慢的速度生长，从而延长种质资源的保存。

1. 调控培养基营养供应水平

植物生长发育状况依赖于外界营养的供给，如果营养供应不足，植物生长缓慢，植物矮小。同样的道理，通过有效控制培养基的营养水平，可以限制培养物的生长。降低培养基中的无机盐含量不但可以保存种质，还能提高种质保存效果。葡萄愈伤组织在降低硝酸盐的 MS 培养基上常温下保存 8~10 个月，比低温下常规 MS 培养基上的培养保存效果好；菠萝细胞在 1/4MS 无机盐培养基上可保存 1 年，仍长势良好，而全量无机盐 MS 培养基上的苗长势弱，成活率低。

2. 添加生长抑制剂

生长抑制剂是一类天然的或人工合成的外源激素，具有很强的抑制细胞生长的生理活性。研究表明，调整培养基中的生长调节剂配比，特别是添加生长抑制剂，不仅能延长培养物在试管中的保存时间，而且能提高试管苗素质和移栽成活率。

目前，常用的生长抑制剂有矮壮素（CCC）、二甲氨基琥珀酰胺（B_9）、多效唑（PP_{333}）、脱落酸（ABA）等。如用 B_9 处理马铃薯，同时降低温度至 10 ℃，光照度 4 000~5 000 lx，2 次继代的间隔期可延长 2 年，且遗传稳定性不变。生长抑制剂除了单独使用外，还可混合或与其他激素混合使用。大蒜细胞在添加脱落酸、矮壮素的培养基上保存 25 个月成活率仍达 90% 以上；多效唑与 6-BA、NAA 配合使用，也能明显抑制水稻试管苗上部生长，促进根系发育，延长常温保存时间。

不同抑制剂对不同植物材料的作用效果有所差异，同一种抑制剂应用在不同的植物中，其所需要的量不同；另外，有的抑制剂可以使用在某种植物上，而在另一种植物上则可能无效，甚至有毒害作用。所以在植物种质的离体保存中，选择合适的抑制剂及其使用浓度十分重要。

3. 提高渗透压

向培养基中添加一定量的高渗化合物可以提高培养基的渗透势负值，造成水分逆境，降低细胞膨压，使细胞吸水困难，减弱新陈代谢活动，从而延缓细胞生长速度。目前，常用的高渗化合物主要有蔗糖、甘露醇、山梨醇等。如在马铃薯茎尖研究中，培养物在含有脱落酸和甘露醇或山梨醇的培养基上保存 1 年后，转移至 MS 培养基上可正常生长。

大量研究表明，不同植物培养物适宜保存的渗透物质含量不同，但试管苗保存时间、存活率、恢复生长率受培养基中高渗物质含量影响的变化趋势基本相同，呈抛物线形。因此，适宜浓度的高渗物质对特定培养物高质量、长时间的保存是必要的。

4. 降低氧分压

降低培养容器中氧分压，改变培养环境的气体状况，能抑制培养物细胞的生理活性，延缓培养物的生长速度，从而达到离体保存种质的目的。最简单的方法是在保存材料上加盖一层矿物油，如液态石油、石蜡、硅油等，从而使供给材料的氧气量降低。有关研究表明，桃及桃×柠檬杂种茎尖培养物在 0 ℃、低氧（0.20%~0.25%）条件下保存 12 个月，不仅全部成活，而且后期再生能力强；烟草和菊的小植株在低氧分压环境中保存 6 周后取出，自然生长到成熟，整个生育发展过程中没有发生表型变化。但采用此方法时要注意培养容器里的氧分压不能降低得太大，否则会导致毒害作用。

二、低温保存

植物组培物在低温的条件下，其生长速度缓慢，从而能够保存更长的时间。这种通过降低温度而进行种质保存的方法称为低温保存。低温保存是种质离体保存的最简单有效方法。低温保存通常可以分为冷藏（温度 $0 \sim 10$ ℃）保存和冷冻（温度 $-80 \sim 0$ ℃）保存 2 种类型。

不同植物乃至同一种植物不同基因型对低温的敏感性不一样。植物对低温的耐受性不仅取决于基因型，也与其生长习性有关。多数植物的培养体最佳生长温度为 $20 \sim 25$ ℃，当降至 $0 \sim 12$ ℃时生长速度明显下降。

低温保存通常和调节光照条件相结合。适当地缩短光照时间，降低光照度，能减缓培养物的生长速度，延长保存时间。但值得注意的是，要防止光照过弱，使培养物生长不良，导致后期不能维持自身生长，这样不利于培养物的保存。草莓茎培养物在温度 4 ℃的黑暗条件下保持其生活力长达 6 年之久，期间只需每 3 个月加入几滴新鲜的培养液；芋头茎培养物在温度 9 ℃，黑暗条件下保存 3 年，仍有 100% 的存活率。葡萄和草莓茎尖培养物分别在温度 9 ℃和 4 ℃条件下连续保存多年，每年仅需继代一次。少数热带种类最佳生长温度为 30 ℃，一般可在温度 $15 \sim 20$ ℃条件下进行保存。

在进行低温保存时，为了更有效地延缓培养物的生长速度，可将低温保存同控制培养基中的营养物质供应、添加生长抑制剂、提高培养基渗透压以及改变培养物生长环境中的氧含量等措施相结合。

三、超低温保存

超低温保存是指将植物材料经过处理后，置于温度 $-196 \sim -80$ ℃，甚至更低的温度条件下进行种质保存的方法。其主要优点在于能有效避免种质在贮藏期间发生遗传变异的可能性。

自从 Nag 和 Street（1973）首次报道在液氮中成功保存胡萝卜悬浮细胞以来，植物种质的超低温保存的研究与应用获得了空前的发展。至今，已有 100 多种植物可以超低温保存，超低温保存所涉及的植物组培物有分生组织、器官、细胞、原生质体、愈伤组织和体细胞胚等。

（一）植物种质超低温保存的基本程序

植物超低温保存的具体程序虽因植物材料类型而异，但其基本程序是相同的（图 11-1）。

（二）植物超低温保存技术

1. 植物材料的选择

用于离体保存的植物材料很多，有培养的植物细胞、愈伤组织、分生组织、植物器官、体细胞胚和幼小植株等。一般来说，细胞分裂旺盛、细胞体积小、原生质稠密、液泡化程度低的分生组织比细胞体积大、高度液泡化的细胞存活力更强。因为此种生理状态的细胞冻结时结冰小且少，并且在进行解冻时再结冰的可能性小，故有利于超低温保存。

愈伤组织用于超低温保存时，首先要转接至新鲜培养基上继代培养，使其进行快速增殖。处于快速生长期时的抗冻害性能最强，适合用于超低温保存。植物组织培养的细胞不是超低温保存得最好的体系，而有组织结构的分生组织、植物器官、体细胞胚或幼小植株则是理想的保存材料。其中，植物分生组织是超低温保存最常用的材料。

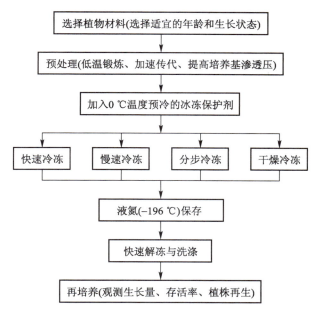

图 11-1　植物种质超低温保存基本程序

2. 低温预处理

低温预处理是将要进行保存的植物材料置于一定的低温环境中,使其接受低温锻炼的过程。其目的是在最短时间内有效提高植物组织细胞的抗冻能力。植物材料经过低温锻炼后其超低温保存成活率大大提高。通常是将保存的材料置于 0 ℃ 左右的温度下处理数天至数周,也有使用温度梯度进行逐步降温处理。

3. 添加冷冻防护剂

在细胞冷冻的过程中,冰晶产生能导致细胞器和细胞本身的伤害。若在植物保存材料预培养时添加冷冻防护剂就能有效地防止冰晶带来的伤害。其原理是冷冻防护剂在溶液中能产生强烈的水和作用,提高溶液的黏滞性,降低水的冰点和冷点(即均一冰核形成的温度),从而阻止了冰晶的形成,使细胞免遭冻害。

最常用的冷冻防护剂为二甲基亚砜(DMSO)、蔗糖和甘油等。其中,在培养基中添加高浓度的蔗糖应用最多,一般采用含 0.3~0.7 mol/L 蔗糖的 MS 培养基。如在含 8% 蔗糖的改良 MS 液体培养基振荡预培养 6 d,红豆杉愈伤组织在超低温保存后细胞活力可保持最高。冷冻防护剂既可以单独使用,又可以结合使用,并且实验证明,几种防护剂结合使用的效果更理想。如以 DMSO 与山梨醇或葡萄糖混合处理杏愈伤组织时效果明显好于单独使用 DMSO。冷冻防护剂使用含量一般为 5%~10%,在 0 ℃ 低温下与样品混合,静置 0.5 h 后再进行冷冻操作。

4. 冷冻处理

冷冻处理方式有以下 4 种。

(1)慢速冷冻法　慢速冷冻法是指培养物以温度 0.1~10 ℃/min 速度进行降温,温度降至 -100 ℃ 后再转移到液氮中保存的方法。培养物以温度 0.1~10 ℃/min 速度降温时,细胞内的水向外流,形成了细胞外冰,细胞外冰的发生就会使得细胞质有效浓缩,避免了细胞内结冰。原生质体、悬浮培养细胞等细胞类型一致的培养物,采用这种方法效果很好。如在保存杏愈伤组织和原生质体时,开始以温度 1 ℃/min 的速度降温至 -40 ℃,停留 2 h,然后投入液氮中保存,获得 81.5% 的成活率;而凹叶厚朴较佳的冷冻程序是以温度 0.5 ℃/min 的速度降温至 -30 ℃,停留 1 h,然后浸入液氮中保存。此外,该法普遍应用于组织的冷冻保存。蚕豆、草莓、木薯、马铃薯等分生组织利用该法保存均获得成功。

（2）快速冷冻法　快速冷冻法是指将培养物从温度 0 ℃ 或其他预处理温度直接放入温度 -196 ℃ 的液氮中进行冷冻的方法。温度下降的速度可达 300~1 000℃/min,甚至更快。植物组织细胞内的水分在降温冷冻过程中,在温度 -140~-10 ℃ 范围内是冰晶形成和增长的危险温度区,到温度 -140 ℃ 时冰晶完全停止增长。快速冷冻法就是利用了在液氮中温度降低到最低点,使细胞内的水分快速通过致死冰晶体发生生长的温度区,从而防止了细胞内冰晶体的生长。快速冷冻法的优点是技术要求简单,操作简便。该方法的缺点是不适合一些不耐寒植物的种质保存。已有马铃薯、香石竹、草莓等植物的茎尖通过该法保存。

（3）逐步冷冻法　逐步冷冻法是慢速冷冻与快速冷冻相结合的一种冷冻方法。该方法是先使培养物慢速降温至 -40~-20 ℃,停留 30 min 后直接投入液氮中进行快速冷冻。慢速降温到 -40~-20℃ 可以使细胞发生保护性的失水,温度 -196 ℃ 液氮中能有效防止冰晶的形成。这种冷冻方法已在多数培养物超低温保存中获得很好的效果。

（4）干燥冷冻法　将植物材料置于温度 27~29 ℃ 烘箱内,使其含水量由 72%~77% 下降到 27%~40% 后,再浸入液氮,可使植物材料免遭冻死。如果采用真空干燥法进行植物细胞脱水,植物器官经温度 -196 ℃ 冷冻后,存活率会更高。注意不同植物材料和同一植物不同部位其最适脱水程度不同。

5. 保存

冷冻后培养物应立即置于温度 -196~-80 ℃ 条件下保存,保存冷冻的材料同冷冻材料同样重要。培养物的长期保存要求温度足够低,以便使所有细胞的新陈代谢活动都停止,防止生化伤害。长期超低温保存最好在温度 -196 ℃ 的液氮中进行。

6. 保存材料的解冻

冷冻的植物材料在保存之后要取出来进行培养时应该首先进行解冻处理。解冻处理不当,可能导致两方面的负面效应:其一是细胞内再次发生结冰现象(再次结冰的温度范围是 -50~-10℃);其二是吸水过程中水的渗透冲击破坏膜系统。因此,合理的解冻方法十分重要。解冻的方法有 2 种形式,即快速解冻和缓慢解冻。

（1）快速解冻法　快速解冻法即将液氮保存后的植物材料置于 35~40 ℃ 的温水浴中解冻。解冻过程中小心摇动材料,待样品中的冰晶完全融化为止。由于解冻速度快,细胞内的水分来不及再次形成冰晶就已完全解冻,因而对细胞的损伤较轻,存活率也较高。液泡小、含水量少的细胞(如茎尖分生组织)可采用快速解冻方式。由于温度 35~40 ℃ 温水浴中快速解冻比在室温下慢速解冻要好,因此该法是解冻的常用方式。

（2）缓慢解冻法　缓慢解冻法即将液氮保存后的植物材料置于室温下进行解冻。该方法主要适合于液泡大且含水量高的细胞、脱水处理后的干冻材料以及木本植物的冬眠芽等植物材料的解冻。通常认为,由于这些材料在慢速冷冻过程中,经受了低温锻炼,细胞内的水分已最大限度地渗透到细胞外,并形成了冰,如果融化速度太快,细胞吸水猛烈,细胞膜就会受到强烈的渗透冲击而被破坏,进而导致组织死亡。

7. 材料的洗涤

解冻后的植物材料一般都需要洗涤,以清除细胞内的冷冻防护剂。一般是用含 10% 左右蔗糖的基本培养基大量元素溶液洗涤 2 次,每次间隔不宜超过 10 min。但对某些材料的研究发现,不经洗涤直接投入固体培养基,数天后即恢复生长,洗涤反而有害。

8. 材料的再培养

解冻后的植物材料可直接接种于新鲜培养基上进行再生培养,也可将冷冻防护剂洗净后,再按常规方法培养。一般来说,经冷冻保存的培养物在一定程度上都受到了伤害,故在培养过程中要特别护理。材料再培养的过程中首先要经过 1 个生长停滞期,然后细胞才能迅速生长,直至分化出新的植株。此外,光照对植物材料的恢复生长有重要影响。大多研究表明,超低温保存材料恢复生长初期,在黑暗或弱光下培养效果较理想。

延伸阅读:保护植物种质资源

近一个世纪以来,尤其近几十年来,由于人口剧增、工业发展、城镇建设迅速扩大、人类对植物资源不合理的利用,许多植物生存受到威胁或处于濒临绝灭的境地。2019 年世界自然保护联盟(IUCN)公布的《濒危物种红色名录》中,濒危物种达到 105 732 个。2013 年我国生态环境部(原环境保护部)联合中国科学院发布《中国生物多样性红色名录—高等植物卷》,对 34 450 种高等植物进行了评估,结果显示受威胁植物种 3 767 种(其中极危 583 种,濒危 1 297 种,易危 1 887 种),约占植物总数的 10.9%。

世上许多东西凭借人类的才智可以再造,而一个物种一旦灭绝了就不能再生,不可复得,人类将永远失去利用它的可能性。植物是生命的源泉,保护植物就是保护人类自己。

第二节　人工种子

人工种子是指利用细胞的全能性,将离体培养所产生的体细胞胚或能发育成完整植株的分生组织(如胚状体、芽、茎段等),包裹在一层含有营养物质并具有保护功能的外膜内,形成在适宜条件下能够发育成完整植株的小颗粒。

典型的人工种子主要由 3 部分构成(图 11-2):① 体细胞胚(分生组织),它相当于天然种子的胚,是真正有生命的物质结构。② 人工胚乳,它供胚状体维持生命力并保证其在适宜的环境条件下生长发育。③ 人工种皮,具有保护作用,它既要保持种子内部水分与营养不丧失,又要保证通气和防止外来的机械冲击的压力。

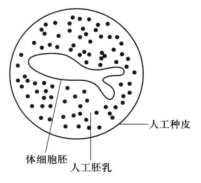

人工种皮

体细胞胚　人工胚乳

图 11-2　人工种子结构

一、人工种子研制的意义

人工种子技术是 20 世纪 80 年代中期兴起的一项高新生物技术,开发利用前景十分诱人。这项技术在作物遗传育种、良种繁育和栽培等方面起到巨大的推进作用,并将掀起种子产业的一场革命。人工种子具有以下独特优点。

（1）高效的繁殖方式　天然种子在生产上受季节和自身生殖因素的限制,而体细胞胚可常年在实验室获得,并可以用生物反应器大规模生产,生产效率高。

（2）固定杂种优势　体细胞胚由无性方式生产,可以固定F_1杂种优势,育种过程中一旦获得优良基因型,就可以多年使用,生产出大量的F_1杂优种子。

（3）植物生长发育与抗逆性可控　在人工胚乳中加入杀菌剂、农药、菌肥等,使其具备更优的抗逆性和耐贮性;也可添加植物生长调节物质以控制植物的生长发育。

（4）成为基因工程、遗传工程与农业生产之间的桥梁　当代植物基因工程的研究飞速发展,在植物抗虫、抗病、抗除草剂和改变植物成分方面都得到不少转基因植株,有的甚至已建成品系,但是,在基因工程的成果开始转向生产的过程中,生物技术的下游工程显然是一个薄弱的环节。人工种子技术有望成为一座架设于基因工程、遗传工程与农业生产间的"桥梁"。

二、人工种子的生产

植物人工种子的制备主要包括体细胞胚的诱导与同步化控制、包裹制种、贮藏与发芽。用体细胞胚包埋制作人工种子的系统是由 Redenbaugh 等人建立起来的,其制作流程如下:外植体的选择和消毒→愈伤组织的诱导→体细胞胚的诱导→体细胞的同步化→体细胞胚的分选→体细胞胚的包裹(人工胚乳)→外膜包裹→贮藏→发芽成苗实验→体细胞变异程度与农艺研究。

（一）体细胞胚的诱导与同步化控制

1. 高质量体细胞胚发生系统的建立

在一定条件下形成大量高质量的体细胞胚是人工种子制作的前提。所谓高质量的体细胞胚,指的是体细胞胚具有发育成完整小植株的能力。这就要求体细胞胚在解剖结构上具有明显的双极性结构,这是人工种子制作能否成功的关键所在。植物胚状体有二倍性和单倍性之分,由于单倍体高度不育,人工种子主要是用二倍性的体细胞胚。不同材料、在不同培养条件下,产生胚状体的能力是有区别的,经过一定探索,可以找到形成大量体细胞胚胎的最佳条件。

2. 体细胞胚胎发生的同步化控制

人工种子的制作技术要求体细胞胚均具备同步发育的特性,控制体细胞胚的同步发育是人工种子的重要条件。对体细胞胚同步化控制和纯化筛选的方法主要有以下几种。

（1）化学抑制法　在细胞培养初期加入 DNA 合成抑制剂,如 5-氨基尿嘧啶、5-氟脱氧尿苷、羟基脲等,使细胞 DNA 合成暂时停止,当除去 DNA 合成抑制剂时,细胞便进入同步分裂。

（2）低温抑制法　采用低温处理细胞抑制分裂,经过一段时间处理后再恢复正常的培养温度,可以使胚性细胞达到同步分裂的目的。

（3）渗透压选择法　不同发育阶段的胚状体具有不同的渗透压要求,通过调节培养基的渗透压可以达到胚状体发育同步化的目的。例如,向日葵的幼胚在发育过程中,不同的阶段对糖的浓度要求不一:球形胚期为 17.5%,心形胚期为 12.5%,鱼雷形胚期为 8.5%,而成熟胚期则降至 0.5%。利用调节渗透压的方法来控制胚的发育,可以筛选到较为一致的体细胞胚。

（4）过滤选择法　把胚性细胞及悬浮液分别以 80 μm、53 μm、40 μm、27 μm 的滤网过滤,重复几次后,可以按体积大小分开。

（二）包裹制种

1. 人工胚乳的制作

天然种子中的胚乳是供应胚营养的组织,而人工胚乳则是为体细胞胚供应营养。人工胚乳的主要成分包含无机盐、糖类、蛋白质等营养物质。还可添加抗生素、农药、防腐剂等以提高其抗逆性。

人工胚乳制作的实质是筛选出最佳体细胞胚萌发的培养基配方,最后将筛选出的培养基添加到包埋介质中。人工胚乳应根据各种不同植物的要求和特点有目的地加以选择配制,勿千篇一律。

2. 人工种皮的制作

人工种皮包括内膜和外膜两部分。作为人工胚乳的支持物的内膜应具备的条件为:① 无毒害作用,有生物相容性,能支持体细胞胚。② 有透气性和保水性,且能保持营养成分和其他助剂不渗漏。③ 有一定机械强度,能维持胶囊的完整性,以便人工种子的贮藏、运输和播种。④ 易降解,且降解产物对环境和生物无害。外膜除了能有效提高人工种子的保水能力和防止营养渗漏外,还应保护人工种子不受土壤中的微生物、温度和 pH 变化以及其他生物和物理化学因素的影响,同时便于人工种子的运输、贮藏和播种。

常用的内膜制作材料有聚氧乙烯、海藻酸钠、琼脂、琼脂糖、淀粉、树胶、明胶、果胶酸钠及 Gel-rite TM 等,其中以海藻酸钠用得最广。海藻酸钠具有无毒,有生物活性,成本低以及工艺简单等优点;其缺点是易渗漏,制成的人工种子储存时间短,易失水变干,种子易粘连等。

为解决单一内种皮存在的诸多问题,人们又着手外膜的研究。在胶囊外包裹一层疏水的聚合物外膜可弥补海藻酸钠的缺点。研究表明,Elvax-4260(10%环乙烷)是目前效果最好的外种皮,它具有防水、无黏性、抑制干缩和使海藻酸钠硬化等优点,发芽率达 80%。

3. 人工种子的包埋

人工种子的包埋方法主要有滴注法和装膜法。

（1）滴注法　以海藻酸盐凝胶包裹体细胞胚为例,其具体操作如图 11-3:① 在无菌条件下将体细胞胚悬浮于含 2%~5%的海藻酸钠溶液中。② 用吸管吸取悬浮液滴加到 0.1 mol/L 氯化钙溶液中,停留 5~10 min,形成胶囊丸的圆形人工种子。③ 把人工种子用无菌水冲洗 2~3 次。④ 将种子接种于 1/2 MS 培养基上做发芽、转换实验或在 4 ℃条件下低温保存,或用外膜材料做进一步的外膜包裹。

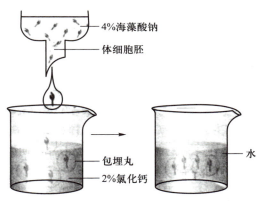

图 11-3　滴注包埋人工种子示意图

（2）装膜法　将体细胞胚与较高温度的胶液混匀,滴注到带小坑的微滴板上,冷却后成为人工种子。

（三）贮藏与发芽

人工种子的贮藏方法曾经报道过的有低温法、干燥法、液状石蜡法、抑制剂法等。贮藏人工种子的目的就是要使其在贮藏期间不发芽,此外,要注意贮藏过程中的防腐事项。目前,人工种子的发芽都是在无菌条件下进行的,通过发芽实验能获得体细胞胚转化成完整植株的转化率。

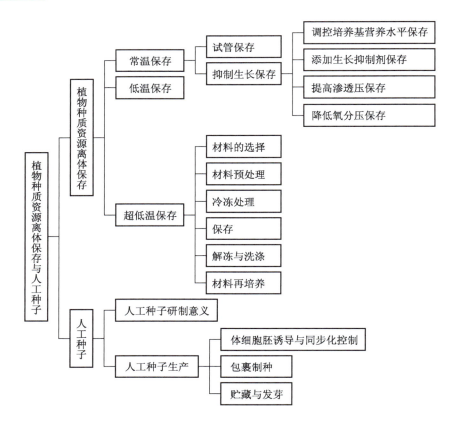

1. 离体保存植物种质资源具备哪些优点？
2. 试述常规保存种质资源的类型。
3. 叙述植物超低温保存的技术流程。
4. 什么是人工种子？它包括哪些组成部分，其优点突出表现在哪些方面？
5. 简述人工种子的制备步骤。

附　录

附录1　常见英文缩写与词义

缩　写	中 文 名 称	缩　写	中 文 名 称
A,Ad,Ade	腺嘌呤	min	分
ABA	脱落酸	mL	毫升
AC	活性炭	mm	毫米
BA,BAP,6-BA	6-苄基腺嘌呤	mmol	毫摩尔
CCC	矮壮素	mol	摩尔
CH	水解酪蛋白	MPa	兆帕
CM	椰子乳,椰子汁	NAA	萘乙酸
cm	厘米	NOA	萘氧乙酸
d	天	PCR	聚合酶链式反应
2,4-D	2,4-二氯苯氧乙酸	Pa	帕
DMSO	二甲基亚砜	PEG	聚乙二醇
DNA	脱氧核糖核酸	pH	酸碱度
EDTA	乙二胺四乙酸	PP$_{333}$	多效唑
ELISA	酶联免疫吸附法	PVP	聚乙烯吡咯烷酮
EMS	甲基磺酸乙酯	RAPD	随机扩增多态性
FDA	二乙酸荧光素	RNA	核糖核酸
g	克	r/min	每分钟转数
GA,GA$_3$	赤霉素	s	秒
h	小时	TDZ	噻重氮苯基脲
IAA	吲哚乙酸	UV	紫外线
IBA	吲哚丁酸	μm	微米
2-iP	2-异戊烯腺嘌呤	VB$_1$	盐酸硫胺素
kg	千克	VB$_3$	烟酸
kPa	千帕	VB$_5$	泛酸
KT	激动素	VB$_6$	盐酸吡哆醇
L	升	VC	抗坏血酸
LH	水解乳蛋白	VH	生物素
lx	勒克斯	YE	酵母提取物
m	米	ZT	玉米素
mg	毫克		

附录 2 常用化学物质的分子量及质量浓度和浓度换算表

物质名称	分子量	1 mg/L→μmol/L	1 μmol/L→mg/L
肌醇	176.12	5.678	0.176 1
盐酸吡哆醇	205.64	4.863	0.205 6
盐酸硫胺素	337.28	2.965	0.337 3
烟酸	123.11	8.123	0.123 1
核黄素	376.37	2.657	0.376 4
抗坏血酸	176.12	5.678	0.176 1
泛酸	219.23	4.561	0.219 2
生物素	244.31	4.093	0.244 3
叶酸	441.40	2.266	0.441 4
维生素 B_{12}	1 335.42	0.749	1.335 4
甘氨酸	75.07	13.321	0.075 1
葡萄糖	180.16	5.551	0.180 2
蔗糖	342.30	2.921	0.342 3
果糖	180.16	5.551	0.180 2
半乳糖	180.16	5.551	0.180 2
NH_4NO_3	80.04	12.494	0.080 0
KNO_3	101.09	9.892	0.101 1
$(NH_4)_2SO_4$	132.15	7.567	0.132 2
$CaCl_2 \cdot 2H_2O$	146.98	6.804	0.147 0
$Ca(NO_3)_2 \cdot 4H_2O$	236.16	4.234	0.236 2
$MgSO_4 \cdot 7H_2O$	246.46	4.057	0.246 5
KH_2PO_4	136.08	7.349	0.136 1
NaH_2PO_4	156.01	6.410	0.156 0
KCl	74.55	13.414	0.074 6
$FeSO_4 \cdot 7H_2O$	278.00	3.597	0.278 0
Na_2-EDTA	372.25	2.686	0.372 3
$MnSO_4 \cdot 4H_2O$	223.01	4.484	0.223 0
$ZnSO_4 \cdot 7H_2O$	287.54	3.478	0.287 5
$CoCl_2 \cdot 6H_2O$	237.95	4.203	0.238 0
$CuSO_4 \cdot 5H_2O$	249.68	4.005	0.249 7
$Na_2MoO_4 \cdot 2H_2O$	241.98	4.133	0.242 0
H_3BO_3	61.83	16.173	0.061 8
KI	165.99	6.024	0.166 0

有机物质（肌醇至半乳糖）

无机物质（NH_4NO_3 至 KI）

注：1 mol/L = 10^3 mmol/L = 10^6 μmol/L。

主要参考文献

[1] 曹春英,丁雪珍.植物组织培养[M].2版.北京:中国农业出版社,2014.

[2] 王廷华,刘佳,夏庆杰.PCR 理论与技术[M].3版.北京:科学出版社,2016.

[3] 柳俊,谢从华.植物细胞工程[M].2版.北京:高等教育出版社,2011.

[4] 王洪习,蔡冬元.植物组织培养技术[M].北京:机械工业出版社,2013.

[5] 朱至清.植物细胞工程[M].北京:化学工业出版社,2005.

[6] 杨淑慎.细胞工程[M].北京:科学出版社,2009.

[7] 周维燕.植物细胞工程原理与技术[M].北京:中国农业大学出版社,2001.

[8] 李浚明,朱登云.植物组织培养教程[M].3版.北京:中国农业大学出版社,2005.

[9] 李胜,李唯.植物组织培养原理与技术[M].北京:化学工业出版社,2008.

[10] 利容千,王明全.植物组织培养简明教程[M].武汉:武汉大学出版社,2004.

[11] 刘进平.植物细胞工程简明教程[M].北京:中国农业出版社,2005.

[12] 刘敏.花卉组织培养与工厂化生产[M].北京:地质出版社,2002.

[13] 刘青林,马炜,郑玉梅.花卉组织培养[M].北京:中国农业出版社,2003.

[14] 刘庆昌,吴国良.植物细胞组织培养[M].2版.北京:中国农业大学出版社,2010.

[15] 梅家训,丁习武.组培快繁技术及其应用[M].北京:中国农业出版社,2003.

[16] 潘瑞炽.植物组织培养[M].3版.广州:广东高等教育出版社,2003.

[17] 孙秀梅,王福海.农业生物技术[M].北京:中国农业出版社,2009.

[18] 王玉英,高新一.植物组织培养技术手册[M].北京:金盾出版社,2006.

[19] 陈菁瑛,蓝贺胜,陈雄鹰.兰花组织培养与快速繁殖技术[M].北京:中国农业出版社,2004.

[20] 吴殿星,胡繁荣.植物组织培养[M].2版.上海:上海交通大学出版社,2009.

[21] 肖玉兰.植物无糖组培快繁工厂化生产技术[M].昆明:云南科技出版社,2003.

[22] 程家胜.植物组织培养与工厂化育苗技术[M].北京:金盾出版社,2003.

[23] 熊丽,吴丽芳.观赏花卉的组织培养与大规模生产[M].北京:化学工业出版社,2003.